フーリエ解析

■ キャンパス・ゼミ ■

大学の数学がこんなに分かる！単位なんて楽に取れる！

馬場 敬之

マセマ出版社

◆ はじめに ◆

　みなさん，こんにちは。マセマの**馬場敬之**（ばばけいし）です。これまで発刊した「**大学数学キャンパス・ゼミ**」は多くの読者の方々の支持を頂いて，大学数学学習の新たなスタンダードとして定着してきたようです。そして今回，『**フーリエ解析キャンパス・ゼミ 改訂9**』を上梓することが出来て，心より嬉しく思っています。

　フーリエ解析は，フランスの数学者フーリエによって創始されたもので，「**様々な（周期）関数は，周期の異なる三角関数の無限級数（フーリエ級数）で表せる**」という，非常に斬新なアイデアを含んでいます。事実，ボクが学生だった頃，矩形波（長方形の波）をフーリエ級数の部分和で近似してコンピューターの画面上に描いた時の感動を今でもよく覚えています。このことは，「万物はすべて波動で出来ているのではないか？」という哲学的な命題を予感させるほど強烈な経験でした。

　このフーリエ解析（フーリエ級数とフーリエ変換の総称）は，**偏微分方程式**を解く上で必要不可欠な手法としての実用的な側面と，**フーリエ級数の収束性**といった理論的な側面を持っています。
　従って，**実践的な計算練習と理論的な解説のバランスの良いフーリエ解析の参考書**を制作するため，日夜検討を重ねながらこの『**フーリエ解析キャンパス・ゼミ 改訂9**』を書き上げました。

　フーリエ解析により，**熱伝導方程式やラプラス方程式や波動方程式が解けるようになる**ため，時々刻々変化する温度分布の状態や，**2次元平面上の温度分布の定常状態**の様子，両端を固定したゴムひもや矩形状の膜の振動の様子などを数学的に記述できます。マスターするには相当の練習が必要ですが，この結果はすべて**美しいグラフとしてヴィジュアルに捉えることができる**ので，学習意欲も湧いてくると思います。

そして，さらに高度なフーリエ解析については『偏微分方程式キャンパス・ゼミ』で詳述しています。次のステップは，これで学習して下さい。

この『フーリエ解析キャンパス・ゼミ 改訂9』は，全体が4章から構成されており，各章をさらにそれぞれ10～20ページ程度のテーマに分けているので，非常に読みやすいと思います。フーリエ解析は難しいものだと思っている方も，まず1回この本を流し読みすることをお勧めします。初めは難しい式の証明などは飛ばしても構いません。**周期2πのフーリエ級数，周期$2L$のフーリエ級数，複素フーリエ級数，フーリエの定理，リーマン・ルベーグの補助定理，正規直交関数系とパーシヴァルの等式，ギブスの現象，ディラックのデルタ関数と単位階段関数，フーリエ変換とフーリエ逆変換，偏微分方程式，熱伝導方程式，ラプラス方程式，波動方程式**などなど，次々と専門的な内容が目に飛び込んできますが，不思議と違和感なく読みこなしていけるはずです。この通し読みだけなら，おそらく数日もあれば十分のはずです。これでフーリエ解析の全体像をつかむ事が大切なのです。

1回通し読みが終わりましたら，後は各テーマの詳しい解説文を精読して，例題，演習問題，実践問題を実際に自分で解きながら，勉強を進めていって下さい。特に，実践問題は，演習問題と同型の問題を穴埋め形式にしたものだから，非常に学習しやすいと思います。

この精読が終わったならば，後はご自身で納得がいくまで何度でも繰り返し練習されることです。この反復練習により本物の実践力が身に付き，「フーリエ解析も自分自身の言葉で自由に語れる」ようになるのです。こうなれば，「数学の単位や大学院の入試も楽勝のはずです！」

この『フーリエ解析キャンパス・ゼミ 改訂9』により，皆様がさらに奥深い大学数学に開眼されることを願ってやみません。

マセマ代表　馬場 敬之

この改訂9では，新たに，**Appendix**(付録)の数値解析入門で，**BASIC**プログラムを加えました。

◆ 目 次 ◆

フーリエ級数（Ⅰ）

▶ フーリエ解析のプロローグ
（三角関数，周期関数，偶関数と奇関数など）

▶ 直交関数系
（内積とノルム）

▶ 周期 2π のフーリエ級数展開

▶ 周期 $2L$ のフーリエ級数展開

▶ 複素フーリエ級数展開

§1. フーリエ級数のプロローグ

さァ，これから，"フーリエ解析"の講義を始めよう。フーリエ(**Fourier**)とは，フランスの数学者の名前で，さまざまな関数を，周期の異なる三角関数(**cos** kx および **sin** kx)の無限級数で表せることを初めて主張した人なんだ。この三角関数の無限級数のことを"**フーリエ級数**"といい，さらにこれを発展させた"**フーリエ変換**"と併せて，"**フーリエ解析**"と呼ぶ。

ここでは，これから"**フーリエ級数**"について詳しく解説していくけれど，まず初めに，この奇抜な発想のスバラシさを，ボク自身の学生時代の経験も交えて読者の方々と味わってみたいと思う。

● 矩形波も，$\sin kx$ の無限級数で表せる！？

ボクが初めて"**フーリエ級数**"と出会ったのは，学生時代，熱伝導についての<u>偏微分方程式</u>の講義を受けているときだった。その時，教官が示し

> 多変数関数の微分方程式

た解の中に，

$$\sum_{k=1}^{\infty} a_k \cos kx = a_1 \cos x + a_2 \cos 2x + a_3 \cos 3x + \cdots \quad や$$

$$\sum_{k=1}^{\infty} b_k \sin kx = b_1 \sin x + b_2 \sin 2x + b_3 \sin 3x + \cdots \quad の形の三角関数の無限級$$

数が含まれていた。

「果たして，こんなものが偏微分方程式の解と言えるのだろうか？」と疑問に思っているボクに，教官はさらに追い討ちをかけた。

「ある条件は付くのだけれど，さまざまな関数を，この"三角関数の無限級数"，つまり"フーリエ級数"で表すことが出来るんです…」と。その後，教官は数学者フーリエについて面白い話をして下さったと思う。だけど，ボクの頭の中は，「そんなことホントだろうか？？…」と，疑問の渦に巻き込まれて，何も覚えていない。

早速，帰りに書店でフーリエ級数の本を購入し，その手法を学んだ。そして，簡単な例題を解いてみることにした。具体的な計算法については，後で詳しく解説することにして，ここでは，その興味深い結果のみを示し

ておくことにしよう。

　　区間 $-\pi < x \leqq \pi$ で定義された，$x = 0$ で不連続な関数：

$$y = f(x) = \begin{cases} -\dfrac{\pi}{4} & (-\pi < x \leqq 0) \\[3mm] \dfrac{\pi}{4} & (0 < x \leqq \pi) \end{cases} \quad \cdots\cdots ①$$

は，$\cos kx$ の項は含まず，$\sin kx$ $(k = 1, 2, 3, \cdots)$ のみの無限級数（フー

リエ級数）$\displaystyle\sum_{k=1}^{\infty} b_k \sin kx$ で表される。さらに，この係数 b_k を調べると，偶

数項と奇数項に場合分けされて，$\underline{b_{2k} = 0}$，$\underline{b_{2k-1} = \dfrac{1}{2k-1}}$ $(k = 1, 2, 3, \cdots)$

となるんだ。　　　$\boxed{b_2 = b_4 = b_6 = \cdots = 0}$　　$\boxed{b_1 = 1,\ b_3 = \dfrac{1}{3},\ b_5 = \dfrac{1}{5}, \cdots}$

よって①の関数をフーリエ級数で展開して表すと，

$$y = \sum_{k=1}^{\infty} \frac{\sin(2k-1)x}{2k-1} = \sin x + \frac{\sin 3x}{3} + \frac{\sin 5x}{5} + \cdots \quad \cdots\cdots②$$

となる。

　　このことは図 1 にその
イメージを示すように，①
で表される不連続な <ruby>矩形波<rt>くけいは</rt></ruby>
$\boxed{\text{長方形の形をした波のこと}}$
$f(x)$ が，周期の異なる無数
の正弦波 $\sin x$，$\dfrac{1}{3}\sin 3x$，
$\dfrac{1}{5}\sin 5x$，…の重ね合わせ
（和）によって表せると言っ
ているんだね。

　　果たして，こんなことが
本当に成り立つのだろう
か？

図 1　$f(x)$ のフーリエ級数展開のイメージ

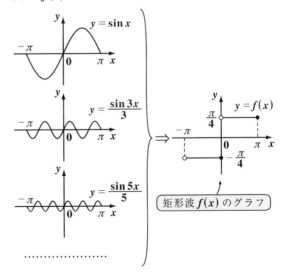

これを実際に確かめたくて，今度は当時の所持金を全部はたいてパソコンを購入した。もちろん，

$$y = \sum_{k=1}^{\infty} \frac{\sin(2k-1)x}{2k-1} \quad \cdots ②$$

の形の無限級数を調べることは不可能なので，n 項 (有限項) までの和で②を近似して，

$$y \doteqdot \sum_{k=1}^{n} \frac{\sin(2k-1)x}{2k-1} \quad \cdots ②'$$

とし，実際に，$n = 1$，3，30，300 のときのこのグラフをモニターに描いてみた。その様子を順に，図 2 (i)，(ii)，(iii)，(iv) に示す。

(i) $n = 1$ のときは，単なる正弦波が現れるだけで，本当の矩形波 $f(x)$ とはほど遠い形をしている。でも，

(ii) $n = 3$ として，3 つの異なる周期の正弦波を重ね合わせると，少し矩形波に近づいているのが分かる。さらに，

(iii) $n = 30$ とすると，不連続部分にツノのようなものが，上下に飛び出してはいるが，ほぼ矩形に等しい形が現れる。そして，

(iv) $n = 300$ として，300 項までの和を求めると，相変わらずツノは出ているけれど，肉眼で見る限り，矩形波そのものと言っていいグラフが出来上がる！

図 2 　$f(x)$ のフーリエ級数展開

$$y = f(x) = \sum_{k=1}^{n} \frac{\sin(2k-1)x}{2k-1} \quad \cdots ②$$

(i) $n = 1$ のとき，

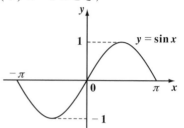

(ii) $n = 3$ のとき，

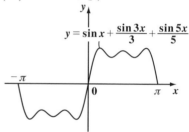

(iii) $n = 30$ のとき，

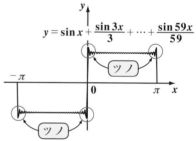

(iv) $n = 300$ のとき，

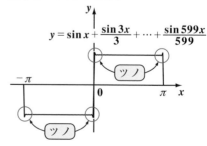

このグラフの変化を目のあたりにして，学生のボクは「"**フーリエ級数**"って，ス…スゴイ!!」と思った。読者の皆さんもあの頃のボク同様，驚かれた方も多いと思う。これから，このスゴイ"**フーリエ級数**"について詳しく解説していこう。

ちなみに，図2(ⅲ)，(ⅳ)で現れる"ツノ"は"**ギブス(Gibbs)の現象**"と呼ばれるもので，これはnの値を$n = 3000, 30000, \cdots$とさらに大きくしていっても改善されることなく現れる。このことも，後でその理論を解説しよう。

● 三角関数の復習から始めよう！

何故このようなことが可能なのか？ どうしたら"**フーリエ級数**"の係数a_kやb_kを求めることが出来るのか？ 早く知りたい方も多いと思う。でも，"急がば回れ！"フーリエ解析を確実にマスターするために，高校数学の復習から始めることにしよう。

まず，フーリエ解析に必要な三角関数$(\sin x, \cos x)$の公式を以下に示す。

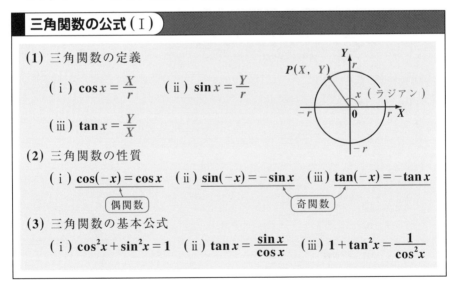

三角関数の公式（Ⅰ）

(1) 三角関数の定義

(ⅰ) $\cos x = \dfrac{X}{r}$　　(ⅱ) $\sin x = \dfrac{Y}{r}$

(ⅲ) $\tan x = \dfrac{Y}{X}$

(2) 三角関数の性質

(ⅰ) $\underset{\text{偶関数}}{\cos(-x) = \cos x}$　(ⅱ) $\sin(-x) = -\sin x$　(ⅲ) $\underset{\text{奇関数}}{\tan(-x) = -\tan x}$

(3) 三角関数の基本公式

(ⅰ) $\cos^2 x + \sin^2 x = 1$　(ⅱ) $\tan x = \dfrac{\sin x}{\cos x}$　(ⅲ) $1 + \tan^2 x = \dfrac{1}{\cos^2 x}$

ここで，三角関数$(\cos x, \sin x$ など$)$の角度xの単位は"°"(度)ではなく，すべてラジアンで表すものとする。この換算公式は，

$180° = \pi$ (ラジアン)　だから，たとえば，$60° = \dfrac{\pi}{3}$，$135° = \dfrac{3}{4}\pi$ など

と表すんだね。

11

また，m が自然数，すなわち $m = 1, 2, 3, \cdots$ のとき，

$$\sin m\pi = 0 \quad \longleftarrow \boxed{\sin 1 \cdot \pi = \sin 2\pi = \sin 3\pi = \sin 4\pi = \cdots = 0}$$

$$\cos m\pi = (-1)^m \quad \longleftarrow \boxed{\cos 1 \cdot \pi = -1,\ \cos 2\pi = 1,\ \cos 3\pi = -1,\ \cos 4\pi = 1,\ \cdots}$$

となることも確認しておいてくれ。さらに三角関数の公式を示そう。

■ 三角関数の公式（Ⅱ）

(4) 加法定理

$$(\text{i})\ \begin{cases} \cos(\alpha + \beta) = \cos\alpha\cos\beta - \sin\alpha\sin\beta & \cdots\cdots① \\ \cos(\alpha - \beta) = \cos\alpha\cos\beta + \sin\alpha\sin\beta & \cdots\cdots② \end{cases}$$

$$(\text{ii})\ \begin{cases} \sin(\alpha + \beta) = \sin\alpha\cos\beta + \cos\alpha\sin\beta & \cdots\cdots③ \\ \sin(\alpha - \beta) = \sin\alpha\cos\beta - \cos\alpha\sin\beta & \cdots\cdots④ \end{cases}$$

(5) 2倍角の公式

$$(\text{i})\ \cos 2\alpha = \underline{\cos^2\alpha - \sin^2\alpha} \quad \longleftarrow \boxed{①の \beta に \alpha を代入したもの}$$

$$= 2\cos^2\alpha - 1 \quad \cdots\cdots⑤ \quad \longleftarrow \boxed{\because \underline{\sin^2\alpha = 1 - \cos^2\alpha}}$$

$$= 1 - 2\sin^2\alpha \quad \cdots\cdots⑥ \quad \longleftarrow \boxed{\because \underline{\cos^2\alpha = 1 - \sin^2\alpha}}$$

$$(\text{ii})\ \sin 2\alpha = 2\sin\alpha\cos\alpha \quad \longleftarrow \boxed{③の \beta に \alpha を代入したもの}$$

(6) 半角の公式

$$(\text{i})\ \cos^2\alpha = \frac{1 + \cos 2\alpha}{2} \quad \longleftarrow \boxed{⑤を変形したもの}$$

$$(\text{ii})\ \sin^2\alpha = \frac{1 - \cos 2\alpha}{2} \quad \longleftarrow \boxed{⑥を変形したもの}$$

(7) 積→和（差）の公式

$$(\text{i})\ \cos\alpha\cos\beta = \frac{1}{2}\{\cos(\alpha + \beta) + \cos(\alpha - \beta)\} \quad \longleftarrow \boxed{\frac{①+②}{2} \text{から導ける。}}$$

$$(\text{ii})\ \sin\alpha\sin\beta = -\frac{1}{2}\{\cos(\alpha + \beta) - \cos(\alpha - \beta)\} \quad \longleftarrow \boxed{\frac{①-②}{-2} \text{から導ける。}}$$

$$(\text{iii})\ \sin\alpha\cos\beta = \frac{1}{2}\{\sin(\alpha + \beta) + \sin(\alpha - \beta)\} \quad \longleftarrow \boxed{\frac{③+④}{2} \text{から導ける。}}$$

　これらはすべて "**フーリエ級数**" を理解する上で必要な公式だけど，特に (6)，(7) は三角関数の積分で役に立つ公式だから，シッカリ覚えておこう。

● 周期関数，偶関数・奇関数も押さえよう！

"**フーリエ級数**"には，周期関数や，偶関数・奇関数の知識も欠かせない。ここで復習しておこう。

区間 $(-\infty, \infty)$ で定義される関数 $f(x)$ が "**周期関数**" であるための定

> $-\infty < x < \infty$ のこと

義は次の通りだ。

■ 周期関数の定義

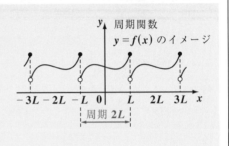

すべての実数 x $(-\infty < x < \infty)$ に対して，

$$f(x + 2L) = f(x)$$

となる定数 L が存在するとき，$f(x)$ は周期 $2L$ の "**周期関数**" という。

ここで，$y = \sin x$，$y = \sin 2x$，$y = \sin 3x$ のグラフをそれぞれ図3（ⅰ），（ⅱ），（ⅲ）に示す。グラフから $y = \sin x$ の周期は 2π であり，$y = \sin 2x$ の周期は $\dfrac{2\pi}{2} = \pi$ であり，$y = \sin 3x$ の周期は $\dfrac{2\pi}{3}$ だね。

一般に，$y = \sin kx$ $(k = 1, 2, 3, \cdots)$ の周期は $\dfrac{2\pi}{k}$ となるけれど，2π はこれらすべての周期の倍数となるので，これらを重ね合わせた関数：

$$y = \sum_{k=1}^{\infty} b_k \sin kx$$
$$= b_1 \sin x + b_2 \sin 2x + b_3 \sin 3x + \cdots$$

は周期 2π の関数と言えるんだね。

図3　$\sin kx$ の周期は 2π
（ⅰ）

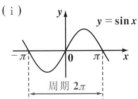

（ⅱ）

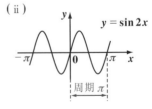

（ⅲ）

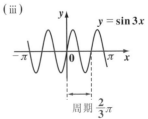

同様に，**cos** の無限級数 $y = \sum_{k=1}^{\infty} a_k \cos kx$ も周期 2π の関数とみなせる。

以上より，さっきの例で

関数 $f(x) = \begin{cases} -\dfrac{\pi}{4} & (-\pi < x \leqq 0) \\[2mm] \dfrac{\pi}{4} & (0 < x \leqq \pi) \end{cases}$ ……①は，

区間 $-\pi < x \leqq \pi$ で定義された関数だけれど，これを基にフーリエ級数展開した関数

$$y = \sum_{k=1}^{\infty} \frac{\sin(2k-1)x}{2k-1} = \sin x + \frac{\sin 3x}{3} + \frac{\sin 5x}{5} + \cdots \text{……②は，実は}$$

$-\infty < x < \infty$ で定義される周期 2π の周期関数になっていたんだ。

この①と②のグラフを図4（ⅰ），（ⅱ）に対比して示す。

図4　$y = f(x)$ と，そのフーリエ級数のグラフ

（ⅰ）$y = f(x)$　$(-\pi < x \leqq \pi)$　　　（ⅱ）$y = \sum_{k=1}^{\infty} \dfrac{\sin(2k-1)x}{2k-1}$

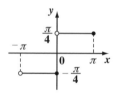

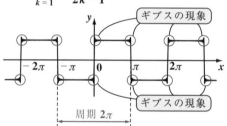

よって，元の関数 $f(x)$ も，$-\infty < x < \infty$ で定義された周期 2π の周期関数であるとすると，不連続な点におけるギブスの現象（ツノ）の問題はあるが，①，②より，

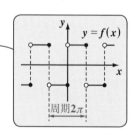

$$f(x) = \sum_{k=1}^{\infty} \frac{\sin(2k-1)x}{2k-1} \quad \text{…③とおける。}$$

①の $f(x)$ のように，不連続な点を含む周期関数をフーリエ級数で表しても，ギブスの現象などの不一致が見られるので，厳密には再現できない。よって③の"＝"の代わりに"〜"で表す場合もある。本書ではすべて"＝"で表現するが，"不連続点では一致するとは限らない"ことに気を付けよう！

次，"偶関数"と"奇関数"についても，その定義と，その定積分の重要な性質を下に示しておこう。

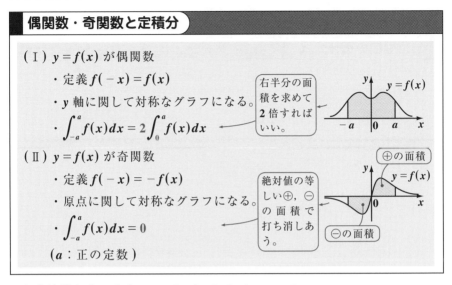

偶関数・奇関数と定積分

（Ⅰ）$y = f(x)$ が偶関数
- 定義 $f(-x) = f(x)$
- y 軸に関して対称なグラフになる。
- $\displaystyle\int_{-a}^{a} f(x)dx = 2\int_{0}^{a} f(x)dx$

右半分の面積を求めて2倍すればいい。

（Ⅱ）$y = f(x)$ が奇関数
- 定義 $f(-x) = -f(x)$
- 原点に関して対称なグラフになる。
- $\displaystyle\int_{-a}^{a} f(x)dx = 0$

（a：正の定数）

絶対値の等しい⊕，⊖の面積で打ち消しあう。

⊕の面積

⊖の面積

k を自然数とするとき，$\cos kx$ と $\sin kx$ について，

$$\begin{cases} \cos k(-x) = \cos(-kx) = \cos kx \\ \sin k(-x) = \sin(-kx) = -\sin kx \end{cases} \text{より，}$$

公式：$\cos(-\theta) = \cos\theta$

公式：$\sin(-\theta) = -\sin\theta$

$y = \cos kx$ は偶関数，$y = \sin kx$ は奇関数だね。よって，積分区間 $[-\pi, \pi]$ におけるそれぞれの定積分は，次のようになる。

$-\pi \leqq x \leqq \pi$ のこと

$$\int_{-\pi}^{\pi} \underset{\text{偶関数}}{\cos kx}\,dx = 2\int_{0}^{\pi} \cos kx\,dx, \quad \int_{-\pi}^{\pi} \underset{\text{奇関数}}{\sin kx}\,dx = 0 \qquad \text{大丈夫？}$$

さらに，m，n を自然数とするとき

- $\cos(-mx) \cdot \cos(-nx) = \cos mx \cdot \cos nx$ ──── 偶×偶＝偶
- $\sin(-mx) \cdot \sin(-nx) = -\sin mx \cdot (-\sin nx) = \sin mx \cdot \sin nx$ → 奇×奇＝偶
- $\sin(-mx) \cdot \cos(-nx) = -\sin mx \cdot \cos nx$ ──── 奇×偶＝奇

となるので，次のように覚えておくといいよ。

- （偶関数）×（偶関数）＝（偶関数）
- （奇関数）×（奇関数）＝（偶関数）
- （奇関数）×（偶関数）＝（奇関数）

● 三角関数の積分公式も重要だ！

それでは次，積分区間 $[-\pi, \pi]$ における三角関数の定積分の公式もシッカリ頭に入れておこう。

三角関数の積分公式

(1) $\displaystyle\int_{-\pi}^{\pi} \cos mx\, dx = 0,$ $\qquad \displaystyle\int_{-\pi}^{\pi} \sin mx\, dx = 0$

(2) $\displaystyle\int_{-\pi}^{\pi} \sin mx \cdot \cos nx\, dx = 0$

(3) $\displaystyle\int_{-\pi}^{\pi} \cos mx \cdot \cos nx\, dx = \begin{cases} \pi & (m = n \text{ のとき}) \\ 0 & (m \neq n \text{ のとき}) \end{cases}$

(4) $\displaystyle\int_{-\pi}^{\pi} \sin mx \cdot \sin nx\, dx = \begin{cases} \pi & (m = n \text{ のとき}) \\ 0 & (m \neq n \text{ のとき}) \end{cases}$

（ただし，m, n は自然数とする。）

---

(1) ・ $\displaystyle\int_{-\pi}^{\pi} \cos mx\, dx = \frac{1}{m}\Big[\sin mx\Big]_{-\pi}^{\pi}$

$\qquad = \dfrac{1}{m}\{\underbrace{\sin m\pi}_{\boxed{0}} - \underbrace{\sin(-m\pi)}_{\boxed{-\sin m\pi = 0}}\} = 0$ となる。

> 積分公式：
> $\displaystyle\int \cos mx\, dx = \frac{1}{m}\sin mx$

・ $\displaystyle\int_{-\pi}^{\pi} \sin mx\, dx = -\frac{1}{m}\Big[\cos mx\Big]_{-\pi}^{\pi}$

$\qquad = -\dfrac{1}{m}\{\underbrace{\cos m\pi}_{\boxed{(-1)^m}} - \underbrace{\cos(-m\pi)}_{\boxed{\cos m\pi = (-1)^m}}\} = 0$ となる。

> 積分公式：
> $\displaystyle\int \sin mx\, dx = -\frac{1}{m}\cos mx$

(2) $\displaystyle\int_{-\pi}^{\pi} \underbrace{\sin mx \cdot \cos nx}_{\boxed{(\text{奇関数}) \times (\text{偶関数}) = (\text{奇関数})}}\, dx = 0$ $\quad (\because \sin mx \cdot \cos nx$ は奇関数$)$

も大丈夫だね。

以上 (1)，(2) の公式より，たとえば，$\displaystyle\int_{-\pi}^{\pi} \cos 3x\, dx$ も，$\displaystyle\int_{-\pi}^{\pi} \sin 5x\, dx$ も，そして，$\displaystyle\int_{-\pi}^{\pi} \sin 4x \cdot \cos 2x\, dx$ も，すべて 0 となるんだね。納得いった？

次，(3)，(4) の公式は，フーリエ級数を理解する上で最も重要な公式なんだ。これらはいずれも，(i) $m = n$ のときと (ⅱ) $m \neq n$ のときに場合分けして計算する。

(3) $\displaystyle\int_{-\pi}^{\pi} \cos mx \cdot \cos nx \, dx$ について，

　(i) $m = n$ のとき，

$$\boxed{\because \int_{-\pi}^{\pi} \cos 2mx \, dx = 0 \quad ((1) \text{ より})}$$

$$\int_{-\pi}^{\pi} \underline{\cos mx \cdot \cos \boxed{m}x} \, dx = \frac{1}{2} \int_{-\pi}^{\pi} (1 + \cancel{\cos 2mx}) \, dx$$

$$\boxed{\cos^2 mx = \frac{1 + \cos 2mx}{2}} \quad \longleftarrow \boxed{\text{半角の公式}}$$

$$= \frac{1}{2} \Big[x \Big]_{-\pi}^{\pi} = \frac{1}{2} \{ \pi - (-\pi) \} = \pi$$

　(ⅱ) $\underwave{m \neq n}$ のとき，

$$\boxed{\begin{array}{l} \text{積→和の公式：} \\ \cos\alpha\cos\beta = \dfrac{1}{2}\{\cos(\alpha+\beta)+\cos(\alpha-\beta)\} \end{array}}$$

$$\int_{-\pi}^{\pi} \underline{\cos mx \cdot \cos nx} \, dx$$

$$\boxed{\frac{1}{2}\{\cos(mx+nx)+\cos(mx-nx)\}}$$

$$= \frac{1}{2} \int_{-\pi}^{\pi} \{ \underline{\cos(m+n)x} + \underline{\cos(m-n)x} \} \, dx = 0$$

$$\boxed{\begin{array}{l} \displaystyle\int_{-\pi}^{\pi} \cos(m+n)x \, dx = 0 \\ ((1) \text{ より}) \end{array}}$$

$$\boxed{\begin{array}{l} \displaystyle\int_{-\pi}^{\pi} \cos(m-n)x \, dx = 0 \quad ((1) \text{ より}) \\ \text{ここで，} \underwave{m \neq n} \text{ の条件がいるんだね。} \\ \text{もし，} m = n \text{ ならば，} \\ \displaystyle\int_{-\pi}^{\pi} \underline{\cos 0} \cdot x \, dx = \Big[x \Big]_{-\pi}^{\pi} = 2\pi \\ \boxed{\cos 0 = 1} \\ \text{となって，(1)の積分公式は使えない。} \end{array}}$$

以上 (i)(ⅱ) より，(3) の公式：

$$\int_{-\pi}^{\pi} \cos mx \cdot \cos nx \, dx = \begin{cases} \pi & (m = n \text{ のとき}) \\ 0 & (m \neq n \text{ のとき}) \end{cases} \quad \text{が導けた！}$$

これから，$\displaystyle\int_{-\pi}^{\pi}\cos 3x \cdot \cos 2x\,dx$ や $\displaystyle\int_{-\pi}^{\pi}\cos 7x \cdot \cos 4x\,dx$ などは，$m \neq n$ の形だから，この積分値は **0** になる。また，$\displaystyle\int_{-\pi}^{\pi}\cos^2 5x\,dx$ などは，$m = n$ の形だから，この積分値は m の値に関わらず π になる。大丈夫だね。

では，次，

(4) $\displaystyle\int_{-\pi}^{\pi}\sin mx \cdot \sin nx\,dx$ についても同様に，

（ⅰ）$m = n$ のとき，

$$\int_{-\pi}^{\pi}\underline{\sin mx \cdot \sin \overbrace{m}^{n}x}\,dx = \frac{1}{2}\int_{-\pi}^{\pi}(1 - \overbrace{\cos 2mx})\,dx = \pi$$

$$\boxed{\because \int_{-\pi}^{\pi}\cos 2mx\,dx = 0 \quad (\text{(1) より})}$$

$$\boxed{\sin^2 mx = \frac{1 - \cos 2mx}{2}} \longleftarrow \boxed{\text{半角の公式}}$$

（ⅱ）$m \neq n$ のとき，

$$\int_{-\pi}^{\pi}\underline{\sin mx \cdot \sin nx}\,dx$$

$$\boxed{-\frac{1}{2}\{\cos(mx + nx) - \cos(mx - nx)\}}$$

$$\boxed{\text{積→差の公式：} \\ \sin\alpha\sin\beta = -\frac{1}{2}\{\cos(\alpha+\beta) - \cos(\alpha-\beta)\}}$$

$$= -\frac{1}{2}\int_{-\pi}^{\pi}\{\underline{\cos(m+n)x} - \underline{\cos(m-n)x}\}\,dx = 0$$

$$\boxed{\int_{-\pi}^{\pi}\cos(m+n)x\,dx = 0 \\ (\text{(1) より})} \quad \boxed{\int_{-\pi}^{\pi}\cos(m-n)x\,dx = 0 \\ (m \neq n \text{ と (1) より})}$$

以上（ⅰ）（ⅱ）より，**(4)** の公式：

$$\int_{-\pi}^{\pi}\sin mx \cdot \sin nx\,dx = \begin{cases} \pi & (m = n \text{ のとき}) \\ 0 & (m \neq n \text{ のとき}) \end{cases} \quad \text{も導けた！}$$

これから，$\displaystyle\int_{-\pi}^{\pi}\sin 2x\sin x\,dx$ や $\displaystyle\int_{-\pi}^{\pi}\sin 6x\sin 3x\,dx$ などは $m \neq n$ の形だから，すべて **0** になり，また $\displaystyle\int_{-\pi}^{\pi}\sin^2 4x\,dx$ などは $m = n$ の形だから，m の値に関わらず π となるんだね。

ここで，一般に区間 $[-\pi, \pi]$ で定義された区分的に連続な 2 つの関数 $f(x)$，

この意味については，後で（**P22** で）詳しく解説する。

$g(x)$ について "**内積**" と "**ノルム**" を次のように定義する。

関数の内積とノルム

区間 $[-\pi, \pi]$ で定義された区分的に連続な 2 つの関数 $f(x), g(x)$ について，

(1) f と g の内積 (f, g) を次のように定義する。

$$(f, g) = \int_{-\pi}^{\pi} f(x)g(x)dx$$

(2) f のノルム（または大きさ）$\|f\|$ を次のように定義する。

$$\|f\| = \sqrt{(f, f)} = \sqrt{\int_{-\pi}^{\pi} \{f(x)\}^2 dx}$$

定義から，もちろん $(f, g) = (g, f)$ （交換法則）が成り立つね。この関数
の内積を利用すると，**P16** で示した三角関数の 4 つの積分公式は，$\cos mx$
や $\sin nx$ などすべて，区間 $[-\pi, \pi]$ で定義される滑らかな関数なので，

これは当然，区分的に連続な関数だ。

次のようにシンプルに表現することができる。

(1) $(1, \cos mx) = 0$　　$(1, \sin mx) = 0$ ← $\displaystyle\int_{-\pi}^{\pi} 1 \cdot \cos mx\, dx = 0$ $\displaystyle\int_{-\pi}^{\pi} 1 \cdot \sin mx\, dx = 0$

(2) $(\sin mx, \cos nx) = 0$ ← $\displaystyle\int_{-\pi}^{\pi} \sin mx \cdot \cos nx\, dx = 0$

(3) $(\cos mx, \cos nx) = \begin{cases} \pi & (m = n) \\ 0 & (m \neq n) \end{cases}$ ← $\displaystyle\int_{-\pi}^{\pi} \cos mx \cdot \cos nx\, dx = \begin{cases} \pi \\ 0 \end{cases}$

(4) $(\sin mx, \sin nx) = \begin{cases} \pi & (m = n) \\ 0 & (m \neq n) \end{cases}$ ← $\displaystyle\int_{-\pi}^{\pi} \sin mx \cdot \sin nx\, dx = \begin{cases} \pi \\ 0 \end{cases}$

この記号法を使って，次の三角関数の定積分の例題を解いてみることにしよう。

例題 1　次の定積分の値を求めよう。

(1) $\displaystyle\int_{-\pi}^{\pi} \cos 3x \cdot \left(\sum_{k=0}^{3} \cos kx\right) dx$　　**(2)** $\displaystyle\int_{-\pi}^{\pi} \sin 2x \cdot \left(\sum_{k=1}^{4} \sin kx\right) dx$

---

(1) $\displaystyle\sum_{k=0}^{3} \cos kx = \underline{\cos 0 \cdot x} + \cos 1 \cdot x + \cos 2x + \cos 3x$ より，求める積分値は，

$\cos 0 = 1$

19

$$\int_{-\pi}^{\pi} \cos 3x \overbrace{(1 + \cos x + \cos 2x + \cos 3x)}dx$$

$$= \int_{-\pi}^{\pi} (\cos 3x + \cos 3x \cos x + \cos 3x \cos 2x + \cos^2 3x)dx$$

$$= \underline{\int_{-\pi}^{\pi} \cos 3x\,dx} + \underline{\int_{-\pi}^{\pi} \cos 3x \cos x\,dx} + \underline{\int_{-\pi}^{\pi} \cos 3x \cos 2x\,dx} + \int_{-\pi}^{\pi} \cos^2 3x\,dx$$

$(1,\ \cos 3x) = 0$	$(\cos 3x,\ \cos x) = 0$	$(\cos 3x,\ \cos 2x) = 0$	$(\cos 3x,\ \cos 3x) = \pi$

公式 (1)

公式 (3) $(\cos mx,\ \cos nx) = \begin{cases} \pi & (m = n) \\ 0 & (m \neq n) \end{cases}$

$\|\cos 3x\|^2$

$= \pi$ となる。

(2) 同様に，

$$\int_{-\pi}^{\pi} \sin 2x \cdot \left(\sum_{k=1}^{4} \sin kx\right)dx$$

$$\int_{-\pi}^{\pi} \sin 2x \overbrace{(\sin x + \sin 2x + \sin 3x + \sin 4x)}dx$$

$$= \underline{(\sin 2x,\ \sin x)} + \underline{(\sin 2x,\ \sin 2x)} + \underline{(\sin 2x,\ \sin 3x)} + \underline{(\sin 2x,\ \sin 4x)}$$

0	$\|\sin 2x\|^2 = \pi$	0	0

公式 (4) $(\sin mx,\ \sin nx) = \begin{cases} \pi & (m = n) \\ 0 & (m \neq n) \end{cases}$

$= \pi$ となって答えだ。納得いった？

　このように，2 つの関数の内積を定義すると，これら三角関数がベクトルと類似性があることに気付くと思う。これも "**フーリエ級数**" の背後にある重要な考え方で，実際にこの 2 つを対比して示すと，面白さが分かると思う。

　P9 で紹介したフーリエ級数の例 $y = \sum_{k=1}^{\infty} \dfrac{\sin(2k-1)x}{2k-1}$ について，初めの 3 項の和のみをとった近似関数 $y = 1 \cdot \sin x + \dfrac{1}{3} \cdot \sin 3x + \dfrac{1}{5} \cdot \sin 5x$ と，

3 次元ベクトル $Y = \left[1,\ \dfrac{1}{3},\ \dfrac{1}{5}\right]$ とを対比して見てみよう。

● フーリエ級数

$y = 1 \cdot \sin x + \dfrac{1}{3} \cdot \sin 3x + \dfrac{1}{5} \cdot \sin 5x$

は，3 つの関数 $\sin x$, $\sin 3x$, $\sin 5x$

の 1 次結合で表される。

ここで，

・ $(\sin x, \sin 3x) = (\sin 3x, \sin 5x)$
$= (\sin 5x, \sin x) = 0$

・ $(\sin x, \sin x) = (\sin 3x, \sin 3x)$
$= (\sin 5x, \sin 5x) = \pi$ である。

$y = 1 \cdot \sin x + \dfrac{1}{3} \cdot \sin 3x + \dfrac{1}{5} \cdot \sin 5x$

のグラフを示す。

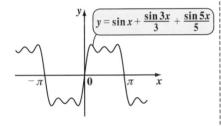

$y = \sin x + \dfrac{\sin 3x}{3} + \dfrac{\sin 5x}{5}$

● ベクトルの 1 次結合

$Y = \left[1, \ \dfrac{1}{3}, \ \dfrac{1}{5} \right]$ は，

3 つのベクトル $e_1 = [1, 0, 0]$, e_2
$= [0, 1, 0]$, $e_3 = [0, 0, 1]$ の 1 次

結合で表される。

ここで，

・ $e_1 \cdot e_2 = e_2 \cdot e_3 = e_3 \cdot e_1 = 0$

・ $e_1 \cdot e_1 = e_2 \cdot e_2 = e_3 \cdot e_3 = 1$ である。

2 つのベクトル a, b の内積は，$a \cdot b$ で表す。

$Y = 1 \cdot e_1 + \dfrac{1}{3} \cdot e_2 + \dfrac{1}{5} \cdot e_3$

を図で示す。

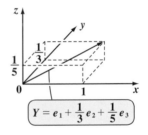

$Y = e_1 + \dfrac{1}{3} e_2 + \dfrac{1}{5} e_3$

空間ベクトルでは，3 つの<u>正規</u><u>直交基底</u> e_1, e_2, e_3 の 1 次結合により，全て

"大きさが 1" の意味　　"互いに直交する" の意味

の空間ベクトルを表すことができたんだね。

正規直交基底について知識のない方は，「線形代数キャンパス・ゼミ」（マセマ）
で学習されることを勧める。

これに対して，"フーリエ級数"においては，1, $\cos x$, $\cos 2x$, $\cos 3x$, …,
$\sin x$, $\sin 2x$, $\sin 3x$, …それぞれの内積が 0 になるので，これらも直交基底
（これを"直交関数系"と呼ぶ）になっており，これらの 1 次結合により，様々
な関数を表すことができるということなんだ。今回の例では，$\sin x$, $\sin 3x$,
$\sin 5x$, …の 1 次結合で矩形波を表したわけだけど，これでも基底が無数に
存在するので，空間ベクトルとの対比のために，初めの 3 項（$\sin x$, $\sin 3x$,
$\sin 5x$）のみによる近似関数を使って，解説したんだよ。納得いった？

● "区分的に連続", "区分的に滑らか" の意味も押さえよう！

フーリエ解析において, "区分的に連続" や "区分的に滑らか" という用語がよく使われる。ここで, その意味をシッカリ押さえておこう。

"区分的連続" と "区分的滑らか" の定義

(I) 区分的に連続な関数 $f(x)$

区間 $[a, b]$ で定義された関数 $f(x)$ が, 有限個の点を除いて連続で, かつ, いずれの不連続点 x_0, x_1, …においても

左側極限値 $\lim_{x \to x_i - 0} f(x)$ と右側極限値 $\lim_{x \to x_i + 0} f(x)$ が存在し, ($i = 0$, 1, …)

さらに, 両端点においても右側極限

値 $\lim_{x \to a+0} f(x)$ と左側極限値 $\lim_{x \to b-0} f(x)$

が存在するとき, $f(x)$ を区間 $[a, b]$

で "区分的に連続な関数" という。

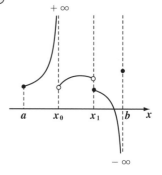
区分的に連続な関数 $f(x)$ のイメージ

(II) 区分的に滑らかな関数 $f(x)$

区間 $[a, b]$ で定義された関数 $f(x)$ と, その 1 階導関数 $f'(x)$ が共に区分的に連続であるとき, $f(x)$ を区間 $[a, b]$ で "**区分的に滑らかな関数**" という。

> ただし, $f(x)$ に不連続点や, 尖点がある場合, $f'(x)$ はそれらの点を除いて考える。(不連続点や尖点では当然微分不能だからね。)

(I) の定義から, 区間 $[a, b]$ で区分的に連続な関数 $f(x)$ とは, この区間内に複数の不連続

> ただし, 有限だけどね

点があってもかまわないんだけれど, その不連続点における左右の極限と, 両端点における極限が有界な極限値を持たなければならない。

よって, 図 **5** に示すように, この極限が $+\infty$ や $-\infty$ に発散するものがある場合, $f(x)$ は区分的に連続な関数ではないんだね。グラフはプッン, プッン切れていても, 有界な関数であれば, 区分的に連続な関数と言える。

図 **5** 区分的に連続でない関数 $f(x)$ のイメージ

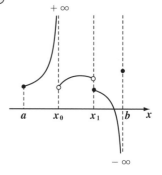

次，（Ⅱ）区分的に滑らかな関数の例として，$(-\infty, \infty)$ で定義された，次の周期 2 の周期関数 $g(x)$ を示そう。

$$g(x) = \frac{1}{2}x^2 \quad (-1 < x \leq 1)$$

このグラフを図 6（ⅰ）に示す。これは，$x = \cdots, -1, 1, 3, \cdots$ で，尖点があるけれど，区間 $(-\infty, \infty)$ で区分的に滑らかな関数と言える。何故なら，$y = g(x)$ は $(-\infty, \infty)$ で区分的に連続な関数だね。そして，これ

> 本当は，$y = g(x)$ は区間 $(-\infty, \infty)$ で連続な関数と言える。でも，"連続ならば，区分的に連続" と言ってもいい。

を微分した導関数 $g'(x)$ も，$g'(x) = x$ $(-1 < x < 1)$ の周期関数で，図 6（ⅱ）に示すように，$g'(x)$ も区間 $(-\infty, \infty)$ で区分的に連続な関数だからだ。よって，$y = g(x)$ と $y = g'(x)$ が区間 $(-\infty, \infty)$ で共に区分的に連続な関数なので，$y = g(x)$ は区分的に滑らかな関数と言える。

　それでは，区分的に連続だけど区分的に滑らかでない関数の例として，$(-\infty, \infty)$ で定義された次の周期 2 の周期関数 $h(x)$ を示そう。

$$h(x) = \sqrt{1-x^2} \quad (-1 < x \leq 1) \leftarrow \boxed{\text{半径 1 の上半円}}$$

図 7（ⅰ）に示すように，これは $(-\infty, \infty)$ で区分的に連続な関数だけれど，この導関数

$$h'(x) = \frac{1}{2}(1-x^2)^{-\frac{1}{2}}(-2x) = -\frac{x}{\sqrt{1-x^2}} \quad (-1 < x < 1)$$

は図 7（ⅱ）に示すように，区分的に連続な関数ではないね。よって $h(x)$ は $(-\infty, \infty)$ で区分的に滑らかな関数ではない。納得いった？

　以上で，"フーリエ級数" のプロローグは終了です。この講義を基に，次回からは本格的な "フーリエ級数" の解説に入る。

図 6　区分的に滑らかな関数の例

（ⅰ）$g(x) = \frac{1}{2}x^2 \ (-1 < x \leq 1)$

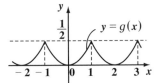

（ⅱ）$g'(x) = x \ (-1 < x < 1)$

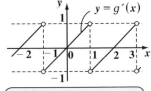

> $g'(x)$ は尖点 $x = \cdots, -3, -1, 1, 3, \cdots$ を除く。

図 7　区分的に滑らかでない関数の例

（ⅰ）$h(x) = \sqrt{1-x^2} \ (-1 < x \leq 1)$

（ⅱ）$h'(x) = -\dfrac{x}{\sqrt{1-x^2}} \ (-1 < x < 1)$

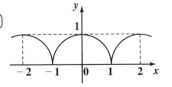

§2. 周期 2π のフーリエ級数

さァ，それではこれから，本格的な "**フーリエ級数**" について解説しよう。ここではまず，区間 $-\pi < x \leqq \pi$ で定義された周期 2π の周期関数 $f(x)$ のフーリエ級数の求め方について詳しく解説しよう。具体的に様々な周期関数をフーリエ級数展開することにより，まずフーリエ級数に慣れることが大切だからだ。

もちろん，与えられた周期関数 $f(x)$ に，フーリエ級数がどのような条件のときに収束するのか？ などの理論的な考察も重要だけれど，それはフーリエ級数の計算に慣れた後で，詳しく解説することにしよう。

● フーリエ級数を求めてみよう！

ここでは図 **1** に示すような，区間 $-\pi < x \leqq \pi$ で定義された周期 2π の区分的に滑らかな周期関数 $f(x)$ をフーリエ級数で表す方法を示そう。

前回学習したように，

図1 周期 2π の関数

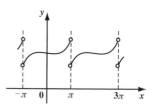

$$1, \ \cos x, \ \sin x, \ \cos 2x, \ \sin 2x, \ \cdots, \ \cos kx, \ \sin kx, \ \cdots$$

は，区間 $[-\pi, \ \pi]$ で互いに直交する "**直交関数系**（ちょっこうかんすうけい）" になっているんだったね。これは特に重要なので，もう一度ここに書いておこう。

(1) $(1, \ \cos mx) = \displaystyle\int_{-\pi}^{\pi} 1 \cdot \cos mx \, dx = 0$ ← $\boxed{1 \text{ と } \cos mx \text{ は直交する。}}$

$(1, \ \sin mx) = \displaystyle\int_{-\pi}^{\pi} 1 \cdot \sin mx \, dx = 0$ ← $\boxed{1 \text{ と } \sin mx \text{ は直交する。}}$

(2) $(\sin mx, \ \cos nx) = \displaystyle\int_{-\pi}^{\pi} \underline{\sin mx \cdot \cos nx} \, dx = 0$ ← $\boxed{\begin{array}{l}\sin mx \text{ と } \cos nx \\ \text{は直交する。}\end{array}}$

$\boxed{\text{奇}} \times \boxed{\text{偶}} = \boxed{\text{奇}}$

(3) $(\cos mx, \ \cos nx) = \displaystyle\int_{-\pi}^{\pi} \cos mx \cdot \cos nx \, dx = \begin{cases} \pi & (\ m = n \text{ のとき}\ ) \\ \underline{0} & (\ m \neq n \text{ のとき}\ ) \end{cases}$

$\boxed{m \neq n \text{ のとき, } \cos mx \text{ と } \cos nx \text{ は直交する。}}$

(4) $(\sin mx, \ \sin nx) = \displaystyle\int_{-\pi}^{\pi} \sin mx \cdot \sin nx \, dx = \begin{cases} \pi & (\ m = n \text{ のとき}\ ) \\ \underline{0} & (\ m \neq n \text{ のとき}\ ) \end{cases}$

$\boxed{m \neq n \text{ のとき, } \sin mx \text{ と } \sin nx \text{ は直交する。}}$ $(\ \text{ただし, } m, \ n \text{ は自然数}\ )$

これらの性質をうまく利用することにより，区分的に滑らかな周期 2π の周期関数 $f(x)$ は，不連続点を除けば，次のようにフーリエ級数で表せる。

■ 周期 2π の周期関数 $f(x)$ のフーリエ級数（Ⅰ）

$-\pi < x \leqq \pi$ で定義された周期 2π の区分的に滑らかな周期関数 $f(x)$ は不連続点を除けば，次のようにフーリエ級数で表すことができる。

$$f(x) = \frac{a_0}{2} + \sum_{k=1}^{\infty} (a_k \cos kx + b_k \sin kx) \quad \cdots\cdots ①$$

①の右辺を，$f(x)$ の "フーリエ級数" または "フーリエ級数展開" と呼ぶ。また，$a_k\,(k = 0,\ 1,\ 2,\ \cdots)$，$b_k\,(k = 1,\ 2,\ 3,\ \cdots)$ を "フーリエ係数" といい，それぞれ次式で求める。

$$\begin{cases} a_k = \dfrac{1}{\pi} \displaystyle\int_{-\pi}^{\pi} f(x) \cdot \cos kx\, dx \quad \cdots\cdots ② \quad (k = 0,\ 1,\ 2,\ \cdots) \\[4mm] b_k = \dfrac{1}{\pi} \displaystyle\int_{-\pi}^{\pi} f(x) \cdot \sin kx\, dx \quad \cdots\cdots ③ \quad (k = 1,\ 2,\ 3,\ \cdots) \end{cases}$$

これだけでは何のことかサッパリ分からないって？　当然だね。これから詳しく解説しよう。まず周期 2π の区分的に滑らかな関数 $f(x)$ が，① によりフーリエ級数，すなわち，直交関数系 $1,\ \cos x,\ \sin x,\ \cos 2x,$ $\sin 2x,\ \cdots,\ \cos kx,\ \sin kx,\ \cdots$ の 1 次結合で表されていることは大丈夫だね。①を具体的に表すと，

$$f(x) = \frac{a_0}{2} \cdot 1 + \sum_{k=1}^{\infty} a_k \cos kx + \sum_{k=1}^{\infty} b_k \sin kx$$

> 1 の係数だけは，a_0 でなくて $\dfrac{a_0}{2}$ とする。何故なのかは後で分かるよ。

$$= \frac{a_0}{2} \cdot 1 + a_1 \cos x + a_2 \cos 2x + \cdots + a_k \cos kx + \cdots$$

$$+ b_1 \sin x + b_2 \sin 2x + \cdots + b_k \sin kx + \cdots \quad \cdots\cdots ①'\text{ となる。}$$

でも，問題は，$f(x)$ をフーリエ級数で表すために，$a_0,\ a_1,\ a_2,\ \cdots,\ a_k,\ \cdots,$ $b_1,\ b_2,\ \cdots,\ b_k,\ \cdots$ の各フーリエ係数の値をどのように決定すればよいか？ってことなんだね。

ここで有効なのが，各関数の直交性の性質だ。これを使うと，見事に a_0，a_k ($k = 1, 2, 3, \cdots$)，b_k ($k = 1, 2, 3, \cdots$) の係数の値が個別に抽出される。

(i) a_0 の決定

$$f(x) = \frac{a_0}{2} + a_1\cos x + a_2\cos 2x + \cdots + b_1\sin x + b_2\sin 2x + \cdots \quad \cdots\cdots ①'$$

の両辺に 1 をかけて，区間 $[-\pi, \pi]$ で積分すると，

$$\int_{-\pi}^{\pi} 1 \cdot f(x)\,dx$$

$$= \int_{-\pi}^{\pi} 1 \cdot \left(\frac{a_0}{2} + a_1\cos x + a_2\cos 2x + \cdots + b_1\sin x + b_2\sin 2x + \cdots \right) dx$$

$$= \frac{a_0}{2} \int_{-\pi}^{\pi} 1 \cdot dx + a_1 \int_{-\pi}^{\pi} 1 \cdot \cos x\,dx + a_2 \int_{-\pi}^{\pi} 1 \cdot \cos 2x\,dx + \cdots$$

$\underbrace{}_{\|1\|^2 = [x]_{-\pi}^{\pi} = 2\pi}$ $\underbrace{}_{(1,\ \cos x) = 0}$ $\underbrace{}_{(1,\ \cos 2x) = 0}$ $\boxed{\begin{array}{l}\text{直交性}\\(1,\ \cos mx) = 0\end{array}}$

$$+ b_1 \int_{-\pi}^{\pi} 1 \cdot \sin x\,dx + b_2 \int_{-\pi}^{\pi} 1 \cdot \sin 2x\,dx + \cdots$$

$\underbrace{}_{(1,\ \sin x) = 0}$ $\underbrace{}_{(1,\ \sin 2x) = 0}$ $\boxed{\begin{array}{l}\text{直交性}\\(1,\ \sin mx) = 0\end{array}}$

$$\therefore \int_{-\pi}^{\pi} 1 \cdot f(x)\,dx = \frac{a_0}{2} \cdot 2\pi \quad \text{より，} \quad a_0 = \frac{1}{\pi} \int_{-\pi}^{\pi} 1 \cdot f(x)\,dx \quad \cdots\cdots \text{(a)}$$

$\boxed{a_0 \text{ のみ抽出できた！}}$ $\boxed{\text{これは } \cos 0x \text{ と考えていい。}}$

(ii) a_k ($k = 1, 2, 3, \cdots$) の決定

$$f(x) = \frac{a_0}{2} + a_1\cos x + a_2\cos 2x + \cdots + a_k\cos kx + \cdots + b_1\sin x + b_2\sin 2x + \cdots$$
$$\cdots\cdots ①'$$

の両辺に $\cos kx$ ($k = 1, 2, 3, \cdots$) をかけて，区間 $[-\pi, \pi]$ で積分すると，

$$\int_{-\pi}^{\pi} f(x) \cdot \cos kx\,dx$$

$$= \int_{-\pi}^{\pi} \cos kx \cdot \left(\frac{a_0}{2} + a_1\cos x + \cdots + a_k\cos kx + \cdots + b_1\sin x + b_2\sin 2x + \cdots \right) dx$$

$$= \frac{a_0}{2} \int_{-\pi}^{\pi} 1 \cdot \cos kx\,dx + a_1 \int_{-\pi}^{\pi} \cos kx\cos x\,dx + \cdots + a_k \int_{-\pi}^{\pi} \cos^2 kx\,dx + \cdots$$

$\underbrace{}_{(1,\ \cos kx) = 0}$ $\underbrace{}_{(\cos kx,\ \cos x) = 0}$ $\underbrace{}_{\|\cos kx\|^2 = \pi}$

$$+ b_1 \int_{-\pi}^{\pi} \cos kx \cdot \sin x\,dx + b_2 \int_{-\pi}^{\pi} \cos kx \cdot \sin 2x\,dx + \cdots$$

$\underbrace{}_{(\sin x,\ \cos kx) = 0}$ $\underbrace{}_{(\sin 2x,\ \cos kx) = 0}$ $\boxed{\begin{array}{l}\text{直交性}\\(\sin mx,\ \cos nx) = 0\end{array}}$

$$\therefore \int_{-\pi}^{\pi} f(x) \cdot \cos kx \, dx = a_k \cdot \pi \quad \text{より,} \quad a_k = \frac{1}{\pi} \int_{-\pi}^{\pi} f(x) \cdot \cos kx \, dx \quad \cdots\cdots \text{(b)}$$

a_k のみ抽出できた。

$$(k = 1, \ 2, \ 3, \ \cdots)$$

以上(a)と(b)をまとめて, $a_k \ (k = 0, \ 1, \ 2, \ \cdots)$ は,

0 スタート！

$$a_k = \frac{1}{\pi} \int_{-\pi}^{\pi} f(x) \cdot \cos kx \, dx \quad \cdots\cdots ② \quad (k = 0, \ 1, \ 2, \ \cdots) \text{で算出できる。}$$

> $k = 0$ のときの a_0 も②の公式で形式的に表すことができる。よって，①の
> フーリエ級数の定数項は a_0 ではなく，$\dfrac{a_0}{2}$ としたんだ。納得いった？

(ⅲ) $b_k \ (k = 1, \ 2, \ 3, \ \cdots)$ の決定

$$f(x) = \frac{a_0}{2} + a_1 \cos x + a_2 \cos 2x + \cdots + b_1 \sin x + b_2 \sin 2x +$$
$$\cdots + b_k \sin kx + \cdots \quad \cdots\cdots ①'$$

の両辺に $\sin kx \ (k = 1, \ 2, \ 3, \ \cdots)$ をかけて，区間 $[-\pi, \ \pi]$ で積分すると，

$$\int_{-\pi}^{\pi} f(x) \cdot \sin kx \, dx$$

$$= \int_{-\pi}^{\pi} \sin kx \left(\frac{a_0}{2} + a_1 \cos x + a_2 \cos 2x + \cdots + b_1 \sin x + \cdots + b_k \sin kx + \cdots \right) dx$$

$$= \frac{a_0}{2} \underbrace{\int_{-\pi}^{\pi} 1 \cdot \sin kx \, dx}_{(1, \ \sin kx) = 0} + a_1 \underbrace{\int_{-\pi}^{\pi} \sin kx \cdot \cos x \, dx}_{(\sin kx, \ \cos x) = 0} + a_2 \underbrace{\int_{-\pi}^{\pi} \sin kx \cdot \cos 2x \, dx}_{(\sin kx, \ \cos 2x) = 0} + \cdots$$

$$+ b_1 \underbrace{\int_{-\pi}^{\pi} \sin kx \cdot \sin x \, dx}_{(\sin kx, \ \sin x) = 0} + \cdots + b_k \underbrace{\int_{-\pi}^{\pi} \sin^2 kx \, dx}_{\|\sin kx\|^2 = \pi} + \cdots$$

> 直交性
> $m \neq n$ のとき
> $(\sin mx, \ \sin nx) = 0$

$$\therefore \int_{-\pi}^{\pi} f(x) \cdot \sin kx \, dx = b_k \cdot \pi \quad \text{より,} \quad b_k \ (k = 1, \ 2, \ 3, \ \cdots) \text{は,}$$

b_k のみ抽出できた！

$$b_k = \frac{1}{\pi} \int_{-\pi}^{\pi} f(x) \cdot \sin kx \, dx \quad \cdots\cdots ③ \quad (k = 1, \ 2, \ 3, \ \cdots) \text{で求められる。}$$

これで，フーリエ級数の係数の求め方も分かったと思う。それでは，例題
で実際に周期関数 $f(x)$ をフーリエ級数展開してみよう。

例題2　周期 2π の周期関数 $f(x)$ が

$$f(x) = \begin{cases} -\dfrac{\pi}{4} & (-\pi < x \leq 0) \\[2mm] \dfrac{\pi}{4} & (0 < x \leq \pi) \end{cases} \quad \cdots\cdots\text{(a)} \quad \text{で定義されるとき,}$$

この $f(x)$ をフーリエ級数展開してみよう。

この $-\pi < x \leq \pi$ で定義された周期関数 $f(x)$ は前回のプロローグで紹介した関数だね。これにフーリエ級数展開の公式:

$$f(x) = \frac{a_0}{2} + \sum_{k=1}^{\infty} (a_k \cos kx + b_k \sin kx) \quad \cdots\text{①}$$

を当てはめてみよう。①の各係数は次の公式で求めればよかった。

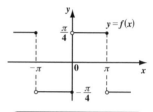

$y = f(x)$ は原点対称のグラフだから, 奇関数だ。

(i) a_k $(k = 0, 1, 2, \cdots)$ については,

$$a_k = \frac{1}{\pi} \int_{-\pi}^{\pi} f(x) \cdot \cos kx \, dx \quad \cdots\cdots\text{②} \quad \text{を利用するんだね。まず,}$$

ただし, これは形式的な表現で, a_0 については別に求める。

$$a_0 = \frac{1}{\pi} \int_{-\pi}^{\pi} \underbrace{f(x)}_{\text{奇関数}} \cdot \underbrace{1}_{\cos 0x \text{のこと}} dx = 0$$

$k = 1, 2, 3, \cdots$ のとき,

$$a_k = \frac{1}{\pi} \int_{-\pi}^{\pi} \underbrace{f(x) \cdot \cos kx}_{(\text{奇関数}) \times (\text{偶関数}) = (\text{奇関数})} dx = 0$$

$$\therefore a_k = 0 \quad (k = 0, 1, 2, \cdots) \quad \cdots\cdots\text{(b)}$$

注意

(a)の周期関数 $f(x)$ は, 不連続な端点の "●" と "○" に着目すれば原点に関して点対称なグラフとはならないため, 厳密には奇関数とは言えない。しかし, 元々, 不連続な関数 $f(x)$ を, 連続なフーリエ級数で表すので無理が生じるんだ。このことについては後で詳述する。ただ, a_k などを求める際の積分計算においては端点が含まれるか否かは影響しないので, $f(x)$ を奇関数と考えて計算したんだ。以下, 同様に考えて計算していこう。

28

（ⅱ）b_k $(k = 1, 2, 3, \cdots)$ については，公式

$$b_k = \frac{1}{\pi} \int_{-\pi}^{\pi} f(x) \cdot \sin kx \, dx \quad \cdots\cdots ③ \quad を利用する。$$

$$\boxed{（奇関数）\times（奇関数）=（偶関数）}$$

$$\boxed{\begin{array}{l} g(x):偶関数のとき，\\ \int_{-\pi}^{\pi} g(x)dx = 2\int_{0}^{\pi} g(x)dx \end{array}}$$

ここで，$f(x) \cdot \sin kx$ は偶関数なので，③より，

$$b_k = \frac{2}{\pi} \int_{0}^{\pi} f(x) \cdot \sin kx \, dx = \frac{2}{\pi} \cdot \frac{\pi}{4} \int_{0}^{\pi} \sin kx \, dx$$

$$\boxed{0 < x \leqq \pi のとき f(x) = \frac{\pi}{4}}$$

$$= \frac{1}{2}\left[\frac{1}{k}\cos kx \right]_{0}^{\pi} = -\frac{1}{2k}(\underbrace{\cos k\pi}_{(-1)^k} - \underbrace{\cos 0}_{1}) - \frac{1-(-1)^k}{2k}$$

$$\therefore b_k = \frac{1-(-1)^k}{2k} \quad (k = 1, 2, 3, \cdots) \quad \cdots\cdots(c)$$

以上(b)，(c)を①に代入すると，周期関数 $f(x)$ $\cdots$(a)は

$$f(x) = \underbrace{\frac{0}{2}}_{a_0} + \sum_{k=1}^{\infty}\left(\underbrace{0 \cdot \cos kx}_{a_k} + \underbrace{\frac{1-(-1)^k}{2k}}_{b_k}\sin kx \right)$$

$$= \sum_{k=1}^{\infty} \frac{1-(-1)^k}{2k}\sin kx$$

$$\boxed{\underbrace{\frac{1+1}{2 \cdot 1}}_{k=1}, \underbrace{\frac{1-1}{2 \cdot 2}}_{k=2}, \underbrace{\frac{1+1}{2 \cdot 3}}_{k=3}, \underbrace{\frac{1-1}{2 \cdot 4}}_{k=4}, \underbrace{\frac{1+1}{2 \cdot 5}}_{k=5}, \cdots}$$

$$\therefore f(x) = \sin x + \frac{\sin 3x}{3} + \frac{\sin 5x}{5} + \frac{\sin 7x}{7} + \cdots \quad \cdots\cdots④$$

と，プロローグで紹介したフーリエ級数の結果が導けたんだね。
ここで，(a)の $f(x)$ は $x = 0$，$\pm\pi$，$\pm 2\pi$，$\cdots$ で不連続な関数だけど，④の
連続なフーリエ級数がここでどのような値を取るのかも調べてみよう。

たとえば，$x = 0$ のとき，④より，$f(0) = \underbrace{\sin 0}_{0} + \frac{\overbrace{\sin 3 \cdot 0}^{0}}{3} + \frac{\overbrace{\sin 5 \cdot 0}^{0}}{5} + \cdots = 0$

となる。

図 2 に示すように，(a)の不連続関数 **図 2 不連続点でのフーリエ級数**

$f(x)$ の $x = 0$ における

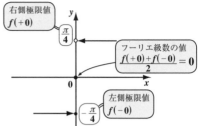

$$\begin{cases} \text{右側極限は，} f(+0) = \dfrac{\pi}{4} \\[2mm] \text{左側極限は，} f(-0) = -\dfrac{\pi}{4} \end{cases}$$

となるので，フーリエ級数の $x = 0$ にお

ける値 0 は，これらの相加平均 (中点)，

すなわち $\dfrac{f(+0)+f(-0)}{2}$ を表すことになるんだ。従って，④の右辺のフ

ーリエ級数は，(a)の不連続な関数 $f(x)$ とは不連続点において一致すると

は限らないし，また，不連続点では "**ギブスの現象**"(ツノ) も見られる

ので，前述した通り " ＝ " の代わりに " ～ " を使って，

$$f(x) \sim \sin x + \frac{\sin 3x}{3} + \frac{\sin 5x}{5} + \cdots$$

と，表すことも多いので覚えておこう。ただし，一致をみないのはこの不

連続点においてのみなので，このような場合でも，本書では，特に断わら

ない限り " ＝ " を使って表現することにする。

それでは，この不連続点も考慮に入れた区分的に滑らかな周期 2π の周期

$\boxed{f(x) \text{ と } f'(x) \text{ が共に区分的に連続}}$

関数 $f(x)$ のフーリエ級数展開の公式を，下に示そう。

■ 周期 2π の周期関数 $f(x)$ のフーリエ級数 (II)

$-\pi < x \leqq \pi$ で定義された周期 2π の区分的に滑らかな周期関数 $f(x)$
のフーリエ級数展開について，次式が成り立つ。

$$\frac{a_0}{2} + \sum_{k=1}^{\infty}(a_k\cos kx + b_k\sin kx) = \begin{cases} f(x) & (f(x) \text{ は } x \text{ で連続}) \\[2mm] \dfrac{f(x+0)+f(x-0)}{2} & (f(x) \text{ は } x \text{ で不連続}) \end{cases}$$

$$\left(\text{ただし，} a_k = \frac{1}{\pi}\int_{-\pi}^{\pi} f(x) \cdot \cos kx\,dx, \quad b_k = \frac{1}{\pi}\int_{-\pi}^{\pi} f(x) \cdot \sin kx\,dx \right)$$

$f(x)$ が x で連続のとき $\underline{f(x+0)} = \underline{f(x-0)} = f(x)$ となるので，

$\boxed{\text{右側極限}}$ $\boxed{\text{左側極限}}$

$\dfrac{f(x+0)+f(x-0)}{2} = \dfrac{f(x)+f(x)}{2} = f(x)$ となる。よって，$f(x)$ が x で連続，

不連続に関わらず，フーリエ級数は $\dfrac{f(x+0)+f(x-0)}{2}$ に収束すると表現

してもいいんだね。

周期 2π の周期関数 $f(x)$ のフーリエ級数（Ⅲ）

$-\pi < x \leqq \pi$ で定義された周期 2π の区分的に滑らかな周期関数 $f(x)$ のフーリエ級数展開について，次式が成り立つ。

$$\dfrac{a_0}{2} + \sum_{k=1}^{\infty}(a_k \cos kx + b_k \sin kx) = \dfrac{f(x+0)+f(x-0)}{2}$$

$$\left(\text{ただし，}\ a_k = \dfrac{1}{\pi}\int_{-\pi}^{\pi} f(x)\cdot\cos kx\,dx,\ \ b_k = \dfrac{1}{\pi}\int_{-\pi}^{\pi} f(x)\cdot\sin kx\,dx\right)$$

この証明はかなり大変なんだけれど，後でチャレンジしてみよう。でも，この公式から，フーリエ級数展開する場合，不連続点において定義される $f(x)$ の値 (グラフの "●") は意味がないんだね。どうせフーリエ級数で展開した場合，不連続点では，左右両極限値の相加平均の値をとるからだ。よって，図 3 に示すように，例題 2 は，不連続な点で定義しない関数として $f(x)$ を与えても，同じフーリエ級数に展開されるんだ。

図 3　不連続点で定義しない関数

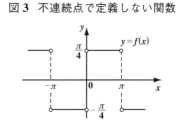

さらに，この例題 2 の結果：

$$f(x) = \sin x + \dfrac{\sin 3x}{3} + \dfrac{\sin 5x}{5} + \dfrac{\sin 7x}{7} + \cdots \quad \cdots\cdots ④$$

から，さらに面白い級数に関する公式を導くことができる。$x = \dfrac{\pi}{2}$ は不連続点ではないので④式から

$f\left(\dfrac{\pi}{2}\right) = \dfrac{\pi}{4}$ が成り立つ。よって，④より

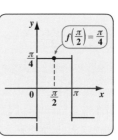

$$\dfrac{\pi}{4} = f\left(\dfrac{\pi}{2}\right) = \underbrace{\sin\dfrac{\pi}{2}}_{①} + \dfrac{1}{3}\underbrace{\sin\dfrac{3}{2}\pi}_{(-1)} + \dfrac{1}{5}\underbrace{\sin\dfrac{5}{2}\pi}_{①} + \dfrac{1}{7}\underbrace{\sin\dfrac{7}{2}\pi}_{(-1)} + \cdots$$

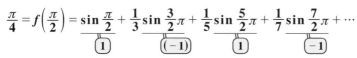

$$\frac{\pi}{4} = 1 - \frac{1}{3} + \frac{1}{5} - \frac{1}{7} + \cdots \quad \cdots\cdots⑤$$ が導ける。

これは "**ライプニッツ（**$Leibniz$**）の級数**" と呼ばれるものなんだ。さらに，⑤の両辺を **4** 倍すると，π を求める公式：

$$\pi = 4\left(1 - \frac{1}{3} + \frac{1}{5} - \frac{1}{7} + \cdots\right) = 4\sum_{k=1}^{\infty} \frac{(-1)^{k-1}}{2k-1} \quad \text{も導ける。}$$

これもフーリエ級数から得られる大きな成果の **1** つなんだね。面白いだろう。

この例題 **2** について，さらに考えてみよう。例題 **2** の結果：

$$f(x) = \underbrace{1}_{b_1} \cdot \sin x + \underbrace{\frac{1}{3}}_{b_3} \cdot \sin 3x + \underbrace{\frac{1}{5}}_{b_5} \cdot \sin 5x + \cdots \quad \cdots\cdots④$$

において，$a_k = 0$ $(k = 0,\ 1,\ 2,\ 3,\ \cdots)$ となったけれど，その理由は分かる？
…そうだね。(a)の周期関数 $f(x)$ が奇
関数だからなんだね。

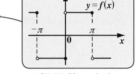

フーリエ級数の基となる直交関数系
のうち，

$\begin{cases} \cdot\ 1,\ \cos x,\ \cos 2x,\ \cdots,\ \cos kx,\ \cdots & \text{は偶関数であり} \\ \cdot\ \sin x,\ \sin 2x,\ \cdots\cdots,\ \sin kx,\ \cdots & \text{は奇関数だから，} \end{cases}$

フーリエ級数展開の公式：

$$\underline{f(x) = \frac{a_0}{2} + \sum_{k=1}^{\infty} (a_k \cos kx + b_k \sin kx)}$$

厳密には $\dfrac{f(x+0) + f(x-0)}{2}$ だね。

も，次に示すように "偶関数部" と "奇関数部" に分類できる。つまり

$$f(x) = \underbrace{\frac{a_0}{2} + \sum_{k=1}^{\infty} a_k \cos kx}_{\text{偶関数部}} + \underbrace{\sum_{k=1}^{\infty} b_k \sin kx}_{\text{奇関数部}} \quad \text{だね。}$$

従って，例題 **2** のように $f(x)$ が奇関数であるならば，$a_k = 0$ $(k = 0,\ 1,\ 2,$ $\cdots)$ となって偶関数部が無くなって，奇関数部のみが残る。逆にもし，周期 2π の周期関数 $f(x)$ が偶関数ならば，$b_k = 0$ $(k = 1,\ 2,\ 3,\ \cdots)$ となって奇関数部が消えて，偶関数部のみが残ることになるんだね。

このように，$f(x)$ が偶関数か，奇関数のいずれかであれば，これをフーリエ級数展開するときに，省エネ計算できて便利だ。だから計算に入る前に，$f(x)$ をチェックすることは，非常に大事だよ。

それでは，これも基本事項として，次にまとめておこう。

フーリエ余弦級数とフーリエ正弦級数

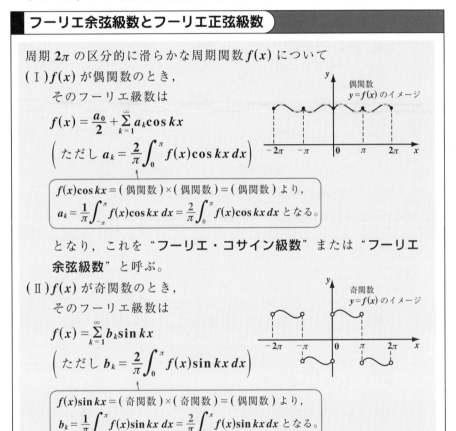

周期 2π の区分的に滑らかな周期関数 $f(x)$ について

（I）$f(x)$ が偶関数のとき，

そのフーリエ級数は

$$f(x) = \frac{a_0}{2} + \sum_{k=1}^{\infty} a_k \cos kx$$

$$\left(\text{ただし } a_k = \frac{2}{\pi}\int_0^{\pi} f(x)\cos kx\, dx \right)$$

$f(x)\cos kx = (\text{偶関数})\times(\text{偶関数}) = (\text{偶関数})$ より，
$a_k = \frac{1}{\pi}\int_{-\pi}^{\pi} f(x)\cos kx\, dx = \frac{2}{\pi}\int_0^{\pi} f(x)\cos kx\, dx$ となる。

となり，これを"フーリエ・コサイン級数"または"フーリエ余弦級数"と呼ぶ。

（II）$f(x)$ が奇関数のとき，

そのフーリエ級数は

$$f(x) = \sum_{k=1}^{\infty} b_k \sin kx$$

$$\left(\text{ただし } b_k = \frac{2}{\pi}\int_0^{\pi} f(x)\sin kx\, dx \right)$$

$f(x)\sin kx = (\text{奇関数})\times(\text{奇関数}) = (\text{偶関数})$ より，
$b_k = \frac{1}{\pi}\int_{-\pi}^{\pi} f(x)\sin kx\, dx = \frac{2}{\pi}\int_0^{\pi} f(x)\sin kx\, dx$ となる。

となり，これを"フーリエ・サイン級数"または"フーリエ正弦級数"と呼ぶ。

例題 2 の結果に対して，解説すべきことがたくさんあって，少し間伸びした感じだけれど，どれもとても大事なことだ。シッカリ頭に入れておこう。そして，以上の知識をもった上で，次の例題にチャレンジしてみよう！

$(1)\,f(x) = \begin{cases} 0 & (-\pi < x < 0) \\ 1 & (0 < x < \pi) \end{cases}$ …(a)

> $x = 0$ や $\pm\pi$ などの不連続点で $f(x)$ が定義されている必要はない。

(a)は不連続点を含むけれど，周期 2π の区分的に滑らかな周期関数なので，次のようにフーリエ級数に展開できる。

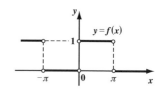

> これは，y 軸対称でも，原点対称でもないので，偶関数でも奇関数でもない。

$$f(x) = \frac{a_0}{2} + \sum_{k=1}^{\infty}(a_k \cos kx + b_k \sin kx) \quad \cdots\cdots ①$$

> $f(x)$ は，不連続な点を含むので，" = " の代わりに "〜" を使う教員もいらっしゃるはずだ。

> 係数 a_k を求める公式
> $a_k = \dfrac{1}{\pi}\displaystyle\int_{-\pi}^{\pi} f(x)\cos kx\,dx$
> $(k = 0,\ 1,\ 2,\ \cdots)$

(i) a_k $(k = 0,\ 1,\ 2,\ \cdots)$ について，

$$a_0 = \frac{1}{\pi}\int_{-\pi}^{\pi} f(x)\,dx = \frac{1}{\pi}\left(\int_{-\pi}^{0} 0 \cdot dx + \int_{0}^{\pi} 1 \cdot dx\right)$$

$$= \frac{1}{\pi}\big[x\big]_0^{\pi} = \frac{1}{\pi}\cdot\pi = 1 \quad \leftarrow \boxed{a_0 \text{ のみ別扱い}}$$

$k = 1,\ 2,\ 3,\ \cdots$ のとき，

$$a_k = \frac{1}{\pi}\int_{-\pi}^{\pi} f(x)\cdot\cos kx\,dx = \frac{1}{\pi}\left(\int_{-\pi}^{0} 0 \cdot \cos kx\,dx + \int_{0}^{\pi} 1 \cdot \cos kx\,dx\right)$$

$$= \frac{1}{\pi}\left[\frac{1}{k}\sin kx\right]_0^{\pi} = \frac{1}{k\pi}(\underset{\boxed{0}}{\sin k\pi} - \underset{\boxed{0}}{\sin 0}) = 0$$

$\therefore\ \underline{\underline{a_0 = 1}},\ \underline{\underline{a_k = 0}}\ (k = 1,\ 2,\ \cdots)$ …(b)　となる。

(ii) b_k $(k = 1,\ 2,\ 3,\ \cdots)$ について，

> 係数 b_k を求める公式
> $b_k = \dfrac{1}{\pi}\displaystyle\int_{-\pi}^{\pi} f(x)\sin kx\,dx$
> $(k = 1,\ 2,\ 3,\ \cdots)$

$$b_k = \frac{1}{\pi}\int_{-\pi}^{\pi} f(x)\cdot\sin kx\,dx$$

$$= \frac{1}{\pi}\left(\int_{-\pi}^{0} 0 \cdot \sin kx\,dx + \int_{0}^{\pi} 1 \cdot \sin kx\,dx\right)$$

$$= \frac{1}{\pi}\left[-\frac{1}{k}\cos kx\right]_0^\pi = -\frac{1}{k\pi}(\underbrace{\cos k\pi}_{(-1)^k} - \underbrace{\cos 0}_{1}) = \frac{1-(-1)^k}{k\pi}$$

$$\therefore b_k = \frac{1-(-1)^k}{k\pi} \quad (k=1,\ 2,\ \cdots)\ \cdots\text{(c)} \quad \text{となる。}$$

以上(b)，(c)を①に代入すると，(a)は次のようにフーリエ級数に展開できる。

$$f(x) = \underbrace{\frac{1}{2}}_{\frac{a_0}{2}} + \sum_{k=1}^{\infty}\left\{\underbrace{0\cdot\cos kx}_{a_k} + \underbrace{\frac{1-(-1)^k}{k\pi}\sin kx}_{b_k}\right\}$$

$$= \frac{1}{2} + \sum_{k=1}^{\infty}\frac{1-(-1)^k}{k\pi}\sin kx$$

$$\boxed{\frac{2}{1\cdot\pi}\sin x + \frac{0}{2\pi}\sin 2x + \frac{2}{3\pi}\sin 3x + \frac{0}{4\pi}\sin 4x + \frac{2}{5\pi}\sin 5x + \cdots}$$

これをさらに具体的に書くと，

$$f(x) = \frac{1}{2} + \frac{2}{\pi}\underbrace{\left(\sin x + \frac{\sin 3x}{3} + \frac{\sin 5x}{5} + \cdots\right)}_{g(x)} \quad \text{となる。}$$

例題 2 の関数を $g(x) = \begin{cases} -\dfrac{\pi}{4} & (-\pi < x < 0) \\ \dfrac{\pi}{4} & (0 < x < \pi) \end{cases}$ とおくと，そのフーリエ級数は，

$g(x) = \sin x + \dfrac{\sin 3x}{3} + \dfrac{\sin 5x}{5} + \cdots$ だった。よって，

(i) この $g(x)$ を $\dfrac{2}{\pi}$ 倍して，(ii) $\dfrac{1}{2}$ をたすと，例題 3(1) の $f(x)$ のフーリエ級数展開になることが，下の図からも分かるはずだ。

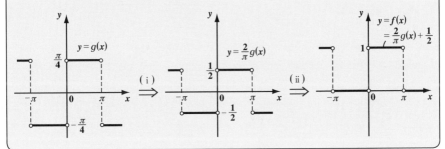

(2) $f(x) = \begin{cases} 0 & (-\pi < x \leqq 0) \\ x & (0 < x < \pi) \end{cases}$ ···(d)

$f(x)$ は不連続点で定義されてなくてもいい。

(d)は不連続点を含むが，周期 2π の区分的に滑らかな周期関数なので，次のようにフーリエ級数展開できる。

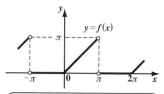

これは，y 軸対称でも，原点対称でもないので偶関数でも奇関数でもない。

$$f(x) = \frac{a_0}{2} + \sum_{k=1}^{\infty}(a_k\cos kx + b_k\sin kx) \cdots\cdots①$$

これは，"〜" と表すこともある。

(i) a_k $(k = 0, 1, 2, \cdots)$ について，

$a_k = \frac{1}{\pi}\int_{-\pi}^{\pi}f(x)\cos kx\,dx$
$(k = 0, 1, 2, \cdots)$

$$a_0 = \frac{1}{\pi}\int_{-\pi}^{\pi}f(x)\,dx = \frac{1}{\pi}\left(\int_{-\pi}^{0}0\cdot dx + \int_{0}^{\pi}x\,dx\right)$$

$$= \frac{1}{\pi}\left[\frac{1}{2}x^2\right]_{0}^{\pi} = \frac{1}{\pi}\cdot\frac{\pi^2}{2} = \frac{\pi}{2} \quad\longleftarrow\boxed{a_0 \text{ のみ別扱い}}$$

$k = 1, 2, 3, \cdots$ のとき，

$$a_k = \frac{1}{\pi}\int_{-\pi}^{\pi}f(x)\cos kx\,dx = \frac{1}{\pi}\left(\int_{-\pi}^{0}0\cdot\cos kx\,dx + \int_{0}^{\pi}x\cos kx\,dx\right)$$

$$= \frac{1}{\pi}\int_{0}^{\pi}x\cdot\left(\frac{1}{k}\sin kx\right)'dx$$

部分積分
$\int f\cdot g'\,dx = f\cdot g - \int f'\cdot g\,dx$

$$= \frac{1}{\pi}\left\{\frac{1}{k}\left[x\cdot\sin kx\right]_{0}^{\pi} - \frac{1}{k}\int_{0}^{\pi}1\cdot\sin kx\,dx\right\}$$

$(\pi\sin k\pi - 0\cdot\sin 0) = 0$

$$= -\frac{1}{k\pi}\left[-\frac{1}{k}\cos kx\right]_{0}^{\pi} = \frac{1}{k^2\pi}(\underbrace{\cos k\pi}_{(-1)^k} - \underbrace{\cos 0}_{1}) = \frac{(-1)^k - 1}{k^2\pi}$$

$$\therefore a_0 = \frac{\pi}{2}, \quad a_k = \frac{(-1)^k - 1}{k^2\pi} \quad (k = 1, 2, 3, \cdots) \quad\cdots(\text{e})$$

(ii) b_k $(k = 1, 2, 3, \cdots)$ について，

$$b_k = \frac{1}{\pi}\int_{-\pi}^{\pi}f(x)\sin kx\,dx$$

$b_k = \frac{1}{\pi}\int_{-\pi}^{\pi}f(x)\sin kx\,dx$
$(k = 1, 2, 3, \cdots)$

$$= \frac{1}{\pi}\left(\int_{-\pi}^{0}0\cdot\sin kx\,dx + \int_{0}^{\pi}x\cdot\sin kx\,dx\right)$$

$$= \frac{1}{\pi} \int_0^\pi x \cdot \left(-\frac{1}{k}\cos kx\right)' dx$$

部分積分
$$\int f \cdot g' dx = f \cdot g - \int f' \cdot g \, dx$$

$$= \frac{1}{\pi}\left\{\left[-\frac{1}{k}x\cos kx\right]_0^\pi - \int_0^\pi 1 \cdot \left(-\frac{1}{k}\cos kx\right)dx\right\}$$

$$-\frac{\pi}{k}\cos k\pi = -\frac{\pi}{k} \cdot (-1)^k$$

$$= \frac{1}{\pi}\left\{\frac{\pi}{k}(-1)^{k+1} + \frac{1}{k^2}\left[\sin kx\right]_0^\pi\right\} = \frac{(-1)^{k+1}}{k}$$

$$\sin k\pi - \sin 0 = 0$$

$$\therefore b_k = \frac{(-1)^{k+1}}{k} \quad (k = 1, 2, 3, \cdots) \quad \cdots\cdots(f)$$

以上(e)，(f)を①に代入すると，(d)のフーリエ級数は

$$f(x) = \frac{\pi}{4} + \sum_{k=1}^\infty \left\{\frac{(-1)^k-1}{k^2\pi}\cos kx + \frac{(-1)^{k+1}}{k}\sin kx\right\} \quad \cdots\cdots(g) \quad \text{となる。}$$

$$\sin x - \frac{\sin 2x}{2} + \frac{\sin 3x}{3} - \frac{\sin 4x}{4} + \cdots$$

$$\frac{-2}{\pi}\cos x + \frac{0}{4\pi}\cos 2x + \frac{-2}{9\pi}\cos 3x + \frac{0}{16\pi}\cos 4x + \cdots$$

これをさらに具体的に書くと，

$$f(x) = \frac{\pi}{4} - \frac{2}{\pi}\left(\cos x + \frac{\cos 3x}{3^2} + \frac{\cos 5x}{5^2} + \cdots\right) + \left(\sin x - \frac{\sin 2x}{2} + \frac{\sin 3x}{3} - \cdots\right)$$

となるんだね。

(g)の無限級数を n 項までの和で近似して，$n = 3, 10, 100$ としたときのグラフを図4(i)，(ii)，(iii)に示す。

図4　$f(x) \doteqdot \frac{\pi}{4} + \sum_{k=1}^n \left\{\frac{(-1)^k-1}{k^2\pi}\cos kx + \frac{(-1)^{k+1}}{k}\sin kx\right\}$ のグラフ

(i) $n = 3$ のとき　　　　　(ii) $n = 10$ のとき　　　　　(iii) $n = 100$ のとき

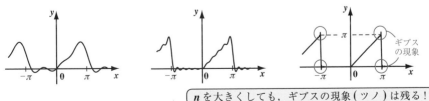

n を大きくしても，ギブスの現象（ツノ）は残る！

37

(3) $f(x) = |x|$ $(-\pi < x \leqq \pi)$ ……(h)

は区分的に滑らかでかつ，本当
に連続な周期 2π の周期関数なん
だね。しかも，y 軸に関して左右
対称なグラフになるので，これ
は偶関数だ。よって，$f(x)$ は次
のようにフーリエ・コサイン級
数で展開できる。

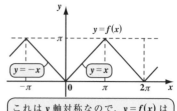

これは y 軸対称なので，$y = f(x)$ は
偶関数だね。よって，フーリエ・コ
サイン級数
$$f(x) = \frac{a_0}{2} + \sum_{k=1}^{\infty} a_k \cos kx$$
$$a_k = \frac{2}{\pi} \int_0^{\pi} f(x) \cdot \cos kx \, dx$$
の登場だ！

$$f(x) = \frac{a_0}{2} + \sum_{k=1}^{\infty} a_k \cos kx \quad \text{……②}$$

ここで，$a_k = \dfrac{2}{\pi} \displaystyle\int_0^{\pi} f(x) \cdot \cos kx \, dx$ $(k = 0, 1, 2, \cdots)$ より，

$$a_0 = \frac{2}{\pi} \int_0^{\pi} \underbrace{x}_{} \cdot \underbrace{1}_{} \cdot dx = \frac{2}{\pi} \left[\frac{1}{2} x^2 \right]_0^{\pi} = \frac{2}{\pi} \cdot \frac{\pi^2}{2} = \pi \quad \longleftarrow \boxed{a_0 \text{ だけ別扱い！}}$$

$\boxed{\begin{array}{l} 0 \leqq x \leqq \pi \text{ のとき} \\ f(x) = x \text{ だ。} \end{array}}$ $\boxed{\cos 0x \text{ のこと}}$

$k = 1, 2, 3, \cdots$ のとき，

$$a_k = \frac{2}{\pi} \int_0^{\pi} x \cdot \cos kx \, dx = \frac{2}{\pi} \int_0^{\pi} x \cdot \left(\frac{1}{k} \sin kx \right)' dx$$

$$= \frac{2}{\pi} \left\{ \left[\frac{1}{k} x \cdot \sin kx \right]_0^{\pi} - \int_0^{\pi} 1 \cdot \frac{1}{k} \sin kx \, dx \right\}$$

$$= -\frac{2}{k\pi} \cdot \left(-\frac{1}{k} \right) [\cos kx]_0^{\pi} = \frac{2}{k^2 \pi} (\underbrace{\cos k\pi}_{(-1)^k} - \underbrace{\cos 0}_{1})$$

$$\therefore a_0 = \pi, \quad a_k = \frac{2\{(-1)^k - 1\}}{k^2 \pi} \quad (k = 1, 2, 3, \cdots) \quad \text{……(i)} \quad \text{となる。}$$

(i)を②に代入すると，(h)のフーリエ・コサイン級数が

$$f(x) = \frac{\pi}{2} + \sum_{k=1}^{\infty} \frac{2\{(-1)^k - 1\}}{k^2 \pi} \cos kx \quad \text{……(j)} \quad \text{となって，完成する！}$$

$$\boxed{\frac{-4}{\pi} \cos x + \frac{0}{4\pi} \cos 2x + \frac{-4}{9\pi} \cos 3x + \frac{0}{16\pi} \cos 4x + \frac{-4}{25\pi} \cos 5x + \cdots}$$

これをさらに具体的に書くと，

$$f(x) = |x| = \frac{\pi}{2} - \frac{4}{\pi}\left(\cos x + \frac{\cos 3x}{3^2} + \frac{\cos 5x}{5^2} + \cdots\right) \quad \cdots\cdots(\text{j})' \quad \text{となる。}$$

(j)の無限級数を n 項までの和で近似して，$n = 3$, 10, 100 としたときのグラフを図5(ⅰ), (ⅱ), (ⅲ)に示す。

図5　$f(x) \fallingdotseq \dfrac{\pi}{2} + \displaystyle\sum_{k=1}^{n} \dfrac{2\{(-1)^k - 1\}}{k^2\pi} \cos kx$ のグラフ

（ⅰ）$n = 3$ のとき　　　　（ⅱ）$n = 10$ のとき　　　　（ⅲ）$n = 100$ のとき

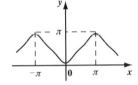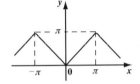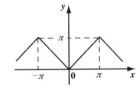

$f(x) = |x|$ $(-\pi < x \leqq \pi)$ のように，不連続点のない連続な周期関数の場合，ギブスの現象もなく，フーリエ級数の収束性（再現性）の良さが際立っているね。

ここで，(j)' の両辺の x に 0 を代入すると，

$$\underset{0}{\underbrace{|0|}} = \frac{\pi}{2} - \frac{4}{\pi}\left(\underset{1}{\underbrace{\cos 0}} + \frac{\overset{1}{\overbrace{\cos 3\cdot 0}}}{3^2} + \frac{\overset{1}{\overbrace{\cos 5\cdot 0}}}{5^2} + \cdots\right) \quad \text{これを変形して，}$$

$$\frac{4}{\pi}\left(1 + \frac{1}{3^2} + \frac{1}{5^2} + \frac{1}{7^2} + \cdots\right) = \frac{\pi}{2} \quad \text{より，}$$

無限級数の公式： $\dfrac{1}{1^2} + \dfrac{1}{3^2} + \dfrac{1}{5^2} + \dfrac{1}{7^2} + \cdots = \dfrac{\pi^2}{8}$ が導ける。

フーリエ級数って，宝の山なんだね (^o^)!

　以上で，周期 2π の周期関数のフーリエ級数の講義は終了です。具体的に計算することによって，フーリエ級数の面白さが理解できたと思う。エッ，でも周期 2π の周期関数しかフーリエ級数展開できないので，融通性が足りないって？　大丈夫！　周期も 2π だけでなく，より一般的な周期 $2L$ の周期関数のフーリエ級数についても，次回で詳しく解説しよう。

　でもその前に，基本をシッカリさせておくことが大事だ。次の演習問題と実践問題で，周期 2π の周期関数のフーリエ級数展開を，さらに練習しておこう。

演習問題 1	● フーリエ・コサイン級数 ●

周期 2π の周期関数 $f(x)$ が

$$f(x) = \frac{1}{2}x^2 \quad (-\pi < x \le \pi) \quad \cdots\cdots ①$$ で定義されるとき,

この $f(x)$ をフーリエ級数展開せよ。

ヒント！ $f(x)$ は偶関数なので,フーリエ・コサイン級数の公式:

$$f(x) = \frac{a_0}{2} + \sum_{k=1}^{\infty} a_k \cos kx, \quad a_k = \frac{2}{\pi}\int_0^{\pi} f(x)\cos kx\, dx \quad$$ を用いるんだね。

解答 & 解説

①の関数 $f(x)$ は,周期 2π の区分的に滑らかで連続な周期関数で,かつ偶関数である。よって,これはフーリエ・コサイン級数により,次のように展開できる。

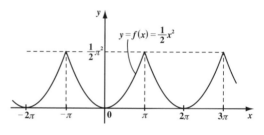

$$y = f(x) = \frac{1}{2}x^2$$

$$f(x) = \frac{1}{2}x^2 = \frac{a_0}{2} + \sum_{k=1}^{\infty} a_k \cos kx \quad \cdots\cdots②$$

ここで, $a_k = \dfrac{2}{\pi}\displaystyle\int_0^{\pi} \underbrace{f(x)}_{\boxed{\frac{1}{2}x^2}} \cdot \cos kx\, dx \quad (k = 0,\ 1,\ 2,\ \cdots)$ より,

$$a_0 = \frac{2}{\pi}\int_0^{\pi}\frac{1}{2}x^2 \cdot 1\, dx = \frac{2}{\pi}\cdot\left[\frac{1}{6}x^3\right]_0^{\pi} = \frac{1}{3\pi}\cdot\pi^3 = \frac{\pi^2}{3} \quad \longleftarrow \boxed{a_0 \text{ のみ別扱い}}$$

$k = 1,\ 2,\ 3,\ \cdots$ のとき,

$$a_k = \frac{2}{\pi}\int_0^{\pi}\frac{1}{2}x^2 \cdot \cos kx\, dx$$

$$= \frac{1}{\pi}\int_0^{\pi} x^2 \cdot \left(\frac{1}{k}\sin kx\right)' dx \quad \longrightarrow \boxed{\begin{array}{l}\text{部分積分の公式:}\\ \displaystyle\int f \cdot g'\, dx = f \cdot g - \int f' \cdot g\, dx\end{array}}$$

$$= \frac{1}{\pi}\left\{\underbrace{\left[\frac{1}{k}x^2 \cdot \sin kx\right]_0^{\pi}}_{\boxed{0}} - \int_0^{\pi} 2x \cdot \frac{1}{k}\sin kx\, dx\right\}$$

$$= -\frac{2}{k\pi}\int_0^{\pi} x \cdot \left(-\frac{1}{k}\cos kx\right)' dx \quad \longleftarrow \boxed{\text{部分積分の公式をもう 1 回！}}$$

40

$$= -\frac{2}{k\pi}\left\{-\frac{1}{k}\left[x\cos kx\right]_0^\pi - \int_0^\pi 1\cdot\left(-\frac{1}{k}\cos kx\right)dx\right\}$$

$$\boxed{\pi\cdot\cos k\pi = \pi\cdot(-1)^k}$$

$$= -\frac{2}{k\pi}\left\{-\frac{1}{k}\cdot\pi\cdot(-1)^k + \frac{1}{k}\left[\frac{1}{k}\sin kx\right]_0^\pi\right\} = \frac{2\cdot(-1)^k}{k^2}$$

$$\boxed{0}$$

以上より，$\underline{\underline{a_0 = \dfrac{\pi^2}{3}}}$，$\underline{\underline{a_k = \dfrac{2\cdot(-1)^k}{k^2}}}$　$(k = 1,\ 2,\ 3,\ \cdots)$ ……③

③を②に代入して，$f(x) = \dfrac{1}{2}x^2$ は次のようなフーリエ・コサイン級数に展開される。

$$f(x) = \frac{1}{2}x^2 = \frac{\pi^2}{6} + 2\sum_{k=1}^\infty \frac{(-1)^k}{k^2}\cos kx \ \cdots\cdots④$$

参考

• ④の無限級数を n 項までの和で近似して，$f(x) \fallingdotseq \dfrac{\pi^2}{6} + 2\displaystyle\sum_{k=1}^n \frac{(-1)^k}{k^2}\cos kx$

とし，$n = 3,\ 10,\ 100$ のときのグラフをそれぞれ下に示す。

（ⅰ）$n = 3$ のとき　　　　（ⅱ）$n = 10$ のとき　　　　（ⅲ）$n = 100$ のとき

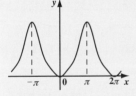 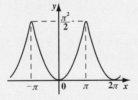 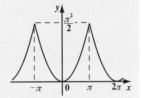

連続関数に対するフーリエ級数の収束性の良さが，ここでも際立ってるね。

• 次に④の両辺の x に π を代入すると，

$$\frac{1}{2}\pi^2 = \frac{\pi^2}{6} + 2\sum_{k=1}^\infty \frac{(-1)^k}{k^2}\cdot\underbrace{\cos k\pi}_{\boxed{(-1)^k}} = \frac{\pi^2}{6} + 2\sum_{k=1}^\infty \overbrace{\frac{1}{k^2}}^{\boxed{(-1)^{2k}}} \quad \text{よって，}$$

$$2\sum_{k=1}^\infty \frac{1}{k^2} = \frac{\pi^2}{3},\qquad \sum_{k=1}^\infty \frac{1}{k^2} = \frac{\pi^2}{6} \qquad \text{これから，また重要な級数の公式：}$$

$$\boxed{\frac{1}{1^2} + \frac{1}{2^2} + \frac{1}{3^2} + \frac{1}{4^2} + \cdots = \frac{\pi^2}{6}} \ \cdots(*) \quad \text{が導ける。}$$

フーリエ級数は
宝の山だ！

• 同様に，④の両辺の x に 0 を代入すると，

$$\boxed{\frac{1}{1^2} - \frac{1}{2^2} + \frac{1}{3^2} - \frac{1}{4^2} + \cdots = \frac{\pi^2}{12}} \ \cdots(**) \quad \text{も導ける。確かめてみてごらん。}$$

周期 2π の周期関数 $g(x)$ が

$g(x) = x$ 　$(-\pi < x < \pi)$ ……① 　で定義されるとき,

この $g(x)$ をフーリエ級数展開せよ。

ヒント！ 　$g(x)$ は奇関数なので, フーリエ・サイン級数の公式:

$g(x) = \sum_{k=1}^{\infty} b_k \sin kx$, 　$b_k = \dfrac{2}{\pi}\displaystyle\int_0^\pi g(x)\sin kx\,dx$ を使って解いていこう。

解答＆解説

①の関数 $g(x)$ は, 周期 2π の区分的に滑らかな周期関数で, かつ (ア)　である。よって, これはフーリエ・サイン級数により, 次のように展開できる。

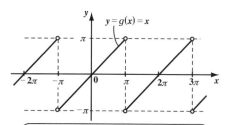

フーリエ級数で表される関数 $g(x)$ の場合, 不連続点で定義されている必要はない！

$g(x) = x = \boxed{(イ)}$ 　　……②

ここで, $b_k = \dfrac{2}{\pi}\displaystyle\int_0^\pi \underset{\boxed{x}}{g(x)}\sin kx\,dx$ 　$(k = 1, 2, 3, \cdots)$ 　より,

$b_k = \dfrac{2}{\pi}\displaystyle\int_0^\pi x\cdot\sin kx\,dx$

　$= \dfrac{2}{\pi}\displaystyle\int_0^\pi x\cdot\left(\boxed{(ウ)}\right)'dx$ 　　　→　部分積分の公式:

$\displaystyle\int f\cdot g'\,dx = f\cdot g - \int f'\cdot g\,dx$

　$= \dfrac{2}{\pi}\left\{-\dfrac{1}{k}\Big[x\cdot\cos kx\Big]_0^\pi - \displaystyle\int_0^\pi 1\cdot\left(-\dfrac{1}{k}\right)\cos kx\,dx\right\}$

　　　$\underline{\pi\cdot\cos k\pi = \pi\cdot(-1)^k}$

　$= \dfrac{2}{\pi}\left\{-\dfrac{1}{k}\cdot\pi\cdot(-1)^k + \dfrac{1}{k}\underset{\boxed{0}}{\cancel{\left[\dfrac{1}{k}\sin kx\right]_0^\pi}}\right\}$

よって, $b_k = \boxed{(エ)}$ 　$(k = 1, 2, 3, \cdots)$ ……③

42

③を②に代入して，$g(x) = x$ は次のようなフーリエ・サイン級数に展開される。

$$g(x) = x = 2 \cdot \sum_{k=1}^{\infty} \frac{(-1)^{k+1}}{k} \sin kx \quad \cdots\cdots ④$$

参考

・④の無限級数を n 項までの和で近似して，$g(x) \fallingdotseq 2\sum_{k=1}^{n} \frac{(-1)^{k+1}}{k} \sin kx$

とし，$n = 3, 10, 100$ のときのグラフをそれぞれ下に示す。

（ⅰ）$n = 3$ のとき　　（ⅱ）$n = 10$ のとき　　（ⅲ）$n = 100$ のとき

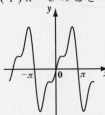  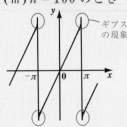

ギブスの現象

$n = 100$ 項までの和をとると，周期関数 $g(x) = x \ (-\pi < x < \pi)$ にかなり近づいていることが分かるけれど，不連続な点におけるギブスの現象（ツノ）は残ってしまうんだね。これは $n \to \infty$ としても残るんだ。

・④の両辺の x に $\dfrac{\pi}{2}$ を代入すると，

$$\frac{\pi}{2} = 2\sum_{k=1}^{\infty} \frac{(-1)^{k+1}}{k} \sin \frac{k\pi}{2}, \qquad \sum_{k=1}^{\infty} \frac{(-1)^{k+1}}{k} \sin \frac{k\pi}{2} = \frac{\pi}{4}$$

$$\underbrace{\sin \frac{\pi}{2}}_{①} - \frac{1}{2}\underbrace{\sin \pi}_{⓪} + \frac{1}{3}\underbrace{\sin \frac{3}{2}\pi}_{(-1)} - \frac{1}{4}\underbrace{\sin 2\pi}_{⓪} + \frac{1}{5}\underbrace{\sin \frac{5}{2}\pi}_{①} - \cdots = \frac{\pi}{4}$$

$$1 - \frac{1}{3} + \frac{1}{5} - \frac{1}{7} + \cdots = \frac{\pi}{4} \quad \cdots\cdots (※) \quad となって，$$

"ライプニッツの級数"（**P32**）が導けた！

⋯⋯

解答　（ア）奇関数　　（イ）$\displaystyle\sum_{k=1}^{\infty} b_k \sin kx$　　（ウ）$-\dfrac{1}{k}\cos kx$　　（エ）$\dfrac{2 \cdot (-1)^{k+1}}{k}$

§3. 周期 $2L$ のフーリエ級数

前回は，周期 2π の周期関数のフーリエ級数展開について解説した。今回は，この周期に融通性をもたせて，区間 $[-L, L]$ で定義された周期 $2L$ の周期関数を "フーリエ級数展開" する手法について教えよう。そして，周期 $2L$ のこの周期関数が偶関数ならば "フーリエ・コサイン級数" に，また奇関数ならば "フーリエ・サイン級数" に展開されることも解説する。

さらに，ここでは "オイラーの公式" を利用した "複素フーリエ級数" についても教えるつもりだ。また分かりやすく説明するから，ステップ・バイ・ステップにマスターしていってくれ。

● 周期 $2L$ のフーリエ級数の公式を導こう！

周期 2π の区分的に滑らかな周期関数 $g(x)$ のフーリエ級数展開の公式が，次のようになるのは大丈夫だね。

$$g(x) = \frac{a_0}{2} + \sum_{k=1}^{\infty} (a_k\cos kx + b_k\sin kx) \quad\cdots\cdots\cdots\cdots\cdots ①$$

$$\begin{cases} a_k = \dfrac{1}{\pi}\displaystyle\int_{-\pi}^{\pi} g(x)\cos kx\,dx \ (k=0,\ 1,\ 2,\ \cdots) \ \cdots\cdots ② \\[3mm] b_k = \dfrac{1}{\pi}\displaystyle\int_{-\pi}^{\pi} g(x)\sin kx\,dx \ (k=1,\ 2,\ 3,\ \cdots) \ \cdots\cdots ③ \end{cases}$$

ここで，$t = \dfrac{L}{\pi}x$ ……④ により，変数 x から変数 t に変換すると，

> $y = f(t)$ は，$y = g(x)$ を横にビロ～ンと拡大 (または，キュッと縮小) したものになる！

$$\begin{cases} \cdot\ x : -\pi \longrightarrow \pi \\ \cdot\ t : -L \longrightarrow L \end{cases}$$

となる。よって，図 (ⅰ)(ⅱ) に示すように，$-\pi < x \leqq \pi$ で定義される周期 2π の周期関数 $g(x)$ は，$-L < t \leqq L$ で定義される周期 $2L$ の周期関数 $f(t)$ に変換される。

図 1(ⅰ)(ⅱ) より，対応する独立変数 x と t の値は異なっても，y 座標は等しいので，

$$f(t) = g(x) \quad\cdots\cdots ⑤ \quad となる。$$

図 1　周期 2π → 周期 $2L$
(ⅰ) $y = g(x)$: 周期 2π

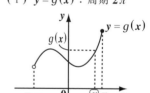

(ⅱ) $y = f(t)$: 周期 $2L$

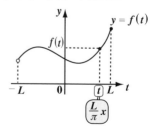

また，④より，$x = \dfrac{\pi}{L}t$ ……④′　　よって，この④′を⑤の $g(x)$ の x に代入して，

$f(t) = g(x) = g\left(\dfrac{\pi}{L}t\right)$ ……⑥　（ここで，$-L < t \leqq L$，$-\pi < x \leqq \pi$）となる。

①，⑥より，次式が成り立つ。

$f(t) = g\left(\dfrac{\pi}{L}t\right) = \dfrac{a_0}{2} + \sum\limits_{k=1}^{\infty}\left\{a_k\cos\left(k \cdot \boxed{\dfrac{\pi}{L}t}\right) + b_k\sin\left(k \cdot \boxed{\dfrac{\pi}{L}t}\right)\right\}$

$\therefore f(t) = \dfrac{a_0}{2} + \sum\limits_{k=1}^{\infty}\left(a_k \cdot \cos\dfrac{k\pi}{L}t + b_k \cdot \sin\dfrac{k\pi}{L}t\right)$ ……………………①′

ここで，②，③の a_k，b_k を求める式も，変数 t で書き換えると，

④′より，$x : -\pi \to \pi$ のとき，$t : -L \to L$，かつ $dx = \dfrac{\pi}{L}dt$ より，

$a_k = \dfrac{1}{\pi}\int_{-L}^{L}\underbrace{g\left(\dfrac{\pi}{L}t\right)}_{f(t)} \cdot \underbrace{\cos\left(k \cdot \dfrac{\pi t}{L}\right)}_{x} \cdot \underbrace{\dfrac{\pi}{L}dt}_{dx} = \dfrac{1}{L}\int_{-L}^{L}f(t) \cdot \cos\dfrac{k\pi}{L}t\,dt$ ……②′

$b_k = \dfrac{1}{\pi}\int_{-L}^{L}\underbrace{g\left(\dfrac{\pi}{L}t\right)}_{f(t)} \cdot \underbrace{\sin\left(k \cdot \dfrac{\pi t}{L}\right)}_{x} \cdot \underbrace{\dfrac{\pi}{L}dt}_{dx} = \dfrac{1}{L}\int_{-L}^{L}f(t) \cdot \sin\dfrac{k\pi}{L}t\,dt$ ……③′

以上①′，②′，③′における変換後の変数 t をまた元の変数 x に戻すと，

変換後の変数 t は，変数 x, u, v, … など，どんな文字で表現しなおしてもかまわない。

$-L < x \leqq L$ で定義された周期 $2L$ の周期関数 $f(x)$ のフーリエ級数展開の公式は，次のようになるんだね。

周期 $2L$ の周期関数 $f(x)$ のフーリエ級数（Ⅰ）

$-L < x \leqq L$ で定義された周期 $2L$ の区分的に滑らかな周期関数 $f(x)$ は，不連続点を除けば次のようにフーリエ級数で表すことができる。

$f(x) = \dfrac{a_0}{2} + \sum\limits_{k=1}^{\infty}\left(a_k \cdot \cos\dfrac{k\pi}{L}x + b_k \cdot \sin\dfrac{k\pi}{L}x\right)$ ……①

$\begin{cases} a_k = \dfrac{1}{L}\int_{-L}^{L}f(x) \cdot \cos\dfrac{k\pi}{L}x\,dx \text{ ……②} \ (k = 0, 1, 2, \cdots) \\ b_k = \dfrac{1}{L}\int_{-L}^{L}f(x) \cdot \sin\dfrac{k\pi}{L}x\,dx \text{ ……③} \ (k = 1, 2, 3, \cdots) \end{cases}$

周期 2π の周期関数のときと同様に，周期 $2L$ の周期関数 $f(x)$ についても，その不連続点まで考慮に入れたフーリエ級数の公式は次のようになる。

周期 $2L$ の周期関数 $f(x)$ のフーリエ級数（Ⅱ）

$-L < x \leq L$ で定義された周期 $2L$ の区分的に滑らかな周期関数 $f(x)$ のフーリエ級数展開について，次式が成り立つ。

$$\frac{a_0}{2} + \sum_{k=1}^{\infty} \left(a_k \cos\frac{k\pi}{L}x + b_k \sin\frac{k\pi}{L}x \right) = \begin{cases} f(x) & (f(x) \text{は} x \text{で連続}) \\ \dfrac{f(x+0) + f(x-0)}{2} & (f(x) \text{は} x \text{で不連続}) \end{cases}$$

$$\left(\text{ただし，} a_k = \frac{1}{L}\int_{-L}^{L} f(x) \cdot \cos\frac{k\pi}{L}x dx, \quad b_k = \frac{1}{L}\int_{-L}^{L} f(x) \cdot \sin\frac{k\pi}{L}x dx \right)$$

$f(x)$ が x で連続のとき，$f(x+0) = f(x-0) = f(x)$ なので，

$\dfrac{f(x+0) + f(x-0)}{2} = \dfrac{f(x) + f(x)}{2} = f(x)$ だね。よって，$f(x)$ が x で連続，

不連続のいずれの場合においても，フーリエ級数は $\dfrac{f(x+0) + f(x-0)}{2}$ に

収束すると言っていい。

周期 $2L$ の周期関数 $f(x)$ のフーリエ級数（Ⅲ）

$-L < x \leq L$ で定義された周期 $2L$ の区分的に滑らかな周期関数 $f(x)$ のフーリエ級数展開について，次式が成り立つ。

$$\frac{a_0}{2} + \sum_{k=1}^{\infty} \left(a_k \cos\frac{k\pi}{L}x + b_k \sin\frac{k\pi}{L}x \right) = \frac{f(x+0) + f(x-0)}{2}$$

$$\left(\text{ただし，} a_k = \frac{1}{L}\int_{-L}^{L} f(x) \cdot \cos\frac{k\pi}{L}x dx, \quad b_k = \frac{1}{L}\int_{-L}^{L} f(x) \cdot \sin\frac{k\pi}{L}x dx \right)$$

以上は，周期 2π の周期関数のときと同様だから，大丈夫だね。

● フーリエ・コサインとフーリエ・サイン級数も押さえよう！

周期 $2L$ の区分的に滑らかな周期関数 $f(x)$ のフーリエ級数展開においても，次のように偶関数部と奇関数部に分類できる。

$$f(x) = \frac{a_0}{2} + \sum_{k=1}^{\infty} a_k \cos\frac{k\pi}{L}x + \sum_{k=1}^{\infty} b_k \sin\frac{k\pi}{L}x$$

厳密には，$\dfrac{f(x+0)+f(x-0)}{2}$ ・ 偶関数部 ・ 奇関数部

よって，与えられた周期 $2L$ の周期関数 $f(x)$ が偶関数であればフーリエ・コサイン級数（フーリエ余弦級数）に，また奇関数であればフーリエ・サイン級数（フーリエ正弦級数）に展開することができる。これも，周期 2π の周期関数のときと同様なんだね。

フーリエ余弦級数とフーリエ正弦級数

周期 $2L$ の区分的に滑らかな周期関数 $f(x)$ について，

（Ⅰ）$f(x)$ が偶関数のとき，

$f(x)$ は，次のようにフーリエ・コサイン級数（フーリエ余弦級数）に展開できる。

$$f(x) = \frac{a_0}{2} + \sum_{k=1}^{\infty} a_k \cos\frac{k\pi}{L}x \quad \longleftarrow \text{偶関数部のみ}$$

$$\left(\text{ただし，} a_k = \frac{2}{L}\int_0^L f(x)\cos\frac{k\pi}{L}x\,dx \quad (k=0,1,2,\cdots)\right)$$

$f(x)\cdot\cos\dfrac{k\pi}{L}x = (\text{偶関数})\times(\text{偶関数})=(\text{偶関数})$ より，
$a_k = \dfrac{1}{L}\int_{-L}^{L} f(x)\cos\dfrac{k\pi}{L}x\,dx = \dfrac{2}{L}\int_0^L f(x)\cos\dfrac{k\pi}{L}x\,dx$ だね。

（Ⅱ）$f(x)$ が奇関数のとき，

$f(x)$ は，次のようにフーリエ・サイン級数（フーリエ正弦級数）に展開できる。

$$f(x) = \sum_{k=1}^{\infty} b_k \sin\frac{k\pi}{L}x \quad \longleftarrow \text{奇関数部のみ}$$

$$\left(\text{ただし，} b_k = \frac{2}{L}\int_0^L f(x)\sin\frac{k\pi}{L}x\,dx \quad (k=1,2,3,\cdots)\right)$$

$f(x)\cdot\sin\dfrac{k\pi}{L}x = (\text{奇関数})\times(\text{奇関数})=(\text{偶関数})$ より，
$b_k = \dfrac{1}{L}\int_{-L}^{L} f(x)\sin\dfrac{k\pi}{L}x\,dx = \dfrac{2}{L}\int_0^L f(x)\sin\dfrac{k\pi}{L}x\,dx$ だね。

以上で，基本事項の解説も終わったので，これから周期 $2L$ の周期関数について，そのフーリエ級数を次の例題で実際に求めてみることにしよう。

例題 4　周期関数 $f(x)$ が，それぞれ次のように定義されるとき，
　　　各関数をフーリエ級数展開してみよう。

(1) $f(x) = \begin{cases} 0 & (-2 < x < 0) \\ 1 & (0 < x < 2) \end{cases}$ ············(a) （周期4）

(2) $f(x) = \dfrac{1}{2}x \quad (-4 < x < 4)$ ············(f) （周期8）

(3) $f(x) = 1 - |x| \quad (-1 < x \leq 1)$ ············(j) （周期2）

(1) $f(x) = \begin{cases} 0 & (-2 < x < 0) \\ 1 & (0 < x < 2) \end{cases}$ ············(a)

不連続点で定義されていなくてもいい。

(a)は，区分的に滑らかな周期 $4(L=2)$
の関数なので，次のようにフーリエ級
数展開できる。

$$f(x) = \frac{a_0}{2} + \sum_{k=1}^{\infty} \left(a_k \cos\frac{k\pi}{2}x + b_k \sin\frac{k\pi}{2}x \right) \cdots\cdots\text{(b)}$$

これは偶関数でも
奇関数でもない。

（ i ）a_k $(k = 0, 1, 2, \cdots)$ について，

$\cdot a_0 = \dfrac{1}{2} \displaystyle\int_{-2}^{2} f(x)dx$ 　a_0 だけ別扱い

周期 $2L$ の周期関数 $f(x)$ のフーリエ級数
$$f(x) = \frac{a_0}{2} + \sum_{k=1}^{\infty} \left(a_k \cos\frac{k\pi}{L}x + b_k \sin\frac{k\pi}{L}x \right)$$
$$\begin{cases} a_k = \dfrac{1}{L} \displaystyle\int_{-L}^{L} f(x)\cos\frac{k\pi}{L}x\,dx \\ b_k = \dfrac{1}{L} \displaystyle\int_{-L}^{L} f(x)\sin\frac{k\pi}{L}x\,dx \end{cases}$$

$= \dfrac{1}{2} \left(\underbrace{\displaystyle\int_{-2}^{0} 0\,dx}_{\boxed{0}} + \displaystyle\int_{0}^{2} 1\,dx \right)$

$= \dfrac{1}{2} \Big[x \Big]_{0}^{2} = \dfrac{1}{2} \cdot 2 = 1$

$\cdot k = 1, 2, 3, \cdots$ のとき，

$a_k = \dfrac{1}{2} \displaystyle\int_{-2}^{2} f(x)\cos\frac{k\pi}{2}x\,dx$

$= \dfrac{1}{2} \left(\displaystyle\int_{-2}^{0} 0 \cdot \cos\frac{k\pi}{2}x\,dx + \displaystyle\int_{0}^{2} 1 \cdot \cos\frac{k\pi}{2}x\,dx \right)$

$= \dfrac{1}{2} \left[\dfrac{2}{k\pi}\sin\frac{k\pi}{2}x \right]_{0}^{2} = \dfrac{1}{k\pi} \left[\sin\frac{k\pi}{2}x \right]_{0}^{2} = 0$

$\boxed{\sin k\pi - \sin 0 = 0}$

$\therefore a_0 = 1, \quad a_k = 0 \quad (k = 1, 2, 3, \cdots)\cdots\cdots\text{(c)}$

(ii) b_k $(k = 1, \ 2, \ 3, \ \cdots)$ について，

$$b_k = \frac{1}{2}\int_{-2}^{2} f(x)\sin\frac{k\pi}{2}x\,dx$$

$$= \frac{1}{2}\left(\int_{-2}^{0} 0 \cdot \sin\frac{k\pi}{2}x\,dx + \int_{0}^{2} 1 \cdot \sin\frac{k\pi}{2}x\,dx\right)$$

$$= \frac{1}{2}\left[-\frac{2}{k\pi}\cos\frac{k\pi}{2}x\right]_{0}^{2} = -\frac{1}{k\pi}\left[\cos\frac{k\pi}{2}x\right]_{0}^{2}$$

$$= -\frac{1}{k\pi}(\underbrace{\cos k\pi}_{(-1)^k} - \underbrace{\cos 0}_{1}) = \frac{1-(-1)^k}{k\pi}$$

$$\therefore \ b_k = \frac{1-(-1)^k}{k\pi} \quad (k = 1, \ 2, \ 3, \ \cdots)\cdots\cdots\text{(d)}$$

以上(c)，(d)を(b)に代入すると，(a)は次のようにフーリエ級数展開される。

$$f(x) = \underbrace{\frac{1}{2}}_{\frac{a_0}{1}} + \frac{1}{\pi}\sum_{k=1}^{\infty}\frac{1-(-1)^k}{k}\cdot\sin\frac{k\pi}{2}x \ \cdots\cdots\text{(e)}$$

これをさらに具体的に書くと，$b_2 = b_4 = b_6 = \cdots = 0$ より，

$$f(x) = \frac{1}{2} + \frac{1}{\pi}\left(\underbrace{2\sin\frac{\pi}{2}x}_{k=1} + \underbrace{\frac{2}{3}\sin\frac{3\pi}{2}x}_{k=3} + \underbrace{\frac{2}{5}\sin\frac{5\pi}{2}x}_{k=5\,のとき} + \cdots\right)$$

$$= \frac{1}{2} + \frac{2}{\pi}\left(\sin\frac{\pi}{2}x + \frac{1}{3}\sin\frac{3\pi}{2}x + \frac{1}{5}\sin\frac{5\pi}{2}x + \cdots\right) \quad となる。$$

(e)の無限級数を n 項までの部分和で近似して，$n = 3, \ 10, \ 100$ としたときのグラフを図2(i)(ii)(iii)に示そう。

図2 $f(x) \fallingdotseq \dfrac{1}{2} + \dfrac{1}{\pi}\sum_{k=1}^{n}\dfrac{1-(-1)^k}{k}\cdot\sin\dfrac{k\pi}{2}x$ のグラフ

(i) $n = 3$ のとき　　　　(ii) $n = 10$ のとき　　　　(iii) $n = 100$ のとき

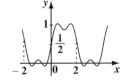
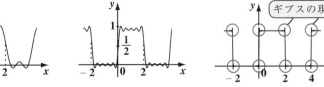
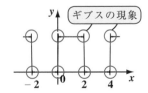

(2) $f(x) = \dfrac{1}{2}x \quad (-4 < x < 4)$ ……(f)

(f)は，不連続点を含むけれど，区分的に滑らかな周期 $8\,(L=4)$ の周期関数で，かつ奇関数でもある。よって，$f(x)$ は次のようにフーリエ・サイン級数で展開できる。

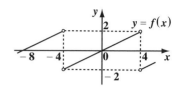

$$f(x) = \sum_{k=1}^{\infty} b_k \sin\frac{k\pi}{\underset{\boxed{L}}{4}}x \quad \text{……(g)}$$

周期 $2L$ の奇関数 $f(x)$ の
フーリエ・サイン級数
$$f(x) = \sum_{k=1}^{\infty} b_k \sin\frac{k\pi}{L}x$$
$$\left(b_k = \frac{2}{L}\int_0^L f(x)\sin\frac{k\pi}{L}x\,dx\right)$$

$b_k \ (k=1,\ 2,\ 3,\ \cdots)$ について，

$$b_k = \frac{2}{\underset{\boxed{L}}{4}}\int_0^4 \underset{\boxed{\frac{1}{2}x}}{f(x)}\sin\frac{k\pi}{\underset{\boxed{L}}{4}}x\,dx \quad \text{より，}$$

$$\begin{aligned}
\cdot\ b_k &= \frac{1}{4}\int_0^4 x\cdot\sin\frac{k\pi}{4}x\,dx \\
&= \frac{1}{4}\int_0^4 x\cdot\left(-\frac{4}{k\pi}\cos\frac{k\pi}{4}x\right)'dx \quad\longrightarrow
\end{aligned}$$

部分積分の公式：
$$\int f\cdot g'\,dx = f\cdot g - \int f'\cdot g\,dx$$

$$\begin{aligned}
&= \frac{1}{4}\left\{-\frac{4}{k\pi}\Big[x\cdot\cos\frac{k\pi}{4}x\Big]_0^4 - \int_0^4 1\cdot\left(-\frac{4}{k\pi}\cos\frac{k\pi}{4}x\right)dx\right\} \\
&= \frac{1}{4}\left(-\frac{4}{k\pi}\cdot 4\cdot\underset{\boxed{(-1)^k}}{\cos k\pi} + \frac{4}{k\pi}\int_0^4 \cos\frac{k\pi}{4}x\,dx\right) \\
&= \frac{4\cdot(-1)^{k+1}}{k\pi}
\end{aligned}$$

$$\boxed{\frac{4}{k\pi}\Big[\sin\frac{k\pi}{4}x\Big]_0^4 = \frac{4}{k\pi}(\sin k\pi - \sin 0) = 0}$$

$$\therefore\ b_k = \frac{4\cdot(-1)^{k+1}}{k\pi} \quad (k=1,\ 2,\ 3,\ \cdots) \quad \text{……(h)}$$

(h)を(g)に代入すると，(f)のフーリエ・サイン級数は次のようになる。

$$f(x) = \frac{1}{2}x = \frac{4}{\pi}\sum_{k=1}^{\infty}\frac{(-1)^{k+1}}{k}\cdot\sin\frac{k\pi}{4}x \quad \text{……(i)}$$

これをさらに具体的に書くと，

$$f(x) = \frac{1}{2}x = \frac{4}{\pi}\left(\sin\frac{\pi}{4}x - \frac{1}{2}\sin\frac{\pi}{2}x + \frac{1}{3}\sin\frac{3\pi}{4}x - \cdots\cdots\right) \quad \text{となる。}$$

(ⅰ)の無限級数を n 項までの部分和で近似して，$n = 3$，10，100 とした
ときのグラフを図3(ⅰ)(ⅱ)(ⅲ)に示しておこう。

図3　$f(x) = \dfrac{1}{2}x \fallingdotseq \dfrac{4}{\pi}\sum\limits_{k=1}^{n}\dfrac{(-1)^{k+1}}{k}\cdot\sin\dfrac{k\pi}{4}x$ のグラフ

（ⅰ）$n = 3$ のとき　　　　（ⅱ）$n = 10$ のとき　　　（ⅲ）$n = 100$ のとき

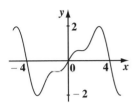 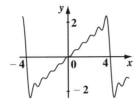 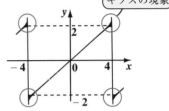

ギブスの現象

(3) $f(x) = 1 - |x| = \begin{cases} 1 + x & (-1 < x \leqq 0) \\ 1 - x & (0 < x \leqq 1) \end{cases}$ ……(j)

(j)は，区分的に滑らかで連続な周期 $2(L = 1)$
の周期関数で，かつ偶関数でもある。よっ
て，$f(x)$ は次のように，フーリエ・コサイ
ン級数で展開できる。

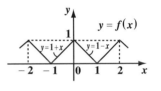
$y = f(x)$
$y = 1 + x$　$y = 1 - x$

$f(x) = \dfrac{a_0}{2} + \sum\limits_{k=1}^{\infty}a_k\cos\dfrac{k\pi}{\boxed{1}_{\boxed{L}}}x$ ……(k)

> 周期 $2L$ の偶関数 $f(x)$ の
> フーリエ・コサイン級数
> $f(x) = \dfrac{a_0}{2} + \sum\limits_{k=1}^{\infty}a_k\cos\dfrac{k\pi}{L}x$
> $\left(a_k = \dfrac{2}{L}\displaystyle\int_0^L f(x)\cos\dfrac{k\pi}{L}xdx\right)$

a_k $(k = 0, 1, 2, \cdots)$ について，

・$a_0 = \dfrac{2}{\boxed{1}_{\boxed{L}}}\displaystyle\int_0^1 \underline{f(x)}\,dx = 2\int_0^1 (1 - x)dx$ ← a_0 のみ別扱い

$0 < x \leqq 1$ のとき，$f(x) = 1 - x$

$= 2\left[x - \dfrac{1}{2}x^2\right]_0^1 = 2\left(1 - \dfrac{1}{2}\right) = 1$

> 部分積分の公式：
> $\displaystyle\int f\cdot g'dx = f\cdot g - \int f'\cdot g\,dx$

・$k = 1, 2, 3, \cdots$ のとき，

$a_k = \dfrac{2}{\boxed{1}_{\boxed{L}}}\displaystyle\int_0^1 \underline{f(x)}\cos\dfrac{k\pi}{\boxed{1}_{\boxed{L}}}xdx = 2\int_0^1 (1 - x)\left(\dfrac{1}{k\pi}\sin k\pi x\right)'dx$

$\underline{1 - x}$

$= 2\left\{\dfrac{1}{k\pi}[(1 - x)\sin k\pi x]_0^1 - \displaystyle\int_0^1 (-1)\cdot\dfrac{1}{k\pi}\sin k\pi xdx\right\}$

0

よって，$a_k = \dfrac{2}{k\pi}\displaystyle\int_0^1 \sin k\pi x\, dx = \dfrac{2}{k\pi}\left[-\dfrac{1}{k\pi}\cos k\pi x\right]_0^1$

$$= -\dfrac{2}{k^2\pi^2}\,(\underbrace{\cos k\pi}_{(-1)^k} - \underbrace{\cos 0}_{1}) = \dfrac{2\{1-(-1)^k\}}{k^2\pi^2}$$

$\therefore a_0 = 1, \qquad a_k = \dfrac{2\{1-(-1)^k\}}{k^2\pi^2} \quad (k = 1,\ 2,\ 3,\ \cdots)\cdots\cdots(1)$

(1)を(k)に代入すると，$f(x) = 1 - |x| \quad (-1 < x \leqq 1)\ \cdots\cdots$(j) は，次のように
フーリエ・コサイン級数に展開される。

$$f(x) = 1 - |x| = \dfrac{\overset{a_0}{\overbrace{1}}}{2} + \dfrac{2}{\pi^2}\sum_{k=1}^{\infty}\dfrac{1-(-1)^k}{k^2}\cdot\cos k\pi x \ \cdots\cdots\text{(m)}$$

(m)をさらに具体的に表すと，

$$f(x) = \dfrac{1}{2} + \dfrac{2}{\pi^2}\left(\dfrac{2}{1^2}\cos\pi x + \dfrac{2}{3^2}\cos 3\pi x + \dfrac{2}{5^2}\cos 5\pi x + \cdots\right)$$

$$= \dfrac{1}{2} + \dfrac{4}{\pi^2}\left(\cos\pi x + \dfrac{1}{3^2}\cos 3\pi x + \dfrac{1}{5^2}\cos 5\pi x + \cdots\right) \quad \text{となる。}$$

(m)の無限級数を n 項までの部分和で近似して，$n = 3,\ 10,\ 100$ としたと
きのグラフを図 4(i)(ii)(iii) に示す。

図 4 $\quad f(x) = 1 - |x| \doteqdot \dfrac{1}{2} + \dfrac{2}{\pi^2}\displaystyle\sum_{k=1}^{n}\dfrac{1-(-1)^k}{k^2}\cdot\cos k\pi x$ のグラフ

(i) $n = 3$ のとき　　　　　(ii) $n = 10$ のとき　　　　　(iii) $n = 100$ のとき

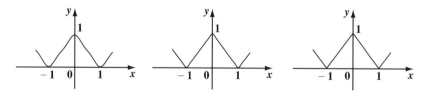

　　周期 $2L$ の関数でも，今回のような不連続点がない区分的に滑らかな連
続関数 $f(x)$ に対しては，ギブスの現象が起こることもなく，フーリエ級
数の収束性が非常に良いことが分かると思う。

● 複素フーリエ級数展開にも慣れよう！

周期 $2L$ の区分的に滑らかな周期関数 $f(x)$ は，次のように複素数の指数関数を使って，“複素（ふくそ）フーリエ級数”に展開することもできる。

周期 $2L$ の周期関数 $f(x)$ の複素フーリエ級数（Ⅰ）

$-L < x \le L$ で定義された周期 $2L$ の区分的に滑らかな周期関数 $f(x)$ は，不連続点を除けば次式で表すことができる。

$$f(x) = \sum_{k=0,\ \pm 1}^{\pm \infty} c_k e^{i\frac{k\pi}{L}x} \quad \cdots\cdots ①$$

①の右辺を，$f(x)$ の“複素フーリエ級数”または“複素フーリエ級数展開”と呼ぶ。また，$c_k\,(k=0,\ \pm 1,\ \pm 2,\ \cdots)$ を“複素フーリエ

> これと対比するとき，これまでの実数係数 a_k, b_k は“実フーリエ係数”と呼ぶ。

係数”といい，次式で求める。

$$c_k = \frac{1}{2L}\int_{-L}^{L} f(x)e^{-i\frac{k\pi}{L}x}\,dx \quad \cdots\cdots ② \qquad (k=0,\ \pm 1,\ \pm 2,\ \cdots)$$

> 実フーリエ係数のときと同様に，c_0 のみは別扱いで，$c_0 = \dfrac{1}{2L}\int_{-L}^{L} f(x)\,dx$ から求める。

実数関数 $f(x)$ のフーリエ級数展開に，①の右辺で複素指数関数が入っているため，ギョッとしたかも知れないね。でも，これから解説する通り，これらは正しい公式なんだ。しかも，“実フーリエ級数展開”に比べて，①，②を見れば分かる通り，“複素フーリエ級数展開”の方がよりシンプルに表現できるので，様々な理論的な考察に複素フーリエ級数の方を使うことも多いんだよ。初めは違和感を感じたかも知れないけれど，この“複素フーリエ級数”に慣れると，フーリエ級数の視界がさらに開けるから，頑張ってマスターしよう！

それでは，①，②の公式の解説に入る前準備として，複素指数関数の基本である，“オイラーの公式”から話しておこう。

θ を実数，i を虚数単位 $(i^2 = -1)$ とおくと，複素指数関数の定義から，次のオイラーの公式が導かれる。

$$e^{i\theta} = \cos\theta + i\sin\theta \quad \cdots\cdots (a)$$

> オイラーの公式について知識のない方は「複素関数キャンパス・ゼミ」（マセマ）で学習されることを勧める。

ここで，$e^{-i\theta} = e^{i(-\theta)} = \underbrace{\cos(-\theta)}_{\boxed{\cos\theta}} + \underbrace{i\sin(-\theta)}_{\boxed{-\sin\theta}} = \cos\theta - i\sin\theta$ ……(b)　よって，

$\dfrac{\text{(a)} + \text{(b)}}{2}$ より，　$\cos\theta = \dfrac{e^{i\theta} + e^{-i\theta}}{2}$ ……(c)　←

> $e^{i\theta} = \cos\theta + i\sin\theta$ ……(a)
> $e^{-i\theta} = \cos\theta - i\sin\theta$ ……(b)

$\dfrac{\text{(a)} - \text{(b)}}{2i}$ より，　$\sin\theta = \dfrac{e^{i\theta} - e^{-i\theta}}{2i}$ ……(d)　が導ける。

この(c)，(d)を利用して，実関数 $f(x)$ の実フーリエ級数から複素フーリエ級数を次のように導くことができる。

> 周期 $2L$ の区分的に滑らかな周期関数 $f(x)$ の実フーリエ級数だ。

$$f(x) = \frac{a_0}{2} + \sum_{k=1}^{\infty}\left(a_k\underbrace{\cos\frac{k\pi}{L}x}_{\boxed{\frac{e^{i\frac{k\pi}{L}x} + e^{-i\frac{k\pi}{L}x}}{2}\ (\text{(c)}より)}} + b_k\underbrace{\sin\frac{k\pi}{L}x}_{\boxed{\frac{e^{i\frac{k\pi}{L}x} - e^{-i\frac{k\pi}{L}x}}{2i}\ (\text{(d)}より)}}\right)$$

$$= \frac{a_0}{2} + \sum_{k=1}^{\infty}\left\{\frac{a_k}{2}\left(e^{i\frac{k\pi}{L}x} + e^{-i\frac{k\pi}{L}x}\right) + \underbrace{\frac{b_k}{2i}}_{\boxed{\frac{b_k i}{2i^2} = -\frac{ib_k}{2}}}\left(e^{i\frac{k\pi}{L}x} - e^{-i\frac{k\pi}{L}x}\right)\right\}$$

((c)，　(d)より)

$$= \frac{a_0}{2} + \sum_{k=1}^{\infty}\left(\frac{a_k - ib_k}{2}e^{i\frac{k\pi}{L}x} + \frac{a_k + ib_k}{2}e^{-i\frac{k\pi}{L}x}\right)$$

$$\therefore f(x) = \underbrace{\boxed{\frac{a_0}{2}}}_{\boxed{c_0 = c_0 e^{i\frac{0\pi}{L}x}}} + \sum_{k=1}^{\infty}\left(\boxed{\frac{a_k - ib_k}{2}}_{\boxed{c_k}}e^{i\frac{k\pi}{L}x} + \boxed{\frac{a_k + ib_k}{2}}_{\boxed{c_{-k} = \overline{c_k}}}e^{i\frac{(-k)\pi}{L}x}\right) \quad ……(e)$$

$$\underbrace{\left(\underbrace{c_1 e^{i\frac{1\pi}{L}x} + c_{-1}e^{i\frac{(-1)\pi}{L}x}}_{\boxed{k=1\ のとき}}\right) + \left(\underbrace{c_2 e^{i\frac{2\pi}{L}x} + c_{-2}e^{i\frac{(-2)\pi}{L}x}}_{\boxed{k=2\ のとき}}\right) + \left(\underbrace{c_3 e^{i\frac{3\pi}{L}x} + c_{-3}e^{i\frac{(-3)\pi}{L}x}}_{\boxed{k=3\ のとき}}\right) + \cdots}$$

(e)の $e^{i\frac{k\pi}{L}x}$ の係数を c_k とおくと，当然 $e^{i\frac{(-k)\pi}{L}x}$ の係数は c_{-k} となる。また，c_{-k} は c_k の共役複素数なので，$\boxed{c_{-k} = \overline{c_k}}$ も成り立つ。また，

> c_k の共役複素数を "—" を付けて表した。

$\dfrac{a_0}{2} = c_0 = c_0 e^{i\frac{0\pi}{L}x}$ とおくと，(e)は，

$$f(x) = c_0 e^{i\frac{0\pi}{L}x} + \sum_{k=1}^{\infty}\left(c_k e^{i\frac{k\pi}{L}x} + c_{-k}e^{i\frac{(-k)\pi}{L}x}\right)$$ となり，さらに $\sum$ 計算の（　）

内は，$k = \pm1,\ \pm2,\ \pm3,\ \cdots$ と 2 つずつペアで和をとっていくので，

54

この形式を整えると，

$$f(x) = c_0 e^{i\frac{0\pi}{L}x} + \sum_{k=\pm1}^{\pm\infty} c_k e^{i\frac{k\pi}{L}x} = \sum_{k=0,\ \pm1}^{\pm\infty} c_k e^{i\frac{k\pi}{L}x}$$ となって，非常にシンプル

（これは，$k=0$ のときも含めた。）

$k=0,\ \pm1,\ \pm2,\ \cdots,\ \pm\infty$ として和をとっていく様子をこのように表した。これはもちろん，$c_0 + \sum_{k=\pm1}^{\pm\infty} c_k e^{i\frac{k\pi}{L}x}$ や $\sum_{k=-\infty}^{\infty} c_k e^{i\frac{k\pi}{L}x}$ と表してもいい。状況に応じて，適宜使い分けていくことにしよう！

に表現することができるんだね。

以上より，$f(x)$ の複素フーリエ級数展開は，次のようになる。

$$f(x) = \sum_{k=0,\ \pm1}^{\pm\infty} c_k e^{i\frac{k\pi}{L}x} \quad \cdots\cdots ①$$

$$\left(ただし，c_0 = \frac{a_0}{2},\ c_k = \frac{a_k - ib_k}{2},\ c_{-k} = \overline{c_k} = \frac{a_k + ib_k}{2} \quad (k=1,\ 2,\ \cdots) \right)$$

それでは次，①の複素フーリエ係数 c_k の求め方について解説しよう。

ここで使用する複素指数関数の積分公式は，次の通りだ。

$$\int_{-L}^{L} e^{i\frac{m\pi}{L}x}dx = \begin{cases} 2L & (m=0 のとき) \\ 0 & (m \neq 0 のとき) \end{cases} \quad \cdots\cdots(f) \quad （ただし，\underline{m} は整数）$$

$0,\ \pm1,\ \pm2,\ \cdots$

証明しておこう。

（ⅰ）$m=0$ のとき，

$$\int_{-L}^{L} \underbrace{e^{i\frac{0\pi}{L}x}}_{①} dx = [x]_{-L}^{L} = L-(-L) = 2L \quad となる。$$

オイラーの公式
$e^{i\theta} = \cos\theta + i\sin\theta$

（ⅱ）$m \neq 0$ のとき，

$$\int_{-L}^{L} e^{i\frac{m\pi}{L}x}dx = \int_{-L}^{L} \left(\cos\frac{m\pi}{L}x + i\sin\frac{m\pi}{L}x \right)dx$$

$$= \int_{-L}^{L} \cos\frac{m\pi}{L}x\,dx + i\int_{-L}^{L} \sin\frac{m\pi}{L}x\,dx$$

$$= \frac{L}{m\pi}\underbrace{\left[\sin\frac{m\pi}{L}x\right]_{-L}^{L}}_{\sin m\pi + \sin m\pi = 0} - i\frac{L}{m\pi}\underbrace{\left[\cos\frac{m\pi}{L}x\right]_{-L}^{L}}_{\cos m\pi - \cos m\pi = 0} = 0 \quad となる。$$

以上（ⅰ）（ⅱ）より，(f)の積分公式が成り立つことが分かった。そして，この(f)を使うと，複素フーリエ係数 c_k がうまく抽出されて，求まるんだ。

周期 $2L$ の区分的に滑らかな周期関数 $f(x)$ が，次のように複素フーリエ級数に展開されているとき，すなわち，

$$f(x) = \sum_{k=0, \pm 1}^{\pm \infty} c_k e^{i\frac{k\pi}{L}x} = \sum_{k=-\infty}^{\infty} c_k e^{i\frac{k\pi}{L}x}$$

今回は，この表現の方が分かりやすい。

$$= \cdots + c_{-1} e^{i\frac{(-1)\pi}{L}x} + c_0 + c_1 e^{i\frac{1\pi}{L}x} + \cdots + c_k e^{i\frac{k\pi}{L}x} + c_{k+1} e^{i\frac{(k+1)\pi}{L}x} + \cdots \quad \cdots\cdots①$$

であるとき，この両辺に $e^{-i\frac{k\pi}{L}x}$ をかけて，積分区間 $[-L, L]$ で積分してみよう。ここで，さらに，項別積分も可能だとすると，(f)を用いて，

$$\int_{-L}^{L} f(x) \cdot e^{-i\frac{k\pi}{L}x} dx$$

$$= \int_{-L}^{L} e^{-i\frac{k\pi}{L}x} \left(\cdots + c_{-1} e^{i\frac{(-1)\pi}{L}x} + c_0 + c_1 e^{i\frac{1\pi}{L}x} + \cdots + c_k e^{i\frac{k\pi}{L}x} + c_{k+1} e^{i\frac{(k+1)\pi}{L}x} + \cdots \right) dx$$

$$= \cdots + c_{-1} \underbrace{\int_{-L}^{L} e^{i\frac{-(k+1)\pi}{L}x} dx}_{0} + c_0 \underbrace{\int_{-L}^{L} e^{i\frac{-k\pi}{L}x} dx}_{0} + c_1 \underbrace{\int_{-L}^{L} e^{i\frac{(1-k)\pi}{L}x} dx}_{0} + \cdots$$

$$\cdots + c_k \underbrace{\int_{-L}^{L} e^{i \cdot 0 \cdot x} dx}_{\int_{-L}^{L} 1 dx = 2L} + c_{k+1} \underbrace{\int_{-L}^{L} e^{i\frac{1\pi}{L}x} dx}_{0} + \cdots$$

$m \neq 0$ のとき，
$$\int_{-L}^{L} e^{i\frac{m\pi}{L}x} dx = 0$$
を用いた。

$$\therefore \int_{-L}^{L} f(x) \cdot e^{-i\frac{k\pi}{L}x} dx = \underset{\uparrow}{c_k} \cdot 2L \text{ より，複素フーリエ係数 } c_k \text{ は，}$$

c_k のみ抽出できた！

$$c_k = \frac{1}{2L} \int_{-L}^{L} f(x) e^{-i\frac{k\pi}{L}x} dx \quad \cdots\cdots② \quad (k = 0, \pm 1, \pm 2, \cdots)$$

で求められる。納得いった？

　実際の c_k の計算では，c_0 のみは別扱いで，$c_0 = \dfrac{1}{2L} \int_{-L}^{L} f(x) dx$ で計算し，$k = \pm 1, \pm 2, \cdots$ のときは②で c_k を求めればいいんだよ。これも，実フーリエ級数展開のときと同様だから，忘れないはずだ。

　さらに，不連続点も考慮に入れた，区分的に滑らかな周期 $2L$ の周期関数 $f(x)$ の複素フーリエ級数についても，その公式を示しておこう。

周期 $2L$ の周期関数 $f(x)$ の複素フーリエ級数（Ⅱ）

$-L < x \leqq L$ で定義された周期 $2L$ の区分的に滑らかな周期関数 $f(x)$ の複素フーリエ級数展開について，次式が成り立つ。

$$\sum_{k=0,\ \pm 1}^{\pm \infty} c_k e^{i\frac{k\pi}{L}x} = \begin{cases} f(x) & (f(x) \text{ が } x \text{ で連続のとき}) \\ \dfrac{f(x+0)+f(x-0)}{2} & (f(x) \text{ が } x \text{ で不連続のとき}) \end{cases}$$

$$\left(\text{ただし，}\ c_k = \frac{1}{2L}\int_{-L}^{L} f(x)e^{-i\frac{k\pi}{L}x}\,dx \quad (k=0,\ \pm 1,\ \pm 2,\ \cdots)\right)$$

これは，$f(x)$ が x で連続，不連続に関わらず，この複素フーリエ級数は $\dfrac{f(x+0)+f(x-0)}{2}$ に収束すると言ってもいいので，次の公式も成り立つ。

周期 $2L$ の周期関数 $f(x)$ の複素フーリエ級数（Ⅲ）

$-L < x \leqq L$ で定義された周期 $2L$ の区分的に滑らかな周期関数 $f(x)$ の複素フーリエ級数展開について，次式が成り立つ。

$$\sum_{k=0,\ \pm 1}^{\pm \infty} c_k e^{i\frac{k\pi}{L}x} = \frac{f(x+0)+f(x-0)}{2}$$

$$\left(\text{ただし，}\ c_k = \frac{1}{2L}\int_{-L}^{L} f(x)e^{-i\frac{k\pi}{L}x}\,dx \quad (k=0,\ \pm 1,\ \pm 2,\ \cdots)\right)$$

以上のことも，実フーリエ級数のときと同様なんだね。しかし，実フーリエ級数のところで教えた，"**フーリエ・コサイン（余弦）級数**" や "**フーリエ・サイン（正弦）級数**" を，複素フーリエ級数の計算で考える必要はない。

$e^{i\frac{k\pi}{L}x} = \cos\dfrac{k\pi}{L}x + i\sin\dfrac{k\pi}{L}x$ より，$e^{i\frac{k\pi}{L}x}$ の中に偶関数部と奇関数部が共

（偶関数部）　（奇関数部）

に含まれているので，分解して考えることができないからだ。

以上で，基本事項の解説も終ったので，複素フーリエ級数についても，実際に次の例題で練習してみよう。

例題 5 次の周期関数 $f(x)$ を複素フーリエ級数に展開しよう。

$$f(x) = \begin{cases} -\dfrac{\pi}{4} & (-\pi < x < 0) \\[2mm] \dfrac{\pi}{4} & (0 < x < \pi) \end{cases} \quad \cdots\cdots(a) \ (\text{周期 } 2\pi) \ \leftarrow \boxed{\text{例題 } \mathbf{2(P28)}}$$

$f(x)$ は，例題 $\mathbf{2(P28)}$ と本質的に同じ問題

$\boxed{\text{フーリエ級数では，不連続点で定義されてなくてもいい。}}$

だね。$f(x)$ は，周期 $2\pi(L = \pi)$ の区分的に滑らかな周期関数なので，次のように複素フーリエ級数に展開できる。

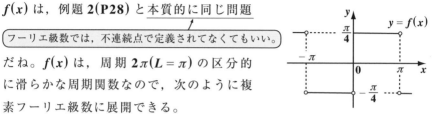

$$f(x) = \underbrace{c_0}_{} + \sum_{k=\pm 1}^{\pm\infty} c_k e^{i\frac{k\pi}{\boxed{\pi}}x} \quad \cdots\cdots①$$

$\boxed{c_0 \text{ は別扱いにしておく。}} \quad \boxed{L}$

$\boxed{\begin{array}{l} \text{周期 } 2L \text{ の複素フーリエ級数} \\ f(x) = c_0 + \sum_{k=\pm 1}^{\pm\infty} c_k e^{i\frac{k\pi}{L}x} \\ \left(c_k = \dfrac{1}{2L}\displaystyle\int_{-L}^{L} f(x)e^{-i\frac{k\pi}{L}x}\,dx\right) \end{array}}$

$c_k \ (k = 0, \ \pm 1, \ \pm 2, \ \cdots)$ について，

$\cdot \ c_0 = \dfrac{1}{2\underbrace{\boxed{\pi}}_{L}}\displaystyle\int_{-\pi}^{\pi} f(x)\,dx = \dfrac{1}{2\pi}\left\{\int_{-\pi}^{0}\left(-\dfrac{\pi}{4}\right)dx + \int_{0}^{\pi}\dfrac{\pi}{4}\,dx\right\}$

$\qquad = \dfrac{1}{2\pi}\left\{-\dfrac{\pi}{4}\big[x\big]_{-\pi}^{0} + \dfrac{\pi}{4}\big[x\big]_{0}^{\pi}\right\} = \dfrac{1}{2\pi}\cdot\dfrac{\pi}{4}\cdot(-\pi + \pi) = 0$

$\cdot \ k = \pm 1, \ \pm 2, \ \cdots$ のとき，

$c_k = \dfrac{1}{2\pi}\displaystyle\int_{-\pi}^{\pi} f(x)\cdot e^{-i\frac{k\pi}{\pi}x}\,dx = \dfrac{1}{2\pi}\left\{\int_{-\pi}^{0}\left(-\dfrac{\pi}{4}\right)\underbrace{e^{-ikx}}dx + \int_{0}^{\pi}\dfrac{\pi}{4}\underbrace{e^{-ikx}}dx\right\}$

$\qquad\qquad\qquad \boxed{\cos kx - i\sin kx} \quad \boxed{\cos kx - i\sin kx}$

$= \dfrac{1}{2\pi}\cdot\dfrac{\pi}{4}\left\{-\displaystyle\int_{-\pi}^{0}(\cos kx - i\sin kx)dx + \int_{0}^{\pi}(\cos kx - i\sin kx)dx\right\}$

$= \dfrac{1}{8}\left\{-\left[\dfrac{1}{k}\sin kx + \dfrac{i}{k}\cos kx\right]_{-\pi}^{0} + \left[\dfrac{1}{k}\sin kx + \dfrac{i}{k}\cos kx\right]_{0}^{\pi}\right\}$

$= \dfrac{1}{8}\left\{-\dfrac{i}{k}\underbrace{\{1 - (-1)^k\}} + \dfrac{i}{k}\underbrace{\{(-1)^k - 1\}}\right\}$

$\qquad\qquad \boxed{\cos 0 - \cos k\pi} \quad \boxed{\cos k\pi - \cos 0}$

$= \dfrac{1}{8}\cdot\dfrac{2i}{k}\{(-1)^k - 1\} = \dfrac{(-1)^k - 1}{4k}i$

以上より，$c_0 = 0$，$\quad c_k = \dfrac{(-1)^k - 1}{4k} i \quad (k = \pm 1, \ \pm 2, \ \cdots)\cdots\cdots$(b)

(b)を①に代入すると，周期関数 $f(x)$ は，次のように複素フーリエ級数に展開できる。すなわち，

$$f(x) = \underbrace{0}_{c_0} + \sum_{k=\pm1}^{\pm\infty} \underbrace{\frac{(-1)^k - 1}{4k} i}_{c_k} \cdot e^{ikx} = \frac{i}{4} \sum_{k=\pm1}^{\pm\infty} \frac{(-1)^k - 1}{k} \cdot e^{ikx} \cdots\cdots\text{(c)} \quad \text{となって，答えだ。}$$

参考

例題5は，本質的に例題2(P28)と同じ問題で，P28の実フーリエ級数展開の結果，

$$f(x) = \sum_{k=1}^{\infty} \frac{1 - (-1)^k}{2k} \sin kx \cdots\cdots\text{(d)} \quad \text{となることが分かっている。}$$

果たして，複素フーリエ級数展開した(c)が(d)と一致するのか？
いい練習になるので調べてみよう。

(c)の複素フーリエ係数 $c_k = \dfrac{(-1)^k - 1}{4k} i$ は，純虚数（または0）なので，

c_{-k} であるこの共役複素数 $\overline{c_k}$ は，$\quad c_{-k} = \overline{c_k} = -\dfrac{(-1)^k - 1}{4k} i \quad (= -c_k)$

となる。$\boxed{a \text{ が実数のとき，} \overline{ai} = \overline{0 + ai} = 0 - ai = -ai \text{ となるからね。}}$

よって，(c)を変形すると，

$$f(x) = \sum_{k=\pm1}^{\pm\infty} c_k e^{ikx} = \sum_{k=1}^{\infty} \left(c_k e^{ikx} + \underbrace{c_{-k}}_{\overline{c_k} = -c_k} e^{i(-k)x} \right)$$

$\boxed{\text{このように，ペアの和をとると，} k = 1, \ 2, \ \cdots, \ \infty \text{ となる。}}$

$$= \sum_{k=1}^{\infty} \left(c_k e^{ikx} - c_k e^{-ikx} \right) = \sum_{k=1}^{\infty} c_k \underbrace{\left(e^{ikx} - e^{-ikx} \right)}_{e^{i\theta} - e^{-i\theta} = 2i\sin\theta \rightarrow 2i\sin kx}$$

$$= \sum_{k=1}^{\infty} \underbrace{\frac{(-1)^k - 1}{4k} i}_{c_k} \cdot 2i\sin kx = \sum_{k=1}^{\infty} \frac{1 - (-1)^k}{2k} \sin kx \quad \text{となって，}$$

(d)と一致する。納得いった？

これは，例題 **4(3)(P48)** と同じ問題だ。

$$f(x) = \begin{cases} 1 + x & (-1 < x \le 0) \\ 1 - x & (0 < x \le 1) \end{cases} \cdots\cdots\text{(a)} \text{ は,}$$

周期 $2(L = 1)$ の区分的に滑らかな周期
関数なので，次のように複素フーリエ級
数に展開できる。

$$f(x) = c_0 + \sum_{k = \pm 1}^{\pm\infty} c_k e^{i\frac{k\pi}{1}x} \cdots\cdots①$$

$\underbrace{}_{\text{別扱い}}$

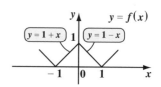

周期 $2L$ の複素フーリエ級数
$$f(x) = c_0 + \sum_{k = \pm 1}^{\pm\infty} c_k e^{i\frac{k\pi}{L}x}$$
$$\left(c_k = \frac{1}{2L} \int_{-L}^{L} f(x) e^{-i\frac{k\pi}{L}x}\, dx \right)$$

ここで，$c_k \ (k = 0, \pm 1, \pm 2, \cdots)$ について，

・$c_0 = \dfrac{1}{2 \cdot 1} \displaystyle\int_{-1}^{1} f(x)dx = \dfrac{1}{2} \left\{ \int_{-1}^{0} (1+x)dx + \int_{0}^{1} (1-x)dx \right\}$ $\leftarrow \boxed{c_0 \text{ は別扱い}}$

$\qquad = \dfrac{1}{2} \left\{ \left[x + \dfrac{1}{2}x^2 \right]_{-1}^{0} + \left[x - \dfrac{1}{2}x^2 \right]_{0}^{1} \right\} = \dfrac{1}{2} \left\{ -\left(-1 + \dfrac{1}{2} \right) + \left(1 - \dfrac{1}{2} \right) \right\} = \dfrac{1}{2}$

・$k = \pm 1, \pm 2, \cdots$ のとき，

$c_k = \dfrac{1}{2 \cdot 1} \displaystyle\int_{-1}^{1} f(x) e^{-i\frac{k\pi}{1}x}\, dx$

$\quad = \dfrac{1}{2} \left\{ \displaystyle\int_{-1}^{0} (1+x) e^{-ik\pi x}dx + \int_{0}^{1} (1-x) e^{-ik\pi x}dx \right\}$

$\quad = \dfrac{1}{2} \left\{ \displaystyle\int_{-1}^{0} (1+x)(\cos k\pi x - i\sin k\pi x)dx + \int_{0}^{1} (1-x)(\cos k\pi x - i\sin k\pi x)dx \right\}$

$\dfrac{1}{k\pi} \displaystyle\int_{-1}^{0} (1+x)(\sin k\pi x + i\cos k\pi x)'\, dx$ $= \dfrac{1}{k\pi} \left\{ \left[(1+x)(\sin k\pi x + i\cos k\pi x) \right]_{-1}^{0} \right.$ $\left. - \displaystyle\int_{-1}^{0} 1 \cdot (\sin k\pi x + i\cos k\pi x)dx \right\}$ $= \dfrac{1}{k\pi} \left\{ 1 \cdot i + \dfrac{1}{k\pi} \left[\cos k\pi x \right]_{-1}^{0} \right\}$ $= \dfrac{1}{k\pi} \left\{ i + \dfrac{1}{k\pi}(1 - (-1)^k) \right\}$

$\dfrac{1}{k\pi} \displaystyle\int_{0}^{1} (1-x)(\sin k\pi x + i\cos k\pi x)'\, dx$ $= \dfrac{1}{k\pi} \left\{ \left[(1-x)(\sin k\pi x + i\cos k\pi x) \right]_{0}^{1} \right.$ $\left. - \displaystyle\int_{0}^{1} (-1) \cdot (\sin k\pi x + i\cos k\pi x)dx \right\}$ $= \dfrac{1}{k\pi} \left\{ -1 \cdot i - \dfrac{1}{k\pi} \left[\cos k\pi x \right]_{0}^{1} \right\}$ $= \dfrac{1}{k\pi} \left\{ -i - \dfrac{1}{k\pi}((-1)^k - 1) \right\}$

$$= \frac{1}{2}\left\{\frac{1-(-1)^k}{k^2\pi^2} - \frac{(-1)^k-1}{k^2\pi^2}\right\} = \frac{1}{2} \cdot 2 \cdot \frac{1-(-1)^k}{k^2\pi^2} = \frac{1-(-1)^k}{k^2\pi^2}$$

以上より, $c_0 = \dfrac{1}{2}$, $c_k = \dfrac{1-(-1)^k}{k^2\pi^2}$ $(k = \pm 1, \pm 2, \cdots)$ ……(b)

(b)を①に代入すると, 周期関数 $f(x) = 1 - |x|$ $(-1 < x \leqq 1)$ は次のように複素フーリエ級数に展開できる。すなわち,

$$f(x) = 1 - |x| = \underbrace{\frac{1}{2}}_{c_0} + \sum_{k=\pm 1}^{\pm\infty} \underbrace{\frac{1-(-1)^k}{k^2\pi^2}}_{c_k} e^{ik\pi x}$$

$$= \frac{1}{2} + \frac{1}{\pi^2}\sum_{k=\pm 1}^{\pm\infty} \frac{1-(-1)^k}{k^2} e^{ik\pi x} \text{ ……(c)} \quad \text{となる。}$$

(c)も実フーリエ級数に変形すると,

$$f(x) = \frac{1}{2} + \sum_{k=1}^{\infty} \underbrace{(c_k e^{ik\pi x} + c_{-k}e^{-ik\pi x})}_{\overline{c_k} = c_k}$$

> ペアの和に書き換える。

> 今回, c_k は実数なので $\overline{c_k} = c_k$ となる。

$$= \frac{1}{2} + \sum_{k=1}^{\infty} c_k \underbrace{(e^{ik\pi x} + e^{-ik\pi x})}_{2\cos k\pi x}$$

> オイラーの公式の応用：$e^{i\theta} + e^{-i\theta} = 2\cos\theta$

$$= \frac{1}{2} + \frac{1}{\pi^2}\sum_{k=1}^{\infty} \frac{1-(-1)^k}{k^2} \cdot 2\cos k\pi x$$

$$= \frac{1}{2} + \frac{2}{\pi^2}\sum_{k=1}^{\infty} \frac{1-(-1)^k}{k^2} \cdot \cos k\pi x$$

となって, **P52** の結果と一致する。

　以上で, 周期 $2L$ の周期関数の実フーリエ級数展開と複素フーリエ級数展開の解説は終了です。最後に, 演習問題と実践問題でシッカリ練習しておこう！

● 周期 $2L$ の実・複素フーリエ級数 ●

周期 **4** の周期関数 $f(x)$ が

$$f(x) = \frac{1}{2}x^2 \quad (-2 < x \leq 2) \ \text{で定義されるとき,}$$

この $f(x)$ を (ⅰ) 実フーリエ級数と (ⅱ) 複素フーリエ級数に展開せよ。

ヒント! $f(x)$ は周期 $2L = 4$ の周期関数で偶関数でもあるので,実フーリエ級数に展開する場合,フーリエ・コサイン級数の公式を使えばいいんだね。

解答 & 解説

(ⅰ) 実フーリエ級数

$f(x)$ は周期 $4(L = 2)$ の区分的に滑らかで連続な周期関数で,かつ偶関数である。よって,$f(x)$ は次のようにフーリエ・コサイン級数で展開できる。

周期 $2L$ の偶関数 $f(x)$ のフーリエ・コサイン級数
$$f(x) = \frac{a_0}{2} + \sum_{k=1}^{\infty} a_k \cos\frac{k\pi}{L}x$$
$$\left(a_k = \frac{2}{L}\int_0^L f(x)\cos\frac{k\pi}{L}x\,dx \right)$$

$$f(x) = \frac{1}{2}x^2 = \frac{a_0}{2} + \sum_{k=1}^{\infty} a_k \cos\frac{k\pi}{2}x \quad\cdots\cdots①$$

$$\cdot \ a_0 = \frac{2}{2}\int_0^2 f(x)dx = \frac{1}{2}\int_0^2 x^2 dx$$

$$= \frac{1}{2}\left[\frac{1}{3}x^3\right]_0^2 = \frac{1}{2}\cdot\frac{8}{3} = \frac{4}{3} \ \longleftarrow \boxed{a_0 \text{ のみ別扱い}}$$

$\cdot \ k = 1,\ 2,\ 3,\ \cdots$ のとき,

$$a_k = \frac{2}{2}\int_0^2 f(x)\cos\frac{k\pi}{2}x\,dx = \frac{1}{2}\int_0^2 x^2 \cdot \left(\frac{2}{k\pi}\sin\frac{k\pi}{2}x\right)' dx \ \longrightarrow \boxed{\text{部分積分}}$$

$$= \frac{1}{2}\left\{ \frac{2}{k\pi}\underbrace{\left[x^2\sin\frac{k\pi}{2}x\right]_0^2}_{0} - \int_0^2 2x \cdot \frac{2}{k\pi}\sin\frac{k\pi}{2}x\,dx \right\}$$

$$= -\frac{2}{k\pi}\int_0^2 x \cdot \left(-\frac{2}{k\pi}\cos\frac{k\pi}{2}x\right)' dx \ \longrightarrow \boxed{\text{部分積分}}$$

$$= -\frac{2}{k\pi}\left\{ -\frac{2}{k\pi}\underbrace{\left[x\cos\frac{k\pi}{2}x\right]_0^2}_{\boxed{2\cos k\pi = 2\cdot(-1)^k}} - \underbrace{\int_0^2 1\cdot\left(-\frac{2}{k\pi}\right)\cos\frac{k\pi}{2}x\,dx}_{-\frac{2}{k\pi}\left[\frac{2}{k\pi}\sin\frac{k\pi}{2}x\right]_0^2 = 0} \right\} = \frac{8\cdot(-1)^k}{k^2\pi^2}$$

以上より, $a_0 = \dfrac{4}{3}$, $a_k = \dfrac{8\cdot(-1)^k}{k^2\pi^2}$ $(k = 1,\ 2,\ 3,\ \cdots)$ $\cdots\cdots②$

②を①に代入すると，$f(x)$ は次のように実フーリエ級数に展開される。

$$f(x) = \frac{1}{2}x^2 = \frac{2}{3} + \frac{8}{\pi^2}\sum_{k=1}^{\infty}\frac{(-1)^k}{k^2}\cos\frac{k\pi}{2}x \quad \cdots\cdots ③$$

(ⅱ) 複素フーリエ級数

周期 $4(L=2)$ の区分的に滑らかな
周期関数 $f(x)$ は，次のように複素
フーリエ級数に展開できる。

周期 $2L$ の複素フーリエ級数
$$f(x) = c_0 + \sum_{k=\pm 1}^{\pm\infty}c_k e^{i\frac{k\pi}{L}x}$$
$$\left(c_k = \frac{1}{2L}\int_{-L}^{L}f(x)e^{-i\frac{k\pi}{L}x}dx\right)$$

$$f(x) = c_0 + \sum_{k=+1}^{\pm\infty}c_k e^{i\frac{k\pi}{2}x} \quad \cdots\cdots ④$$

・$c_0 = \dfrac{1}{2\cdot 2}\displaystyle\int_{-2}^{2}\underbrace{f(x)}_{\text{偶関数}}dx = \dfrac{1}{4}\cdot\dfrac{1}{2}\cdot 2\displaystyle\int_{0}^{2}x^2 dx = \dfrac{1}{4}\left[\dfrac{1}{3}x^3\right]_{0}^{2} = \dfrac{8}{12} = \dfrac{2}{3}$

c_0 のみ別扱い

・$k = \pm 1,\ \pm 2,\ \cdots$ のとき，

$$c_k = \frac{1}{2\cdot 2}\int_{-2}^{2}f(x)e^{-i\frac{k\pi}{2}x}dx = \frac{1}{4}\cdot\frac{1}{2}\int_{-2}^{2}x^2\left(\underbrace{\cos\frac{k\pi}{2}x}_{\text{偶×偶=偶}} - i\underbrace{\sin\frac{k\pi}{2}x}_{\text{偶×奇=奇}}\right)dx$$

$$= \frac{1}{8}\cdot 2\int_{0}^{2}x^2\cdot\cos\frac{k\pi}{2}x\,dx = \frac{1}{4}\int_{0}^{2}x^2\left(\frac{2}{k\pi}\sin\frac{k\pi}{2}x\right)'dx$$

部分積分

$$= \frac{1}{4}\left\{\frac{2}{k\pi}\underbrace{\left[x^2\sin\frac{k\pi}{2}x\right]_{0}^{2}}_{4\sin k\pi = 0} - \frac{2}{k\pi}\int_{0}^{2}2x\cdot\sin\frac{k\pi}{2}x\,dx\right\}$$

$$= -\frac{1}{k\pi}\int_{0}^{2}x\cdot\left(-\frac{2}{k\pi}\cos\frac{k\pi}{2}x\right)'dx$$

部分積分

$$= -\frac{1}{k\pi}\left\{-\frac{2}{k\pi}\underbrace{\left[x\cos\frac{k\pi}{2}x\right]_{0}^{2}}_{2\cos k\pi = 2\cdot(-1)^k} + \frac{2}{k\pi}\underbrace{\int_{0}^{2}1\cdot\cos\frac{k\pi}{2}x\,dx}_{\frac{2}{k\pi}\left[\sin\frac{k\pi}{2}x\right]_{0}^{2} = 0}\right\} = \frac{4\cdot(-1)^k}{k^2\pi^2}$$

以上より，$c_0 = \dfrac{2}{3}$，$c_k = \dfrac{4\cdot(-1)^k}{k^2\pi^2}$ $(k = \pm 1,\ \pm 2,\ \cdots)$ $\cdots\cdots ⑤$

⑤を④に代入して，$f(x)$ は次のように複素フーリエ級数に展開される。

$$f(x) = \frac{1}{2}x^2 = \frac{2}{3} + \frac{4}{\pi^2}\sum_{k=\pm 1}^{\pm\infty}\frac{(-1)^k}{k^2}e^{i\frac{k\pi}{2}x} \quad \cdots\cdots ⑥$$

③と⑥は同じものだ。確かめてみてごらん！

周期 **4** の周期関数 $g(x)$ が

$g(x) = x$ （$-2 < x < 2$）で定義されるとき，

この $g(x)$ を（ⅰ）実フーリエ級数と（ⅱ）複素フーリエ級数に展開せよ。

ヒント！ $g(x)$ は周期 $2L = 4$ の周期関数で奇関数でもあるので，実フーリエ級数に展開する場合，フーリエ・サイン級数の公式を使えばいいんだね。

解答＆解説

（ⅰ）実フーリエ級数

$g(x)$ は周期 $4(L = \boxed{(ア)}$ ）の区分的に滑らかな周期関数で，かつ奇関数である。

よって，$g(x)$ は次のようにフーリエ・サイン級数で展開できる。

$$g(x) = x = \sum_{k=1}^{\infty} b_k \boxed{(イ)} \quad \cdots\cdots①$$

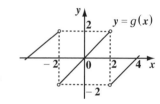

周期 $2L$ の奇関数 $g(x)$ の
フーリエ・サイン級数
$$g(x) = \sum_{k=1}^{\infty} b_k \sin\frac{k\pi}{L}x$$
$$\left(b_k = \frac{2}{L} \int_0^L g(x)\sin\frac{k\pi}{L}x\, dx \right)$$

・$k = 1$, 2, 3, $\cdots$ のとき，

$$b_k = \frac{2}{2} \int_0^2 g(x) \cdot \sin\frac{k\pi}{2}x\, dx$$

$$= \int_0^2 x \cdot \left(-\frac{2}{k\pi}\cos\frac{k\pi}{2}x \right)' dx$$

部分積分

$$= -\frac{2}{k\pi}\left[x\cos\frac{k\pi}{2}x \right]_0^2 - \int_0^2 1 \cdot \left(-\frac{2}{k\pi} \right)\cos\frac{k\pi}{2}x\, dx$$

$\boxed{2\cos k\pi = 2 \cdot (-1)^k}$ $\boxed{-\frac{2}{k\pi}\left[\frac{2}{k\pi}\sin\frac{k\pi}{2}x \right]_0^2 = 0}$

$$= -\frac{2}{k\pi} \cdot 2 \cdot (-1)^k = \frac{4 \cdot (-1)^{k+1}}{k\pi} \quad \cdots\cdots②$$

②を①に代入すると，$g(x)$ は次のように実フーリエ級数に展開される。

$$g(x) = x = \frac{4}{\pi}\sum_{k=1}^{\infty} \boxed{(ウ)} \quad \cdots\cdots③$$

（ⅱ）複素フーリエ級数

周期 $4(L = \boxed{(\text{ア})}\ )$ の区分的に滑ら

かな周期関数 $g(x)$ は，次のように

複素フーリエ級数に展開できる。

> 周期 $2L$ の複素フーリエ級数
> $$g(x) = c_0 + \sum_{k=\pm 1}^{\pm \infty} c_k e^{i\frac{k\pi}{L}x}$$
> $$\left(c_k = \frac{1}{2L}\int_{-L}^{L} g(x)e^{-i\frac{k\pi}{L}x}\,dx \right)$$

$$g(x) = c_0 + \sum_{k=\pm 1}^{\pm \infty} c_k \boxed{(\text{エ})} \quad \cdots\cdots ④$$

・$c_0 = \dfrac{1}{2\cdot 2}\displaystyle\int_{-2}^{2} g(x)dx = 0 \quad \longleftarrow \boxed{c_0\ \text{のみ別扱い}}$

　　　　　　　$\underbrace{}_{\boxed{\text{奇関数}}}$

・$k = \pm 1,\ \pm 2,\ \cdots$ のとき，

$$c_k = \frac{1}{2\cdot 2}\int_{-2}^{2} g(x)e^{-i\frac{k\pi}{2}x}dx = \frac{1}{4}\int_{-2}^{2} x\left(\cos\frac{k\pi}{2}x - i\sin\frac{k\pi}{2}x\right)dx$$

$$\boxed{\text{奇}\times\text{偶}=\text{奇}} \qquad \boxed{\text{奇}\times\text{奇}=\text{偶}}$$

$$= \frac{1}{4}\cdot(-i)\cdot 2\int_{0}^{2} x\cdot\sin\frac{k\pi}{2}x\,dx = -\frac{i}{2}\int_{0}^{2} x\cdot\left(-\frac{2}{k\pi}\cos\frac{k\pi}{2}x\right)'dx$$

$$= -\frac{i}{2}\left\{-\frac{2}{k\pi}\left[x\cos\frac{k\pi}{2}x\right]_{0}^{2} - \int_{0}^{2} 1\cdot\left(-\frac{2}{k\pi}\cos\frac{k\pi}{2}x\right)dx\right\}$$

$$\boxed{2\cos k\pi = 2\cdot(-1)^k} \qquad \boxed{-\frac{2}{k\pi}\cdot\left[\frac{2}{k\pi}\sin\frac{k\pi}{2}x\right]_{0}^{2}=0}$$

$$= \frac{i}{k\pi}\cdot 2\cdot(-1)^k = \frac{2\cdot(-1)^k}{k\pi}i$$

以上より，$c_0 = 0,\ c_k = \dfrac{2\cdot(-1)^k}{k\pi}i \ (k = \pm 1,\ \pm 2,\ \cdots) \ \cdots\cdots⑤$

⑤を④に代入して，$g(x)$ は次のように複素フーリエ級数に展開される。

$$g(x) = x = 0 + \sum_{k=\pm 1}^{\pm \infty}\frac{2\cdot(-1)^k}{k\pi}i\cdot e^{i\frac{k\pi}{2}x} = \frac{2}{\pi}i\sum_{k=\pm 1}^{\pm \infty}\boxed{(\text{オ})} \quad \cdots\cdots⑥$$

$\boxed{⑥を変形して，③と一致することを確かめてみてごらん。}$

....

解答　　（ア）2 　　　　　　（イ）$\sin\dfrac{k\pi}{2}x$ 　　　　（ウ）$\dfrac{(-1)^{k+1}}{k}\sin\dfrac{k\pi}{2}x$

　　　　（エ）$e^{i\frac{k\pi}{2}x}$ 　　　　（オ）$\dfrac{(-1)^k}{k}\cdot e^{i\frac{k\pi}{2}x}$

1. 周期 2π の周期関数 $f(x)$ のフーリエ級数

$-\pi < x \leq \pi$ で定義された周期 2π の区分的に滑らかな周期関数 $f(x)$ は，不連続点を除けば次のようにフーリエ級数で表せる。

$$f(x) = \frac{a_0}{2} + \sum_{k=1}^{\infty} (a_k \cos kx + b_k \sin kx)$$

$$\left(a_k = \frac{1}{\pi} \int_{-\pi}^{\pi} f(x) \cos kx \, dx, \quad b_k = \frac{1}{\pi} \int_{-\pi}^{\pi} f(x) \sin kx \, dx \right)$$

2. 周期 $2L$ の周期関数 $f(x)$ のフーリエ級数

$-L < x \leq L$ で定義された周期 $2L$ の区分的に滑らかな周期関数 $f(x)$ は，不連続点を除けば次のようにフーリエ級数で表せる。

$$f(x) = \frac{a_0}{2} + \sum_{k=1}^{\infty} \left(a_k \cos \frac{k\pi}{L} x + b_k \sin \frac{k\pi}{L} x \right)$$

$$\left(a_k = \frac{1}{L} \int_{-L}^{L} f(x) \cos \frac{k\pi}{L} x \, dx, \quad b_k = \frac{1}{L} \int_{-L}^{L} f(x) \sin \frac{k\pi}{L} x \, dx \right)$$

3. フーリエ余弦級数とフーリエ正弦級数

周期 $2L$ の区分的に滑らかな周期関数 $f(x)$ について，

(Ⅰ) $f(x)$ が偶関数のとき，

$f(x)$ は，次のようにフーリエ・コサイン級数に展開できる。

$$f(x) = \frac{a_0}{2} + \sum_{k=1}^{\infty} a_k \cos \frac{k\pi}{L} x \qquad \left(a_k = \frac{2}{L} \int_{0}^{L} f(x) \cos \frac{k\pi}{L} x \, dx \right)$$

(Ⅱ) $f(x)$ が奇関数のとき，

$f(x)$ は，次のようにフーリエ・サイン級数に展開できる。

$$f(x) = \sum_{k=1}^{\infty} b_k \sin \frac{k\pi}{L} x \qquad \left(b_k = \frac{2}{L} \int_{0}^{L} f(x) \sin \frac{k\pi}{L} x \, dx \right)$$

4. 周期 $2L$ の周期関数 $f(x)$ の複素フーリエ級数

$-L < x \leq L$ で定義された周期 $2L$ の区分的に滑らかな周期関数 $f(x)$ は，不連続点を除けば次のように複素フーリエ級数で表せる。

$$f(x) = \sum_{k=0, \pm 1}^{\pm \infty} c_k e^{i \frac{k\pi}{L} x} \qquad \left(c_k = \frac{1}{2L} \int_{-L}^{L} f(x) e^{-i \frac{k\pi}{L} x} \, dx \right)$$

フーリエ級数（Ⅱ）

▶ フーリエの定理の証明
　（リーマン・ルベーグの補助定理）

▶ 正規直交関数系とパーシヴァルの等式
　（ベッセルの不等式）

▶ ギブスの現象

▶ フーリエ級数の微分・積分
　（ディラックのデルタ関数）

§1. フーリエの定理

これまで，さまざまな区分的に滑らかな周期関数 $f(x)$ のフーリエ級数の実践的な求め方について解説してきた。しかし，このフーリエ級数が元の関数 $f(x)$ に本当に収束するのか，厳密な証明はまだだったんだね。

今回は，この収束性を表す "**フーリエの定理**" を証明してみよう。確かに難度は高いんだけれど，ここを避けて通るわけにはいかないからね。できるだけ分かりやすく解説するから，繰り返し読んで是非マスターしよう！

● まず，リーマン・ルベーグの補助定理を証明しよう！

式変形を見やすくするため，ここでは，一般的な周期 $2L$ の周期関数ではなく，$-\pi < x \leqq \pi$ で定義された周期 2π の周期関数 $f(x)$ について考えることにしよう。このフーリエ級数の収束性が示せれば，これまで解説してきたように，簡単な変数変換によって，周期 $2L$ の周期関数にも容易に拡張できるからなんだね。

それでは，フーリエ級数の収束性を表す "**フーリエの定理**" を下に示す。

■ フーリエの定理

$f(x)$ が，区間 $-\pi < x \leqq \pi$ で定義された周期 2π の<u>区分的に滑らかな</u>

> "$-\pi < x \leqq \pi$ で，$f(x)$, $f'(x)$ 共に区分的に連続な" という意味

周期関数であるとき，このフーリエ級数：

$$\frac{a_0}{2} + \sum_{k=1}^{\infty} (a_k \cos kx + b_k \sin kx) \quad \left[\text{または} \sum_{k=0, \pm 1}^{\pm\infty} c_k e^{ikx} \right] \text{は，}$$

- （ⅰ）連続点では，$f(x)$ に収束し，
- （ⅱ）不連続点では，その点の左右両側の極限値の相加平均に収束する。

すなわち，次式が成り立つ。

$$\frac{a_0}{2} + \sum_{k=1}^{\infty} (a_k \cos kx + b_k \sin kx) = \begin{cases} f(x) & (x \text{ で連続}) \\ \dfrac{f(x+0) + f(x-0)}{2} & (x \text{ で不連続}) \end{cases}$$

さらに，この式は点 x での連続・不連続に関わらず，次のようにまとめて表すことが出来る。

$$\frac{a_0}{2} + \sum_{k=1}^{\infty} (a_k \cos kx + b_k \sin kx) = \frac{f(x+0) + f(x-0)}{2} \quad \cdots\cdots (*)$$

　これから，周期 2π の区分的に滑らかな周期関数 $f(x)$ について，$(*)$ の式（フーリエの定理）が成り立つことを示そう。しかし，その前準備として，次に示す"**リーマン・ルベーグの補助定理**"（*Riemann-Lebesgue lemma*）が成り立つことを証明しておこう。これは，"**R-Lの補助定理**" と略記することもある。

■ リーマン・ルベーグの補助定理

> $f(x)$ が，閉区間 $a \leqq x \leqq b$ で区分的に連続な関数であるとき，次の式が成り立つ。
>
> （ⅰ）$\displaystyle \lim_{\alpha \to \infty} \int_a^b f(x) \cdot \sin \alpha x\, dx = 0$ 　（ⅱ）$\displaystyle \lim_{\alpha \to \infty} \int_a^b f(x) \cdot \cos \alpha x\, dx = 0$

　（ⅰ）のリーマン・ルベーグの補助定理が証明できれば，（ⅱ）の証明も同様にできるので，ここでは（ⅰ）のみを証明しておこう。でも，その前に，この（ⅰ）の左辺の式の意味をグラフ的に考えると，これが 0 に収束することは直感的に分かると思う。

　図1（ⅰ）に示すような区間 $[a, b]$ で定義された有界な関数 $y = f(x)$ と三角関数 $y = \sin \alpha x$ の積 $f(x) \cdot \sin \alpha x$ を積

> 周期 $\dfrac{2\pi}{\alpha}$ より，$\alpha \to \infty$ とすると，上下動の激しい周期の小さな関数になる。

分区間 $[a, b]$ で積分すると，これは，図1（ⅱ）に示すように，x 軸を境にして，上下 ⊕，⊖ の面積の総和になるね。ここで，$\alpha \to \infty$ にすると，この上下 ⊕，⊖ のそれぞれの面積の絶対値は等し

図1 **R-L** の補助定理の
　　グラフ的なイメージ

（ⅰ）
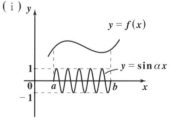

（ⅱ）
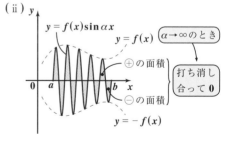

く，符号は異なるので，その和は限りなく 0 に近づくはずだ。これが，（ⅰ）のリーマン・ルベーグの補助定理の直感的な解釈なんだね。納得いった？

　それでは，計算は少し大変になるけれど，数学力を鍛える上でいい練習になるので，（ⅰ）の **R-L** の補助定理を数学的にキチンと証明してみよう。

（ⅰ） $\displaystyle\lim_{\alpha\to\infty}\int_a^b f(x)\cdot\sin\alpha x\,dx=0$ ……（＊1） が成り立つことを証明する。

$f(x)$ は，区間 $[a,\ b]$ で区分的に連続なので，この区間でいくつかの連続な小区間に分けて考えても同様だ。よって，初めから $y=f(x)$ は区間 $[a,\ b]$ で連続な関数と考えることにする。

図2 R-L の補助定理の証明

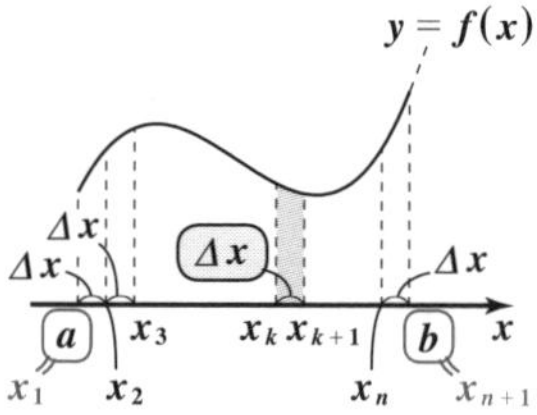

$f(x)$ は，区間 $[a,\ b]$ で有界なので，

$|f(x)|\leqq \underline{M}$ ……(a) （M：ある正の定数）

これは，$|f(x)|$ の最大値と考えていい。

ここで，図2に示すように，区間 $[a,\ b]$ を

$a=x_1<x_2<x_3<\cdots<x_k<x_{k+1}<\cdots<x_n<x_{n+1}=b$

となるように，$x_1,\ x_2,\ \cdots,\ x_k,\ x_{k+1},\ \cdots,\ x_n,\ \underset{b}{\underline{x_{n+1}}}$ で等間隔に n 等分し，
（$\underset{a}{\underline{a}}$）

$\Delta x=x_{k+1}-x_k$ ……(b)　　　　$n\cdot\Delta x=b-a$ ……(c)　とおく。

ここで，（＊1）の左辺の定積分の絶対値を考えると，

n 個の小区間の定積分の和

$$\left|\int_a^b f(x)\cdot\sin\alpha x\,dx\right|=\left|\sum_{k=1}^n\int_{x_k}^{x_{k+1}}f(x)\cdot\sin\alpha x\,dx\right|$$

$$\leqq\sum_{k=1}^n\left|\int_{x_k}^{x_{k+1}}f(x)\cdot\sin\alpha x\,dx\right|$$

$\{f(x)-f(x_k)\}+f(x_k)$　とおく。

$$=\sum_{k=1}^n\left|\int_{x_k}^{x_{k+1}}[\{f(x)-f(x_k)\}+f(x_k)]\sin\alpha x\,dx\right|\ \ \cdots\cdots(\mathrm{d})$$

$$=\left|\int_{x_k}^{x_{k+1}}\{f(x)-f(x_k)\}\sin\alpha x\,dx+f(x_k)\int_{x_k}^{x_{k+1}}\sin\alpha x\,dx\right|$$

$$\leqq\left|\int_{x_k}^{x_{k+1}}\{f(x)-f(x_k)\}\sin\alpha x\,dx\right|+\left|f(x_k)\int_{x_k}^{x_{k+1}}\sin\alpha x\,dx\right|$$

$$\leqq\int_{x_k}^{x_{k+1}}|f(x)-f(x_k)|\cdot\underline{|\sin\alpha x|}\,dx+\underline{|f(x_k)|}\cdot\left|\int_{x_k}^{x_{k+1}}\sin\alpha x\,dx\right|$$

1 以下　　　M 以下

よって，(d)をさらに変形すると，

$$\left|\int_a^b f(x) \cdot \sin\alpha x\, dx\right| \leq \sum_{k=1}^{n}\left\{\int_{x_k}^{x_{k+1}}|f(x)-f(x_k)|\cdot 1\, dx + M\cdot\left|\underline{\underline{\int_{x_k}^{x_{k+1}}\sin\alpha x\, dx}}\right|\right\}$$

> $$\left|-\frac{1}{\alpha}\big[\cos\alpha x\big]_{x_k}^{x_{k+1}}\right| = \frac{1}{\alpha}|\cos\alpha x_{k+1}-\cos\alpha x_k|$$
> $$\leq \frac{1}{\alpha}\cdot(|\cos\alpha x_{k+1}|+|\cos\alpha x_k|)\leq \frac{2}{\alpha}$$
> $$\boxed{1\text{ 以下}}\qquad \boxed{1\text{ 以下}}$$

$$\leq \sum_{k=1}^{n}\left\{\int_{x_k}^{x_{k+1}}\underbrace{|f(x)-f(x_k)|}_{\boxed{\varepsilon(\text{正の定数})\text{ 以下}}}dx + \frac{2M}{\alpha}\right\} \quad\cdots\cdots(\text{d})' \text{ となる。}$$

ここで，$f(x)$ は連続関数なので，分割数 n をある大きな自然数 N 以上にとれば，

$|f(x)-f(x_k)|\leq\varepsilon$（正の定数）　とすることができる。よって(d)′は，

$$\left|\int_a^b f(x)\cdot\sin\alpha x\, dx\right| \leq \sum_{k=1}^{n}\left(\int_{x_k}^{x_{k+1}}\varepsilon\, dx + \frac{2M}{\alpha}\right)$$

$$= \sum_{k=1}^{n}\varepsilon\cdot\underbrace{\int_{x_k}^{x_{k+1}}1\cdot dx}_{\boxed{[x]_{x_k}^{x_{k+1}}=x_{k+1}-x_k=\varDelta x\,(\text{(b)より})}} + \underbrace{\sum_{k=1}^{n}\frac{2M}{\alpha}}_{\boxed{n\cdot\frac{2M}{\alpha}}}$$

$$= \varepsilon\cdot\underbrace{\sum_{k=1}^{n}\varDelta x}_{\boxed{n\cdot\varDelta x=b-a\,(\text{(c)より})}} + \frac{2Mn}{\alpha} = \varepsilon(b-a)+\underwave{\frac{2Mn}{\alpha}} \quad\cdots\cdots(\text{d})'' \text{ となる。}$$

ここで，$\dfrac{2Mn}{\alpha}\leq\varepsilon$，すなわち　$\dfrac{2Mn}{\varepsilon}\leq\alpha$　$\cdots\cdots$(e)　となるように，正の数 α をとることができる。よって(d)″は，

$$\left|\int_a^b f(x)\cdot\sin\alpha x\, dx\right| \leq \varepsilon(b-a)+\underwave{\varepsilon} = \underbrace{\varepsilon(b-a+1)}_{\boxed{\text{正の定数}}} \quad\cdots\cdots(\text{f})\quad \text{となる。}$$

このように，どんなに小さな正の数 ε に対しても，$\alpha\to\infty$ とすれば(f)が成り立つので，　$\alpha\to\infty$ のとき，　$\left|\displaystyle\int_a^b f(x)\cdot\sin\alpha x\, dx\right|\to 0$

$\therefore$（ⅰ）$\displaystyle\lim_{\alpha\to\infty}\int_a^b f(x)\cdot\sin\alpha x\, dx = 0$　$\cdots\cdots(*1)$　は成り立つ。

（ⅱ）の R-L の補助定理も同様に証明できる。

● フーリエの定理を証明しよう！

_R-L_(リーマン・ルベーグ)の補助定理の証明も終わったので,

$$\lim_{\alpha \to \infty} \int_a^b f(x) \cdot \sin \alpha x \, dx = 0$$

区間 $[a, \ b]$ で区分的に連続な関数

いよいよ, "**フーリエの定理**"の証明に入ろう。

ここで, 実フーリエ級数 : $\dfrac{a_0}{2} + \sum\limits_{k=1}^{\infty} (a_k \cos kx + b_k \sin kx)$ の代わりに, 複素

フーリエ級数 $\sum\limits_{k=-\infty}^{\infty} c_k e^{ikx}$ で表し, 複素フーリエ係数 c_k を求める定積分で

今回の証明では, $\sum\limits_{k=0, \ \pm 1}^{\pm \infty} c_k e^{ikx}$ ではなく, 上記のものを使う。

は積分変数 x の代わりに t を用いることにすると, フーリエの定理は次の
ようになる。

$-\pi < x \leqq \pi$ で定義された, 周期 2π の区分的に滑らかな周期関数 $f(x)$ に
対して, 次式が成り立つ。

$$\sum_{k=-\infty}^{\infty} c_k e^{ikx} = \frac{f(x+0) + f(x-0)}{2} \quad \cdots\cdots(**)$$

ただし, $c_k = \dfrac{1}{2\pi} \displaystyle\int_{-\pi}^{\pi} f(t) \cdot e^{-ikt} dt$ ……① $(k = \cdots, \ -1, \ 0, \ 1, \ 2, \ \cdots)$

$(**)$ や①は, 周期 $2L$ の複素フーリエ級数の公式 :
$\sum\limits_{k=-\infty}^{\infty} c_k e^{i\frac{k\pi}{L}x} = \dfrac{f(x+0) + f(x-0)}{2}$ や $c_k = \dfrac{1}{2L} \displaystyle\int_{-L}^{L} f(t) e^{-i\frac{k\pi}{L}t} dt$
の L に π を代入したものだ。

ここで, $P_n(x) = \sum\limits_{k=-n}^{n} c_k e^{ikx}$ ……② とおくと, $(**)$ は,

$\lim\limits_{n \to \infty} P_n(x) = \dfrac{f(x+0) + f(x-0)}{2}$ となるので, 結局

$n \to \infty$ のとき, $P_n(x) - \dfrac{f(x+0) + f(x-0)}{2} \to 0$ となることを示せれば

いいんだね。この最後の詰めで, _R-L_ の補助定理が重要な役割を演じる
ので, 覚えておいてくれ。

それでは，フーリエの定理を証明しよう。

まず，①を②に代入すると，

$$P_n(x) = \sum_{k=-n}^{n} \left\{ \frac{1}{2\pi} \int_{-\pi}^{\pi} f(t) e^{-ikt} dt \right\} e^{ikx}$$

$$= \frac{1}{2\pi} \sum_{k=-n}^{n} e^{ikx} \int_{-\pi}^{\pi} f(t) e^{-ikt} dt$$

$$e^{-inx} \int_{-\pi}^{\pi} f(t) e^{int} dt + \cdots + e^{i \cdot 0 \cdot x} \int_{-\pi}^{\pi} f(t) e^{-i \cdot 0 \cdot t} dt + e^{i \cdot 1 \cdot x} \int_{-\pi}^{\pi} f(t) e^{-i \cdot 1 \cdot t} dt$$

$$+ e^{i \cdot 2 \cdot x} \int_{-\pi}^{\pi} f(t) e^{-i \cdot 2 \cdot t} dt + \cdots + e^{inx} \int_{-\pi}^{\pi} f(t) e^{-int} dt$$

$$= \int_{-\pi}^{\pi} f(t) \left\{ e^{i(-n)(x-t)} + \cdots + e^{i \cdot 0 \cdot (x-t)} + e^{i \cdot 1 \cdot (x-t)} + e^{i \cdot 2 \cdot (x-t)} + \cdots + e^{i \cdot n \cdot (x-t)} \right\} dt$$

$$= \frac{1}{2\pi} \int_{-\pi}^{\pi} f(t) \left\{ \sum_{k=-n}^{n} e^{ik(x-t)} \right\} dt = \frac{1}{2\pi} \int_{-\pi}^{\pi} f(t) \left\{ \sum_{k=-n}^{n} e^{-ik(t-x)} \right\} dt$$

ここで，$t-x=u$ とおいて，積分変数を t から u に置き換えると，

$t : -\pi \to \pi$ のとき，$u : -\pi - x \to \pi - x$，また，$dt = du$ となる。よって，

$$P_n(x) = \frac{1}{2\pi} \int_{-\pi-x}^{\pi-x} f(x+u) \left\{ \underbrace{\sum_{k=-n}^{n} e^{-iku}}_{Q_n(u) \text{ とおく。}} \right\} du \quad \cdots\cdots ③$$

> 順序を逆にして
> これを初項とみる。

ここで，$Q_n(u) = \sum_{k=-n}^{n} e^{-iku}$ とおくと，

$$Q_n(u) = e^{inu} + \cdots + e^{i \cdot 0 \cdot u} + e^{-i \cdot 1 \cdot u} + e^{-i \cdot 2 \cdot u} + \cdots + e^{-i(n-1)u} + e^{-inu} \quad \cdots\cdots ④$$

よって，$Q_n(u)$ は，初項 e^{-inu}，公比 e^{iu}，項数 $2n+1$ の等比数列の和より，

$$Q_n(u) = \frac{e^{-inu} \left\{ 1 - (e^{iu})^{2n+1} \right\}}{1 - e^{iu}} = \frac{e^{-inu} - e^{i(n+1)u}}{1 - e^{iu}}$$

> 分子・分母を
> $e^{i\frac{u}{2}}$ で割って

$$= \frac{e^{-i\left(n+\frac{1}{2}\right)u} - e^{i\left(n+\frac{1}{2}\right)u}}{e^{-i\frac{u}{2}} - e^{i\frac{u}{2}}} = \frac{\dfrac{e^{i\left(n+\frac{1}{2}\right)u} - e^{-i\left(n+\frac{1}{2}\right)u}}{2i}}{\dfrac{e^{i\frac{u}{2}} - e^{-i\frac{u}{2}}}{2i}}$$

> 分子・分母を
> $-2i$ で割って

> $\sin \theta = \dfrac{e^{i\theta} - e^{-i\theta}}{2i}$

$$\therefore Q_n(u) = \frac{\sin\left(n+\frac{1}{2}\right)u}{\sin\frac{u}{2}} \quad \cdots\cdots ⑤ \quad (u \ne 0) \quad \text{となる。}$$

また，③の被積分関数 $f(x+u)Q_n(u)$ は，周期 2π の周期関数なので，

$$P_n(x) = \frac{1}{2\pi}\int_{-\pi-x}^{\pi-x} f(x+u)Q_n(u)\,du$$

$$= \frac{1}{2\pi}\int_{-\pi}^{\pi} f(x+u)Q_n(u)\,du \quad \cdots\cdots③'$$

と変形できる。

ここで，さらに

$$Q_n(u) = e^{inu} + \cdots + e^{i\cdot 1\cdot u} + \underbrace{e^{i\cdot 0\cdot u}}_{e^0 = 1} + e^{-i\cdot 1\cdot u} + \cdots + e^{-inu} \quad \cdots\cdots④$$

より，これを積分区間 $[-\pi,\ \pi]$ で積分すると，

$$\int_{-\pi}^{\pi} Q_n(u)\,du = \underbrace{\int_{-\pi}^{\pi} e^{inu}\,du}_{(0)} + \cdots + \underbrace{\int_{-\pi}^{\pi} e^{i\cdot 1\cdot u}\,du}_{(0)} + \underbrace{\int_{-\pi}^{\pi} 1\cdot du}_{[u]_{-\pi}^{\pi}=2\pi}$$

$$+ \underbrace{\int_{-\pi}^{\pi} e^{-i\cdot 1\cdot u}\,du}_{(0)} + \cdots + \underbrace{\int_{-\pi}^{\pi} e^{-inu}\,du}_{(0)} = 2\pi$$

なぜなら，m を 0 でない整数とすると，
$$\int_{-\pi}^{\pi} e^{imx}\,dx = \int_{-\pi}^{\pi}(\cos mx + i\sin mx)\,dx = \frac{1}{m}\underbrace{[\sin mx]_{-\pi}^{\pi}}_{(0)} - \frac{i}{m}\underbrace{[\cos mx]_{-\pi}^{\pi}}_{(-1)^m-(-1)^m=0} = 0$$
となるからね。

$$\therefore \int_{-\pi}^{\pi} Q_n(u)\,du = 2\pi \quad \cdots\cdots⑥$$

y 軸に関して左右対称なグラフ

また，④より，明らかに $Q_n(-u) = Q_n(u)$ なので，$\underline{Q_n(u) \text{ は偶関数}}$である。
よって，これと⑥より，

$$\int_{0}^{\pi} Q_n(u)\,du = \int_{-\pi}^{0} Q_n(u)\,du = \pi \quad \cdots\cdots⑦ \quad \text{となる。}$$

以上で準備が整ったので，いよいよ $P_n(x) - \dfrac{f(x+0)+f(x-0)}{2}$ の計算
に入ろう。$n \to \infty$ のとき，これが 0 に収束することを示せばいいんだね。

③´ より

$$P_n(x) - \frac{f(x+0)+f(x-0)}{2} = \frac{1}{2\pi}\int_{-\pi}^{\pi}f(x+u)Q_n(u)du - \frac{1}{2}\{f(x+0)+f(x-0)\}$$

$$= \frac{1}{2\pi}\left\{\underline{\int_{-\pi}^{\pi}f(x+u)Q_n(u)du} - \boxed{\pi}f(x+0) - \boxed{\pi}f(x-0)\right\}$$

> $\int_0^{\pi}$ と $\int_{-\pi}^{0}$ の **2** つの積分に分ける。

> $\int_0^{\pi}Q_n(u)du$

> $\int_{-\pi}^{0}Q_n(u)du$　（⑦より）

$$= \frac{1}{2\pi}\left\{\int_0^{\pi}f(x+u)Q_n(u)du + \int_{-\pi}^{0}f(x+u)Q_n(u)du\right.$$
$$\left. - f(x+0)\int_0^{\pi}Q_n(u)du - f(x-0)\int_{-\pi}^{0}Q_n(u)du\right\}$$

$$= \frac{1}{2\pi}\int_0^{\pi}\{f(x+u)-f(x+0)\}Q_n(u)du + \frac{1}{2\pi}\int_{-\pi}^{0}\{f(x+u)-f(x-0)\}Q_n(u)du$$

> $-u = v$ と置換すると，$u : -\pi \to 0$ のとき，$v : \pi \to 0$
> また，$du = -1\cdot dv$　　よって，この積分は
> $$\int_{\pi}^{0}\{f(x-v)-f(x-0)\}\underline{Q_n(-v)}(-1)\cdot dv$$
> > $Q_n(v)$　（$\because Q_n(v)$ は偶関数）
> $$= \int_0^{\pi}\{f(x-v)-f(x-0)\}Q_n(v)dv$$
> 最後に変数 v を，また元の u に戻してもいいんだね。

$$\therefore P_n(x) - \frac{f(x+0)+f(x-0)}{2}$$
$$= \frac{1}{2\pi}\underbrace{\int_0^{\pi}\{f(x+u)-f(x+0)\}Q_n(u)du}_{(\text{i})} + \frac{1}{2\pi}\underbrace{\int_0^{\pi}\{f(x-u)-f(x-0)\}Q_n(u)du}_{(\text{ii})} \quad\cdots\cdots⑧$$

となる。

（ⅰ）ここで，⑧の右辺第 **1** 項に⑤を代入すると，

> α とおく。

$$\frac{1}{2\pi}\int_0^{\pi}\{f(x+u)-f(x+0)\}\cdot\frac{\sin\left(\left(n+\frac{1}{2}\right)u\right)}{\sin\frac{u}{2}}du$$

> ここで，$n+\frac{1}{2}=\alpha$ とおくと，**R-L** の補助定理の形が見えてくる！

（ⅰ）の続き

$$\int_0^\pi \underbrace{\frac{f(x+u)-f(x+0)}{2\pi \cdot \sin\frac{u}{2}}}_{g(u)} \cdot \sin\underbrace{\left(n+\frac{1}{2}\right)}_{\alpha} udu \quad \text{より,}$$

$$g(u)=\frac{f(x+u)-f(x+0)}{2\pi \cdot \sin\frac{u}{2}} \quad , \quad \alpha=n+\frac{1}{2} \quad \text{とおくと,}$$

（⑧の右辺第 1 項）$=\displaystyle\int_0^\pi g(u)\sin\alpha u du$ ……⑨ となる。

> ここで, $g(u)$ が区間 $[0, \pi]$ で "区分的に連続な関数である" と言えれば,
> $n\to\infty$ のとき, $\alpha\to\infty$ となるので, $R\text{-}L$ の補助定理より,
> $\displaystyle\lim_{\alpha\to\infty}\int_0^\pi g(u)\cdot\sin\alpha u du=0$ が示せるんだね。後一歩だ！

$g(u)$ は明らかに, $0<u\leqq\pi$ においては, 区分的に連続な関数と言え
る。しかし, $u=0$ のときは, 分母が $\sin\frac{u}{2}=0$ となるため, $u\to0$
の極限を調べる必要があるんだね。ここで, $f(x)$ が区分的に滑らか
であることに注意して,

$$\lim_{u\to0}g(u)=\lim_{u\to0}\frac{1}{\pi}\cdot\underbrace{\frac{f(x+u)-f(x+0)}{u}}_{f'(x+0)\ (\text{有限な値})}\cdot\underbrace{\frac{\frac{u}{2}}{\sin\frac{u}{2}}}_{1}$$

公式
$\displaystyle\lim_{\theta\to0}\frac{\theta}{\sin\theta}=1$

$$=\frac{1}{\pi}f'(x+0)\cdot1$$
$$=（\text{有限な値}）\quad \text{となる。}$$

> $f(x)$ は区分的に滑らかな関数なので,
> $f'(x)$ は区分的に連続だね。よって,
> $f'(x+0)$ はある有限な値をとる。

よって $g(u)$ は, 区間 $[0, \pi]$ で区分的に連続な関数と言える。
また, $n\to\infty$ のとき, $\alpha\to\infty$ より, ⑨に $R\text{-}L$ の補助定理を用いると,

$$\lim_{n\to\infty}（\text{⑧の右辺第 1 項}）=\lim_{\alpha\to\infty}\int_0^\pi \underbrace{g(u)}\cdot\sin\alpha u du=0 \quad ……⑩$$

となる。

区間 $[0, \pi]$ で区分的に連続な関数

76

(ii) ⑧の右辺第 2 項についても同様に,

$$(⑧の右辺第 2 項) = \int_0^\pi h(u) \cdot \sin \alpha u \, du \left(ただし, \ h(u) = \frac{f(x-u) - f(x-0)}{2\pi \sin \frac{u}{2}} \right)$$

とおくと, $h(u)$ は同様に, 区間 $[0, \pi]$ において区分的に連続な関数
と言える。よって, R-L の補助定理により,

$$\lim_{n \to \infty} (⑧の右辺第2項) = \lim_{\alpha \to \infty} \int_0^\pi h(u) \sin \alpha u \, du = 0 \quad \cdots\cdots ⑪ \quad となる。$$

以上⑩, ⑪より, $n \to \infty$ のとき⑧は,

$$\lim_{n \to \infty} \left\{ P_n(x) - \frac{f(x+0) + f(x-0)}{2} \right\} = 0 \quad となるので,$$

$$\lim_{n \to \infty} P_n(x) = \frac{f(x+0) + f(x-0)}{2}$$

よって, $-\pi < x \leqq \pi$ で定義された周期 2π の区分的に滑らかな周期
関数 $f(x)$ に対して,

$$\sum_{k=-\infty}^{\infty} c_k e^{ikx} = \frac{f(x+0) + f(x-0)}{2} \quad \cdots\cdots (**), \quad すなわち,$$

$$\frac{a_0}{2} + \sum_{k=1}^{\infty} (a_k \cos kx + b_k \sin kx) = \frac{f(x+0) + f(x-0)}{2} \quad \cdots\cdots (*)$$

は成り立つ。

これで, 証明終了だ。お疲れ様! よく頑張ったね!!

　以上で, フーリエの定理 $(*)$ や $(**)$ が証明できたので, 周期 2π の
区分的に滑らかな周期関数 $f(x)$ のフーリエ級数は,

$$\begin{cases} (i) \ 連続点においては, \ f(x) \ そのものに収束し, \\ (ii) \ 不連続点では, 左右両側極限値の相加平均 \ \dfrac{f(x+0) + f(x-0)}{2} \ に \end{cases}$$

収束することが分かった。

　これはフーリエ級数の各点における $f(x)$ への収束性を示したもので,
"**各点収束**" と呼ぶ。実はこの "**各点収束**" 以外にも, "**一様収束**" や
"**平均収束**" と呼ばれる収束性の定義がある。これらについてもこの後,
解説しよう。

§2. 正規直交関数系とパーシヴァルの等式

前回は，区分的に滑らかな周期関数 $f(x)$ に対して，そのフーリエ級数が**"各点収束"**すること(**"フーリエの定理"**)を示した。今回の講義では，さらに**"一様収束"**や**"平均収束"**についても解説しよう。そして，**"平均収束"**の考え方を用いて**"ベッセルの不等式"**や**"パーシヴァルの等式"**，それに正規直交関数系の**"完全性"**についても教えよう。さらに，これまで不連続点で現れるフーリエ級数の不可思議なツノ(ギブスの現象)の正体についても明らかにしてみよう。

前節から理論的な解説が続いて大変だと思うけれど，頑張って分かり易く教えるから，キミ達も新たな発見を楽しみながら読み進んでいってほしい。

サァ，それでは講義を始めよう！

● まず，"一様収束"をマスターしよう！

周期 2π の区分的に滑らかな周期関数 $f(x)$ のフーリエ級数は，

$$\frac{a_0}{2} + \sum_{k=1}^{\infty} (a_k \cos kx + b_k \sin kx) \quad \text{または，} \quad \sum_{k=0,\pm1}^{\pm\infty} c_k e^{ikx} \quad \text{という無限級数}$$

で与えられた。ここで，この部分和を $P_n(x)$ とおくと，

$$P_n(x) = \frac{a_0}{2} + \sum_{k=1}^{n} (a_k \cos kx + b_k \sin kx) = \sum_{k=0,\pm1}^{\pm n} c_k e^{ikx}$$

と表せるんだね。

そして，このフーリエ級数が $f(x)$ に収束するということは，

$$\lim_{n\to\infty} P_n(x) = f(x) \quad \text{が成り立つということなんだ。}$$

> ここでは，不連続点を考慮していない！

これを，$\varepsilon - N$ 論法で表すと，次のようになる。これも大丈夫だね。

$$^\forall\varepsilon, \ ^\exists N \ \ \text{s.t.} \ \ n \geqq N \implies |P_n(x) - f(x)| < \varepsilon$$

$$\text{このとき} \quad \lim_{n\to\infty} P_n(x) = f(x) \quad \text{となる。}$$

> "正の数 ε をどんなに小さくしても，$n \geqq N$ ならば $|P_n(x) - f(x)| < \varepsilon$ が成り立つような，そんな自然数 N が存在するとき，$\lim_{n\to\infty} P_n(x) = f(x)$ となる。"の意味。

　ここで，一般には，ある自然数 N は，ε の値だけでなく，x の値にも依存するはずだ。つまり，速く収束する場所（x の値）では，N は小さな値でいいだろうし，ゆっくりしか収束しない場所（x の値）では大きな N の値でないと，$|P_n(x) - f(x)|$ が ε より小さくならないはずだからだ。

　しかし，この N の値が，x の値によらず，ε の値のみによって決まる場合，フーリエ級数は $f(x)$ に "一様収束" するという。これは，非常によい収束性を表しているんだよ。

　では，どのような関数 $f(x)$ に対して，フーリエ級数は "一様収束" するのだろうか？ 前回勉強した "各点収束" と併せて考えてみよう。

　ここで，（ⅰ）"区分的に滑らかな関数" と，（ⅱ）"区分的に滑らかで，かつ連続な関数" について復習しておこう。図1（ⅰ）（ⅱ）にそれぞれのグラフのイメージを示す。

図1（ⅰ）区分的に滑らかな関数のイメージ

例題2 (P28)　　　例題3(1) (P34)　　例題3(2) (P36)　　実践問題1 (P42)
　　　　　　　　　　例題4(1) (P48)　　　　　　　　　　　　例題4(2)　 (P50)
　　　　　　　　　　　　　　　　　　　　　　　　　　　　　実践問題2 (P64)

（ⅱ）区分的に滑らかで，かつ連続な関数のイメージ

例題3(3) (P38)　　演習問題1 (P40)　　例題4(3) (P51)
演習問題2 (P62)　　　　　　　　　　　　例題6　　 (P60)

　このように，（ⅰ）区分的に滑らかな関数では，一般に "不連続点が含まれる" と考える。不連続点では，フーリエ級数は両極限値の相加平均を通り，かつ，ギブスの現象（ツノ）も起きるので，収束性が悪くなる。よって，
　　"各点収束" はするが，"一様収束" はしない。

　これに対して，（ⅱ）区分的に滑らかで，かつ連続な関数の場合，これまでの学習経験から見て，フーリエ級数の収束性が非常によいことを知っている。この場合，"各点収束" だけでなく，"一様収束" もする。

　以上をもう一度まとめて示しておこう。

(ⅰ) 区分的に滑らかな周期関数 $f(x)$ に対して,

　　そのフーリエ級数は各点収束する。(一様収束はしない。)

(ⅱ) 区分的に滑らかで, かつ連続な周期関数 $f(x)$ に対して,

　　そのフーリエ級数は一様収束する。(当然, 各点収束もする。)

ただし, (ⅰ) 区分的に滑らかな周期関数 $f(x)$ に対して, 不連続点でもフーリエ級数が各点収束するためには, $f(x)$ の不連続点での値が
$$\frac{f(x+0)+f(x-0)}{2}$$ に定義されていないといけないんだね。何故なら, フーリエ級数はこの点を通るからだ。

● "平均収束" もマスターしよう！

周期 2π の区分的に滑らかな周期関数 $f(x)$ のフーリエ級数の部分和
$$P_n(x) = \frac{a_0}{2} + \sum_{k=1}^{n}(a_k\cos kx + b_k\sin kx) = \sum_{k=0,\ \pm 1}^{\pm n} c_k e^{ikx} \text{ について,}$$

$$\lim_{n \to \infty}\int_{-\pi}^{\pi}\{f(x)-P_n(x)\}^2 dx = 0 \ \cdots\cdots(*)$$

もし, $f(x)$ が $-L < x \leqq L$ で定義された周期 $2L$ の関数なら,
$$\lim_{n \to \infty}\int_{-L}^{L}\{f(x)-P_n(x)\}^2 dx = 0$$
となる。

のとき, 周期関数 $f(x)$ に対して, そのフーリエ級数は "平均収束" するという。

そして,

フーリエ級数が一様収束する関数

・区分的に滑らかで, かつ連続な周期関数 $f(x)$ に対して,

　そのフーリエ級数は平均収束する。

さらに,

フーリエ級数が各点収束する関数

・区分的に滑らかな周期関数 $f(x)$ に対しても,

　そのフーリエ級数は平均収束する。

$(*)$ の左辺は, $f(x)$ と $P_n(x)$ の 2 乗誤差を 1 周期 $[-\pi,\ \pi]$ に渡って定積分したものの $n \to \infty$ の極限のことで, これが 0 に収束する, すなわち, フーリエ級数が $f(x)$ に平均収束するとき, フーリエ級数 $\left(\lim_{n \to \infty}P_n(x)\right)$ は元の関数 $f(x)$ を完全に再現するように思えるかも知れないね。だから, 区分的に滑らかで, かつ連続な関数 $f(x)$ に対して, そのフーリエ級数が平均収束することは納得できると思う。

しかし，不連続点を含む区分的に滑らかな関数 $f(x)$ に対しても，フーリエ級数が平均収束するということには，納得がいかない方が多いと思う。

この場合，不連続点において，フーリエ級数は $\dfrac{f(x+0)+f(x-0)}{2}$ の値をとり，この点で $f(x)$ が別の値で定義されていれば，$n \to \infty$ としても，2乗誤差 $\{f(x)-P_n(x)\}^2$ は無視できないある大きさの値をとるはずだからだ。さらに，不連続点の辺りではギブスの現象もみられるため，これによって生じる2乗誤差も同様にある大きさの値をとるはずだ。でも，これを定積分して，$n \to \infty$ としたとき，「これら大きな2乗誤差を生じる積分区間は限りなく **0** に近づく」ので，積分値に影響しない。よって，不連続点を含む区分的に滑らかな周期関数 $f(x)$ に対しても，(*) の式は成り立つ。つまり，フーリエ級数がこの $f(x)$ に平均収束すると言えるんだ。納得いった？

これから，フーリエ級数が周期関数 $f(x)$ に平均収束すると言っても，(*) の式の性質上，$f(x)$ がいくつかの不連続点を持っている場合，それらの点ではフーリエ級数と $f(x)$ の値が一致するとは限らないことに気をつけよう。しかし，この (*) の平均収束の定義式は，これから解説する "パーシヴァルの等式" を導く基礎となる式だからシッカリ覚えておこう。

● 正規直交関数系によりフーリエ級数展開してみよう！

講義 **1** のプロローグで解説したように，

区間 $[\pi, -\pi]$ で定義された (ⅰ) 区分的に連続な2つの関数 $f(x)$ と $g(x)$ の内積と，(ⅱ) $f(x)$ のノルムは次のように定義されるんだった。

> (ⅰ) 内積 $(f, g) = \displaystyle\int_{-\pi}^{\pi} f(x)g(x)dx$
>
> (ⅱ) ノルム $\|f\| = \sqrt{(f, f)} = \sqrt{\displaystyle\int_{-\pi}^{\pi} \{f(x)\}^2 dx}$

そして，$[-\pi, \pi]$ で定義された区分的に滑らかな関数 $f(x)$ のフーリエ級数：

> フーリエ級数展開するための必要条件だね。このとき $f(x)$ は当然，区分的に連続な関数だ。

$\dfrac{a_0}{2} + \displaystyle\sum_{k=1}^{\infty}(a_k \cos kx + b_k \sin kx)$ の基となる関数系：

$\{1, \cos x, \sin x, \cos 2x, \sin 2x, \cdots\cdots\}$ について，それぞれの内積とノルムを求めると，

（ ｉ ） $(\mathbf{1},\ \mathbf{1}) = \displaystyle\int_{-\pi}^{\pi} \mathbf{1}^2 dx = [x]_{-\pi}^{\pi} = 2\pi \qquad [\ = \|\mathbf{1}\|^2\ ]$

（ ⅱ ） $(\mathbf{1},\ \cos mx) = \mathbf{0}, \quad (\mathbf{1},\ \sin mx) = \mathbf{0}$

（ⅲ） $(\sin mx,\ \cos nx) = \mathbf{0}$

（ⅳ） $(\cos mx,\ \cos nx) = \begin{cases} \pi \qquad [\ = \|\cos mx\|^2\ ] & (m = n \text{ のとき}) \\ \mathbf{0} & (m \neq n \text{ のとき}) \end{cases}$

（ ⅴ ） $(\sin mx,\ \sin nx) = \begin{cases} \pi \qquad [\ = \|\sin mx\|^2\ ] & (m = n \text{ のとき}) \\ \mathbf{0} & (m \neq n \text{ のとき}) \end{cases}$

（ ただし， m, n は自然数を表す。）

となるんだね。　**(P16 参照)**

　よって，フーリエ級数の基となる関数系 $\{\mathbf{1},\ \cos x,\ \sin x,\ \cos 2x,\ \sin 2x,$ ……$\}$ は，それぞれ互いに直交するので，直交関数系と呼ぶことができる。

　ここで，さらに各関数のノルムが，上記の結果より，

$\|\mathbf{1}\| = \sqrt{2\pi}, \qquad \|\cos mx\| = \sqrt{\pi}, \qquad \|\sin mx\| = \sqrt{\pi} \quad (m = 1,\ 2,\ 3,\ \text{……})$

となるので，直交関数系の各関数を，それぞれ自分自身のノルム (大きさ) で割ると，それぞれのノルム (大きさ) を 1 にする (**正規化する**) ことができる。

これは，ベクトル $\boldsymbol{a}\ (\neq \mathbf{0})$ を，自分自身の大きさ (ノルム) $\|\boldsymbol{a}\|$ で割ることにより，大きさ 1 の単位ベクトル $\boldsymbol{e} = \dfrac{\boldsymbol{a}}{\|\boldsymbol{a}\|}$ を作ることと同じだ。

$\boldsymbol{a}$ と同じ向きの単位ベクトル $\boldsymbol{e}$

このように "大きさを 1 にそろえる" ことを "**正規化する**" という。

従って，それぞれのノルムで割った正規化された関数系を新たに

$\{u_k(x)\} = \left\{ \dfrac{1}{\sqrt{2\pi}},\ \dfrac{\cos x}{\sqrt{\pi}},\ \dfrac{\sin x}{\sqrt{\pi}},\ \dfrac{\cos 2x}{\sqrt{\pi}},\ \dfrac{\sin 2x}{\sqrt{\pi}},\ \text{……} \right\} (k = 0,\ 1,\ 2\cdots)$

とおき，これを "**正規直交関数系**" と呼ぶ。具体的に示すと，

"大きさ 1" の意味　　　"異なる関数同士の内積が 0 になる" という意味

$u_0(x) = \dfrac{1}{\sqrt{2\pi}}, \qquad u_1(x) = \dfrac{\cos x}{\sqrt{\pi}}, \qquad u_2(x) = \dfrac{\sin x}{\sqrt{\pi}},$

$u_3(x) = \dfrac{\cos 2x}{\sqrt{\pi}}, \qquad u_4(x) = \dfrac{\sin 2x}{\sqrt{\pi}}, \qquad \text{……} \quad$ ということだ。

そして，この正規直交関数系 $u_k(x)$ $(k = 0,\ 1,\ 2\cdots)$ の内積は，

$(u_m,\ u_n) = \displaystyle\int_{-\pi}^{\pi} u_m(x) \cdot u_n(x) dx = \begin{cases} 1 & (m = n \text{ のとき}) \quad [\ = \|u_m(x)\|^2\ ] \\ 0 & (m \neq n \text{ のとき}) \end{cases}$

とシンプルに表すことができる。

82

ここで，次のように 2 つの 0 以上の整数 m と n を変数にもつ

"クロネッカー (*Kronecker*) のデルタ"

$\delta_{mn} = \begin{cases} 1 & (m = n \text{ のとき}) \\ 0 & (m \neq n \text{ のとき}) \end{cases}$　を用いると，$u_m(x)$ と $u_n(x)$ の内積は，

たとえば，$\delta_{11} = \delta_{22} = \delta_{33} = \cdots = 1$，$\delta_{12} = \delta_{31} = \delta_{42} = \cdots = 0$ だ！

$(u_m,\ u_n) = \delta_{mn}$　……① と，さらに簡単化して表せるんだね。それでは次，

この正規直交関数系 $\{u_k(x)\}$ を用いて，$f(x)$ をフーリエ級数展開してみよう。

正規直交関数系によるフーリエ級数

$-\pi < x \leq \pi$ で定義された周期 2π の区分的に滑らかな周期関数 $f(x)$ は，不連続点を除けば，正規直交関数系 $\{u_k(x)\}$ により，次のように フーリエ級数で表すことができる。

$f(x) = \sum\limits_{k=0}^{\infty} \alpha_k u_k(x)$ ……①

フーリエ係数 $\alpha_k = \displaystyle\int_{-\pi}^{\pi} f(x) \cdot u_k(x) dx$ ……②　$(k = 0,\ 1,\ 2,\ \cdots)$

　正規直交関数系 $\{u_k(x)\}$ は非常に扱いやすい関数系なので，これを使ったフーリエ級数のフーリエ係数も非常にシンプルに表現できる。ちなみに，②の右辺を実際に計算してみると，

$\displaystyle\int_{-\pi}^{\pi} f(x) \cdot u_k(x) dx = \int_{-\pi}^{\pi} (\alpha_0 u_0 + \alpha_1 u_1 + \cdots + \alpha_k u_k + \alpha_{k+1} u_{k+1} + \cdots) u_k dx$

$u_0,\ u_1,\ \cdots u_k,\ u_{k+1},\ \cdots$ はすべて x の関数だけど，このように略記した。

$= \alpha_0 \underbrace{(u_0,\ u_k)}_{\delta_{0k}=0} + \alpha_1 \underbrace{(u_1,\ u_k)}_{\delta_{1k}=0} + \cdots + \alpha_k \underbrace{\|u_k\|^2}_{\delta_{kk}=1} + \alpha_{k+1} \underbrace{(u_{k+1},\ u_k)}_{\delta_{k+1\,k}=0} + \cdots$

$= \alpha_k\ [= (\text{②の左辺})]$

となって，$u_k(x)$ のフーリエ係数 α_k が簡単に求まる。

参考

α_k と，これまでの三角関数によるフーリエ級数の係数 a_k，b_k との関係も示しておこう。

$\dfrac{a_0}{2} + \sum\limits_{k=1}^{\infty} (a_k \cos kx + b_k \sin kx) = \underbrace{\dfrac{\sqrt{2\pi}a_0}{2}}_{\alpha_0} \underbrace{\dfrac{1}{\sqrt{2\pi}}}_{u_0(x)} + \sum\limits_{k=1}^{\infty} \left(\underbrace{\sqrt{\pi}a_k}_{\alpha_{2k-1}} \underbrace{\dfrac{\cos kx}{\sqrt{\pi}}}_{u_{2k-1}(x)} + \underbrace{\sqrt{\pi}b_k}_{\alpha_{2k}} \underbrace{\dfrac{\sin kx}{\sqrt{\pi}}}_{u_{2k}(x)} \right)$

$\therefore \alpha_0 = \sqrt{\dfrac{\pi}{2}}\,a_0$，$\alpha_{2k-1} = \sqrt{\pi}a_k$，$\alpha_{2k} = \sqrt{\pi}b_k$ $(k = 1, 2, 3, \cdots)$ となるんだね。

● ベッセルの不等式とパーシヴァルの等式もマスターしよう！

ここで扱っている正規直交関数系 $\{u_k(x)\}$ による $f(x)$ のフーリエ級数と，従来の 1 と三角関数によるフーリエ級数とは全く同じものなんだ。ただし，この正規直交関数系を使うと表現が簡潔になるので，様々な理論的な考察を加えるのに都合がいいんだね。

それでは，これから "ベッセルの不等式" を導いて，フーリエ級数の部分和による近似が最適近似であることを導いてみよう。また，このベッセルの不等式から，前に勉強した "R-L (リーマン・ルベーグ) の補助定理" を導くこともできる。

周期 2π の区分的に滑らかな周期関数 $f(x)$ のフーリエ級数は，

$$f(x) = \sum_{k=0}^{\infty} \alpha_k u_k(x) \quad \left(\begin{array}{l} \text{ただし，} \{u_k(x)\}: \text{正規直交関数系} \\ \alpha_k = \int_{-\pi}^{\pi} f(x) \cdot u_k(x) dx \quad (k = 0, 1, 2, \cdots) \end{array} \right)$$

と表せた。この近似式として，右辺の N 項までの部分和で $f(x)$ は近似的に，

$$f(x) \fallingdotseq \sum_{k=0}^{N} \alpha_k u_k(x) \quad \text{と表すことができる。}$$

ここで，この近似以外に $f(x)$ が別の係数 β_k $(k = 0, 1, 2, \cdots)$ を用いて，

$$f(x) \fallingdotseq \sum_{k=0}^{N} \beta_k u_k(x) \quad \cdots\cdots① \quad \text{と近似できたとしよう。}$$

このとき，①の 2 乗誤差 $\{f(x) - \sum_{k=0}^{N} \beta_k u_k(x)\}^2$ を 1 周期 $[-\pi, \pi]$ に渡って積分して，これを $I_N{}^2$ とおき，これからこの近似精度を評価してみることにしよう。

$$I_N{}^2 = \int_{-\pi}^{\pi} \{f(x) - \sum_{k=0}^{N} \beta_k u_k(x)\}^2 dx$$

> これは $\|f(x) - \sum_{k=0}^{N} \beta_k u_k(x)\|^2$ のことで，"平均収束" の定義式とも似てる！

$$\underbrace{\{f(x)\}^2 - 2f(x) \cdot \sum_{k=0}^{N} \beta_k u_k(x) + \{\sum_{k=0}^{N} \beta_k u_k(x)\}^2}$$

$$= \underbrace{\int_{-\pi}^{\pi} \{f(x)\}^2 dx}_{\|f(x)\|^2} - \underbrace{2\int_{-\pi}^{\pi} f(x) \sum_{k=0}^{N} \beta_k u_k(x) dx}_{(\text{i})} + \underbrace{\int_{-\pi}^{\pi} \{\sum_{k=0}^{N} \beta_k u_k(x)\}^2 dx}_{(\text{ii})} \cdots\cdots②$$

> $f(x)$ は与えられた関数なので，そのノルムの 2 乗は当然定数だ！

ここで，②の右辺の **2** つの定積分（ i ）（ ii ）について，

> $f(x)$，$u_k(x)$ を f，u_k と略記した。

（ i ） $\displaystyle\int_{-\pi}^{\pi} f(x)\sum_{k=0}^{N}\beta_k u_k(x)dx = \int_{-\pi}^{\pi} f(\beta_0 u_0 + \beta_1 u_1 + \beta_2 u_2 + \cdots + \beta_N u_N)dx$

$\qquad = \beta_0\underbrace{\int_{-\pi}^{\pi} f\cdot u_0 dx}_{\alpha_0} + \beta_1\underbrace{\int_{-\pi}^{\pi} f\cdot u_1 dx}_{\alpha_1} + \beta_2\underbrace{\int_{-\pi}^{\pi} f\cdot u_2 dx}_{\alpha_2} + \cdots + \beta_N\underbrace{\int_{-\pi}^{\pi} f\cdot u_N dx}_{\alpha_N}$

$\qquad\left(\because \text{フーリエ係数 } \alpha_k = \int_{-\pi}^{\pi} f\cdot u_k dx \ (k=0,\ 1,\ 2,\ \cdots)\text{ より }\right)$

$\qquad = \alpha_0\beta_0 + \alpha_1\beta_1 + \alpha_2\beta_2 + \cdots + \alpha_N\beta_N = \displaystyle\sum_{k=0}^{N}\alpha_k\beta_k \quad$ となる。

（ ii ） $\displaystyle\int_{-\pi}^{\pi}\left\{\sum_{k=0}^{N}\beta_k u_k(x)\right\}^2 dx$

> $u_k(x)$ を u_k と略記した。

$\qquad = \displaystyle\int_{-\pi}^{\pi}(\beta_0 u_0 + \beta_1 u_1 + \beta_2 u_2 + \cdots + \beta_N u_N)(\beta_0 u_0 + \beta_1 u_1 + \beta_2 u_2 + \cdots + \beta_N u_N)dx$

$\qquad = \beta_0{}^2\underbrace{\int_{-\pi}^{\pi} u_0{}^2 dx}_{\delta_{00}=1} + \beta_1{}^2\underbrace{\int_{-\pi}^{\pi} u_1{}^2 dx}_{\delta_{11}=1} + \beta_2{}^2\underbrace{\int_{-\pi}^{\pi} u_2{}^2 dx}_{\delta_{22}=1} + \cdots + \beta_N{}^2\underbrace{\int_{-\pi}^{\pi} u_N{}^2 dx}_{\delta_{NN}=1}$

$\qquad\left(\because \displaystyle\int_{-\pi}^{\pi} u_m\cdot u_n dx = \delta_{mn}\text{ より }\right)$

$\qquad = \beta_0{}^2 + \beta_1{}^2 + \beta_2{}^2 + \cdots + \beta_N{}^2 = \displaystyle\sum_{k=0}^{N}\beta_k{}^2 \quad$ となる。

よって，②の $I_N{}^2$ をまとめると，

$\quad I_N{}^2 = \|f(x)\|^2 \underbrace{- 2\sum_{k=0}^{N}\alpha_k\beta_k + \sum_{k=0}^{N}\beta_k{}^2}\quad$ より，

$\begin{aligned}
&-(2\alpha_0\beta_0 + 2\alpha_1\beta_1 + \cdots + 2\alpha_N\beta_N) + (\beta_0{}^2 + \beta_1{}^2 + \cdots + \beta_N{}^2)\\
&= (\alpha_0{}^2 - 2\alpha_0\beta_0 + \beta_0{}^2) + (\alpha_1{}^2 - 2\alpha_1\beta_1 + \beta_1{}^2) + \cdots + (\alpha_N{}^2 - 2\alpha_N\beta_N + \beta_N{}^2)\\
&\quad - (\alpha_0{}^2 + \alpha_1{}^2 + \cdots + \alpha_N{}^2)\\
&= -(\alpha_0{}^2 + \alpha_1{}^2 + \cdots + \alpha_N{}^2) + \{(\alpha_0 - \beta_0)^2 + (\alpha_1 - \beta_1)^2 + \cdots + (\alpha_N - \beta_N)^2\}\\
&= -\sum_{k=0}^{N}\alpha_k{}^2 + \sum_{k=0}^{N}(\alpha_k - \beta_k)^2
\end{aligned}$

$\quad I_N{}^2 = \underbrace{\|f(x)\|^2 - \sum_{k=0}^{N}\alpha_k{}^2}_{\text{定数}} + \underbrace{\sum_{k=0}^{N}(\alpha_k - \beta_k)^2}\quad \cdots\cdots③$

> 定数

> これは，$\beta_k(k=0,\ 1,\ \cdots)$ によって変わる **0** 以上の変数だ！

> α_k も，$f(x)$ が与えられると，$\alpha_k = \displaystyle\int_{-\pi}^{\pi} f(x)\cdot u_k(x)dx$ で定まる定数だからね。

よって，2乗誤差の積分値：
$$I_N{}^2 = \int_{-\pi}^{\pi} \{f(x) - \sum_{k=0}^{N} \beta_k u_k(x)\}^2 dx = \underbrace{\|f(x)\|^2 - \sum_{k=0}^{N} \alpha_k{}^2}_{定数} + \underbrace{\sum_{k=0}^{N} (\alpha_k - \beta_k)^2}_{0以上の定数，0のとき最小になる。} \quad \cdots\cdots ③$$

において，$\|f(x)\|^2 - \sum_{k=0}^{N} \alpha_k{}^2$ は定数なので，これを最小にするためには $\sum_{k=0}^{N} (\alpha_k - \beta_k)^2$ を最小値 0 にすればよい。これから $\beta_k = \alpha_k$ $(k = 0, 1, 2, \cdots)$ が導かれるので，適当にとった $f(x)$ の近似式 $\sum_{k=0}^{N} \beta_k u_k(x)$ の β_k はフーリエ係数 α_k と一致するとき，$I_N{}^2$ が最小となって最適な近似になることが分かる。つまり，$u_0(x)$，$u_1(x)$，$\cdots$，$u_N(x)$ の一次結合で $f(x)$ を近似するとき，フーリエ級数の部分和 $\sum_{k=0}^{N} \alpha_k u_k(x)$ が $f(x)$ の最適近似であることが分かったんだね。

　よって，$\beta_k = \alpha_k$ のとき③は，
$$I_N{}^2 = \int_{-\pi}^{\pi} \{f(x) - \sum_{k=0}^{N} \alpha_k u_k(x)\}^2 dx = \|f(x)\|^2 - \sum_{k=0}^{N} \alpha_k{}^2 \quad \cdots\cdots ③´ \quad となる。$$
ここで，$I_N{}^2 \geqq 0$ より，$\|f(x)\|^2 - \sum_{k=0}^{N} \alpha_k{}^2 \geqq 0$

これは，$N \to \infty$ としても成り立つので，次の "ベッセル(Bessel)の不等式"：
$$\|f(x)\|^2 \geqq \sum_{k=0}^{\infty} \alpha_k{}^2 \quad \cdots\cdots ④ \quad が導ける。$$

ここで，$\|f(x)\|^2$ は正の定数，また，$\alpha_k{}^2 > 0$ より，④から正項級数 $\sum_{k=0}^{\infty} \alpha_k{}^2$ が上に有界となるので，この無限級数は収束する。よって，$\lim_{N \to \infty} \alpha_N{}^2 = 0$

（定数 $\|f(x)\|^2$ 以下）

すなわち，$\lim_{N \to \infty} \alpha_N = 0$ となる。

> これは，区分的に滑らかな関数なので，区分的に連続な関数といってもいい！

ここで，フーリエ係数 $\alpha_N = \int_{-\pi}^{\pi} f(x) \, u_N(x) dx$ より，

> （ⅰ）$N = 2k-1$ のとき $\dfrac{\cos kx}{\sqrt{\pi}}$ 　（ⅱ）$N = 2k$ のとき $\dfrac{\sin kx}{\sqrt{\pi}}$

$$\lim_{N \to \infty} \alpha_N = \lim_{k \to \infty} \frac{1}{\sqrt{\pi}} \int_{-\pi}^{\pi} f(x) \cos kx \, dx = \lim_{k \to \infty} \frac{1}{\sqrt{\pi}} \int_{-\pi}^{\pi} f(x) \sin kx \, dx = 0$$

これから，積分区間は $[-\pi, \pi]$ になるけれど $R\text{-}L$(リーマン・ルベーグ)
の補助定理：

(ⅰ) $\displaystyle\lim_{k \to \infty}\int_{-\pi}^{\pi}f(x)\cos kxdx = 0$ (ⅱ) $\displaystyle\lim_{k \to \infty}\int_{-\pi}^{\pi}f(x)\sin kxdx = 0$

が導けるんだね。

　次，周期 2π の区分的に滑らかな周期関数 $f(x)$ に対して，そのフーリ
エ級数 $\sum_{k=0}^{\infty}\alpha_k u_k(x)$ は平均収束するので，③′ の式は，

$$\lim_{N \to \infty}I_N^2 = \int_{-\pi}^{\pi}\{f(x) - \sum_{k=0}^{\infty}\alpha_k u_k(x)\}^2 dx = \|f(x)\|^2 - \sum_{k=0}^{\infty}\alpha_k^2 = 0 \quad となる。$$

ここでは，極限と積分の操作の順序を変えられるものとした。

これから，次の "パーシヴァル (Parseval) の等式"：

$\|f(x)\|^2 = \sum_{k=0}^{\infty}\alpha_k^2$ ……⑤　が導ける。

この⑤のパーシヴァルの等式が成り立つとき，正規直交関数系 $\{u_k(x)\}$ は
"完全である" という。

このとき，$\{u_k(x)\} = \left\{\dfrac{1}{\sqrt{2\pi}}, \dfrac{\cos x}{\sqrt{\pi}}, \dfrac{\sin x}{\sqrt{\pi}}, \dfrac{\cos 2x}{\sqrt{\pi}}, \dfrac{\sin 2x}{\sqrt{\pi}}, \cdots\right\}$ の正規
直交関数系以外の区分的に滑らかで，かつ連続な正規直交関数は存在しな
いことになる。つまり，無限個ではあるが，$\{u_k(x)\}$ のみで，任意の区分
的に滑らかな周期関数 $f(x)$ を表すことができるんだ。

　たとえば，$\{u_k(x)\}$ 以外に区分的に滑らかで連続な正規直交関数 $g(x)$ が
存在したとしよう。$g(x)$ は $\{u_k(x)\}$ の各関数と直交するので，
$(g, u_k) = 0$ ……⑥　となる。

周期 2π の区分的に滑らかな周期関数 $f(x)$ が，この $g(x)$ と $\{u_k(x)\}$ のフー
リエ級数で展開されるとすると，

$$f(x) = \gamma g(x) + \sum_{k=0}^{\infty}\alpha_k u_k(x) \quad (\gamma：0 でない定数係数) \quad となる。よって，$$

$$\|f(x)\|^2 = \int_{-\pi}^{\pi}\{\gamma g(x) + \sum_{k=0}^{\infty}\alpha_k u_k(x)\}^2 dx$$

$$\gamma^2\{g(x)\}^2 + 2\gamma g(x)\sum_{k=0}^{\infty}\alpha_k u_k(x) + \{\sum_{k=0}^{\infty}\alpha_k u_k(x)\}^2$$

$$= \gamma^2\int_{-\pi}^{\pi}\{g(x)\}^2 dx + 2\gamma\sum_{k=0}^{\infty}\alpha_k\int_{-\pi}^{\pi}g(x)u_k(x)dx + \int_{-\pi}^{\pi}\{\sum_{k=0}^{\infty}\alpha_k u_k(x)\}^2 dx$$

$\|g(x)\|^2$　$(g, u_k) = 0 \ (\because ⑥)$　$\sum_{k=0}^{\infty}\alpha_k^2$

P85(ⅱ) の積分と同様

$$\therefore \|f(x)\|^2 = \gamma^2 \|g(x)\|^2 + \sum_{k=0}^{\infty} \alpha_k{}^2$$

ここで，パーシヴァルの等式：$\|f(x)\|^2 = \sum_{k=0}^{\infty} \alpha_k{}^2$ ……⑤ と比較して，

$$\gamma^2 \|g(x)\|^2 = 0 \qquad ここで，\gamma = \int_{-\pi}^{\pi} f(x)g(x)dx \neq 0 \quad より，$$

$$\|g(x)\|^2 = 0 \quad となる。$$

これを "零関数（ゼロかんすう）" と呼ぶ。

よって，$g(x)$ は連続関数なので，恒等的に $g(x) = 0$ となってしまう。この零関数を，正規直交関数系 $\{u_k(x)\}$ に加えるのは無意味だね。よって，$f(x)$ は正規直交関数系 $\{u_k(x)\}$ のみのフーリエ級数で表されることが分かる。納得いった？

それでは，この "パーシヴァルの等式" を使って，無限級数の公式を導いてみよう。

例題 7

周期 2π の周期関数 $f(x) = \begin{cases} -\dfrac{\pi}{4} & (-\pi < x < 0) \\ \dfrac{\pi}{4} & (0 < x < \pi) \end{cases}$ をフーリエ級数に

展開すると，$f(x) = \sin x + \dfrac{\sin 3x}{3} + \dfrac{\sin 5x}{5} + \cdots$ となる。このとき

$\dfrac{1}{1^2} + \dfrac{1}{3^2} + \dfrac{1}{5^2} + \cdots = \dfrac{\pi^2}{8}$ ……(*) が成り立つことを，パーシヴァルの等式を用いて示してみよう。

このフーリエ級数の問題は，例題 2 (P28) と端点は多少異なるが，本質的には同じ問題だね。$f(x)$ のフーリエ級数展開の式：

$$f(x) = \sin x + \frac{\sin 3x}{3} + \frac{\sin 5x}{5} + \cdots \quad \cdots\cdots(a)$$

にパーシヴァルの等式 $\|f(x)\|^2 = \sum_{k=0}^{\infty} \alpha_k{}^2$ ……⑤ を当てはめてみよう。

まず，$f(x)$ を正規直交関数系 $\{u_k(x)\} = \left\{ \dfrac{1}{\sqrt{2\pi}}, \dfrac{\cos x}{\sqrt{\pi}}, \dfrac{\sin x}{\sqrt{\pi}}, \dfrac{\cos 2x}{\sqrt{\pi}}, \dfrac{\sin 2x}{\sqrt{\pi}}, \cdots \right\}$ で級数展開した形で考えると，(a)は，

$$f(x) = \boxed{0} \cdot \frac{1}{\sqrt{2\pi}} + \boxed{0} \cdot \frac{\cos x}{\sqrt{\pi}} + \boxed{\frac{\sqrt{\pi}}{1}} \cdot \frac{\sin x}{\sqrt{\pi}} + \boxed{0} \cdot \frac{\cos 2x}{\sqrt{\pi}} + \boxed{0} \cdot \frac{\sin 2x}{\sqrt{\pi}}$$

$$\underset{\alpha_0}{} \quad \underset{\alpha_1}{} \quad \underset{\alpha_2}{} \quad \underset{\alpha_3}{} \quad \underset{\alpha_4}{}$$

$$+ \boxed{0} \cdot \frac{\cos 3x}{\sqrt{\pi}} + \boxed{\frac{\sqrt{\pi}}{3}} \cdot \frac{\sin 3x}{\sqrt{\pi}} + \boxed{0} \cdot \frac{\cos 4x}{\sqrt{\pi}} + \boxed{0} \cdot \frac{\sin 4x}{\sqrt{\pi}}$$

$$\underset{\alpha_5}{} \quad \underset{\alpha_6}{} \quad \underset{\alpha_7}{} \quad \underset{\alpha_8}{}$$

$$+ \boxed{0} \cdot \frac{\cos 5x}{\sqrt{\pi}} + \boxed{\frac{\sqrt{\pi}}{5}} \cdot \frac{\sin 5x}{\sqrt{\pi}} + \cdots\cdots \text{(a)}'$$

$$\underset{\alpha_9}{} \quad \underset{\alpha_{10}}{}$$

となる。よって，⑤の右辺は，

$$(\text{⑤の右辺}) = \sum_{k=0}^{\infty} \alpha_k{}^2 = \alpha_2{}^2 + \alpha_6{}^2 + \alpha_{10}{}^2 + \alpha_{14}{}^2 + \cdots$$
$$= \frac{\pi}{1^2} + \frac{\pi}{3^2} + \frac{\pi}{5^2} + \frac{\pi}{7^2} + \cdots$$
$$= \pi\left(\frac{1}{1^2} + \frac{1}{3^2} + \frac{1}{5^2} + \frac{1}{7^2} + \cdots\right) \quad \text{となる。}$$

次に，⑤の左辺は，

$$(\text{⑤の左辺}) = \|f(x)\|^2 = \int_{-\pi}^{\pi} \{f(x)\}^2 dx$$
$$= \int_{-\pi}^{0}\left(-\frac{\pi}{4}\right)^2 dx + \int_{0}^{\pi}\left(\frac{\pi}{4}\right)^2 dx = \frac{\pi^2}{16}\int_{-\pi}^{\pi} 1 \cdot dx$$
$$= \frac{\pi^2}{16}[x]_{-\pi}^{\pi} = \frac{\pi^2}{16} \cdot 2\pi = \frac{\pi^3}{8} \quad \text{となる。}$$

以上より，パーシヴァルの等式を用いると，

$$\pi\left(\frac{1}{1^2} + \frac{1}{3^2} + \frac{1}{5^2} + \frac{1}{7^2} + \cdots\right) = \frac{\pi^3}{8} \quad \text{より，} \qquad \boxed{\sum_{k=0}^{\infty}\alpha_k{}^2 = \|f\|^2}$$

$$\frac{1}{1^2} + \frac{1}{3^2} + \frac{1}{5^2} + \frac{1}{7^2} + \cdots = \frac{\pi^2}{8} \quad\cdots\cdots(*) \quad \text{が成り立つ。}$$

このように，パーシヴァルの等式を利用すれば，重要な無限級数の公式を導くことが出来るんだね。面白いだろう？ この続きは演習問題と実践問題でやろう。

それでは，この後いよいよ，フーリエ級数の不連続点で起こる不思議な**"ギブス（*Gibbs*）の現象"**について解説しよう。

● ギブスの現象を調べよう！

区分的に滑らかな周期関数 $f(x)$ をフーリエ級数に展開するとき，その不連続点で上下にツノが残ることが分かっている。これを "**ギブス (Gibbs) の現象**" と呼ぶことについては既に話した。ここでは，例題 **2** や **7** の例を使って，この現象を詳しく調べることにしよう。

周期 2π の周期関数 $f(x) = \begin{cases} -\dfrac{\pi}{4} & (-\pi < x < 0) \\ \dfrac{\pi}{4} & (0 < x < \pi) \end{cases}$ をフーリエ級数に展開

すると，例題 **2 (P28)** から，

$$f(x) = \sin x + \frac{\sin 3x}{3} + \frac{\sin 5x}{5} + \frac{\sin 7x}{7} + \cdots \quad \cdots\cdots ①$$

となることが分かっている。ここで，この初項から N 項までの部分和でできた関数を $f_N(x)$ とおくと，

$$f_N(x) = \sin x + \frac{\sin 3x}{3} + \frac{\sin 5x}{5} + \cdots + \frac{\sin(2N-1)x}{2N-1} \quad \cdots\cdots ② \quad \text{となる。}$$

この②の N をかなり大きな自然数にとったときのグラフのイメージを図 **2** に示す。$y = f_N(x)$ は滑らかな曲線を描いて，不連続点 $x = 0$ の前後で極小値と極大値をとることが分かるだろう。

このグラフを次のように人間的に (?) 解釈することもできる。「$y = f_N(x)$ は不連続点 $x = 0$ に近づくと動揺が見え始め，不連続点の直前で少し下がって (極小値をとって) 勢いを付けて，ピョ〜ンとジャンプする。そして，今度は

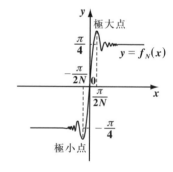

図 **2** ギブスの現象

飛び過ぎて (極大値をとって) しまったので，所定の位置に戻り，安心感から動揺も収まって一定になる。」って感じだね。このように $y = f_N(x)$ の気持ち (??) になると，この極小点や極大点をとるのも当然の動きのように思えるだろう。

ここで，$N \to \infty$ と N をどんなに大きくしても，この極小点と極大点は消えず，ツノのような形が残る。これが，フーリエ級数の "**ギブスの現象**" の正体なんだ。

ここで，$y = f_N(x)$ は奇関数なので，これからまず $x = 0$ 付近の極大値

> 極小値は，極大値の符号が ⊖ に変わるだけだ。

を求めてみよう。そして，$N \to \infty$ としたときのこの極大値の極限を調べれ
ばいいんだね。

② を x で微分すると，

$f_N{}'(x) = \cos x + \cos 3x + \cos 5x + \cos 7x + \cdots + \cos(2N-1)x$ ……③　となる。

$x = m\pi$（m：整数）で $f_N(x)$ は極値をとらないので，$\sin x \neq 0$ とすると ③

はさらに，$f_N{}'(x) = \dfrac{\sin 2Nx}{2\sin x}$ ……③′（$x \neq m\pi$, m は整数）　と変形できる。

何故こうなるか分からないって？　種明かしをしておこう。

③′の両辺に $2\sin x$ をかけてみる。すると，

$2\sin x \cdot f_N{}'(x) = 2\sin x \cdot \{\cos x + \cos 3x + \cos 5x + \cdots + \cos(2N-1)x\}$

$\qquad = \underbrace{2\sin x \cos x} + \underbrace{2\sin x \cos 3x} + \underbrace{2\sin x \cos 5x} + \cdots + \underbrace{2\sin x \cos(2N-1)x}$

| $\sin 2x$ | $\begin{array}{c}\sin 4x + \sin(-2x) \\ = \sin 4x - \sin 2x\end{array}$ | $\begin{array}{c}\sin 6x + \sin(-4x) \\ = \sin 6x - \sin 4x\end{array}$ | $\begin{array}{c}\sin 2Nx + \sin(-2N+2)x \\ = \sin 2Nx - \sin 2(N-1)x\end{array}$ |

2 倍角の公式

積→和の公式：$2\sin\alpha\cos\beta = \sin(\alpha+\beta) + \sin(\alpha-\beta)$

$\qquad = \sin 2x + (\sin 4x - \sin 2x) + (\sin 6x - \sin 4x) + \cdots + \{\sin 2Nx - \sin 2(N-1)x\}$

$\qquad = \sin 2Nx$　となる。この両辺を $2\sin x(\neq 0)$ で割ると ③′ になる。

ここで，$f_N{}'(x) = 0$ のとき，$\sin 2Nx = 0$ より，　　$2Nx = n\pi$（n：整数）

$\therefore x = \dfrac{n\pi}{2N}$ ……④ となる。　（ただし，$x \neq m\pi$ より，$n \neq 2Nm$）

図 2 に示すように，不連続点 $x = 0$ の正側の付近で $f_N(x)$ が極大となる x
の値は ④ に $n = 1$ を代入したものである。

よって，$f_N(x)$ は $x = \dfrac{\pi}{2N}$ で，次の極大値をとる。

$$f_N\left(\dfrac{\pi}{2N}\right) = \sin\dfrac{\pi}{2N} + \dfrac{\sin\dfrac{3\pi}{2N}}{3} + \dfrac{\sin\dfrac{5\pi}{2N}}{5} + \cdots + \dfrac{\sin\dfrac{(2N-1)\pi}{2N}}{2N-1} \quad \text{……⑤}$$

さァ，後は $N \to \infty$ としたときのこの極大値の極限を調べれば，それから
ギブスの現象（ツノ）の大きさを評価できるんだね。$\displaystyle\lim_{N\to\infty} f_N\left(\dfrac{\pi}{2N}\right)$ を求め
るには，高校数学の範囲になるけれど "区分求積法" の考え方が有効だ。
まず，この基本事項を復習しておこう。

$$\lim_{n \to \infty} \frac{1}{n} \sum_{k=1}^{n} f\left(\frac{k}{n}\right) = \int_0^1 f(x)\,dx$$

図(a) n 区間に分けた長方形

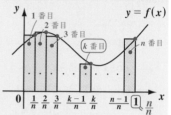

これは，$y = f(x)$ と x 軸，$x = 0$，$x = 1$ で囲まれた部分を，n 等分に切って，その右肩の y 座標が $y = f(x)$ の y 座標と一致する n 個の長方形を作ったと考えよう。（図(a)）

このうち，k 番目の長方形の面積 S_k は，図(b)から，$S_k = \dfrac{1}{n} f\left(\dfrac{k}{n}\right)$ $(k = 1,\ 2,\ \cdots,\ n)$ より，この S_1，S_2，$\cdots$，S_n の和をとると，$\displaystyle\sum_{k=1}^{n} S_k = \sum_{k=1}^{n} \frac{1}{n} f\left(\frac{k}{n}\right) = \frac{1}{n} \sum_{k=1}^{n} f\left(\frac{k}{n}\right)$ となる。ここで，$n \to \infty$ とすると，

図(b) k 番目の長方形

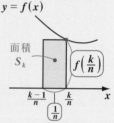

$\dfrac{1}{n} \displaystyle\sum_{k=1}^{n} f\left(\frac{k}{n}\right)$ が，$\displaystyle\lim_{n \to \infty} \frac{1}{n} \sum_{k=1}^{n} f\left(\frac{k}{n}\right) = \int_0^1 f(x)\,dx$ になる。

ギザギザがある

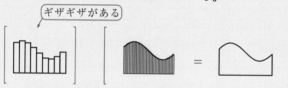

$n \to \infty$ にすると，このギザギザが小さくなって気にならなくなる。

よって，⑤を変形して，

$$f_N\left(\frac{\pi}{2N}\right) = \frac{1}{2} \cdot \frac{\pi}{N}\left(\frac{\sin\dfrac{\pi}{2N}}{\dfrac{\pi}{2N}} + \frac{\sin\dfrac{3\pi}{2N}}{\dfrac{3\pi}{2N}} + \frac{\sin\dfrac{5\pi}{2N}}{\dfrac{5\pi}{2N}} + \cdots + \frac{\sin\dfrac{(2N-1)\pi}{2N}}{\dfrac{(2N-1)\pi}{2N}}\right) \cdots ⑤'$$

となる。⑤' の "〜〜〜" 部は，$y = g(x) = \dfrac{\sin x}{x}$ $(0 < x \leqq \pi)$ と x 軸と y 軸で囲まれた図形を，右図のように N 等分に切って，その中央の y 座標が，$y = g(x)$ の y 座標と一致する N 個の長方形の面積の総和を表している。よって，$N \to \infty$ とすると，これは積分値

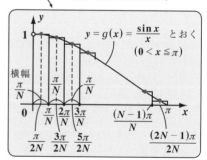

$y = g(x) = \dfrac{\sin x}{x}$ とおく $(0 < x \leqq \pi)$

横幅 $\dfrac{\pi}{N}$

$$\int_0^\pi g(x)dx = \int_0^\pi \frac{\sin x}{x}dx \quad \text{と一致する。} \longleftarrow \boxed{\text{区分求積法の応用だね。}}$$

以上より，⑤´ の両辺の $N \to \infty$ の極限を求めると，

$$\lim_{N \to \infty} f_N\left(\frac{\pi}{2N}\right) = \frac{1}{2}\int_0^\pi \frac{\sin x}{x}dx \cdots\cdots ⑥ \quad \text{となる。}$$

ここで，⑥の定積分は，$\sin x$ のマクローリン展開：

$$\sin x = x - \frac{x^3}{3!} + \frac{x^5}{5!} - \frac{x^7}{7!} + \cdots$$ を用いると，数値的に次のように簡単に求められる。

$$\int_0^\pi \left(1 - \frac{x^2}{3!} + \frac{x^4}{5!} - \frac{x^6}{7!} + \cdots\right)dx = \left[x - \frac{x^3}{3 \cdot 3!} + \frac{x^5}{5 \cdot 5!} - \frac{x^7}{7 \cdot 7!} + \cdots\right]_0^\pi$$

$$= \pi - \frac{\pi^3}{3 \cdot 3!} + \frac{\pi^5}{5 \cdot 5!} - \frac{\pi^7}{7 \cdot 7!} + \cdots = 1.8519\cdots$$

$\boxed{\text{これは 20 項程度の和で，ほぼ収束する。}}$

よって，これを約 1.852 とおくと⑥は，

$$\lim_{N \to \infty} f_N\left(\frac{\pi}{2N}\right) = \frac{1}{2} \times 1.852 = 0.926$$

となる。

図 3 より，$0.926 - \frac{\pi}{4} \fallingdotseq 0.1406$ がギブスの現象，いわゆるツノの大きさで，これは本来の左右両極限値の差

$\frac{\pi}{2}\left[= \frac{\pi}{4} - \left(-\frac{\pi}{4}\right)\right]$ に対して，

$\dfrac{0.1406}{\dfrac{\pi}{2}} \fallingdotseq 0.09$，すなわち約 <u>9%</u> に相当する。

図 3　ギブスの現象

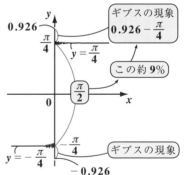

これは，今回の例だけでなく，一般に不連続部におけるギブスの現象（ツノ）の大きさは，本来の左右両極限値の差の約 9% であることが知られている。つまり，不連続点のフーリエ級数では，上下にこの約 9% のツノが出ることになるんだ。

これで，ギブスの現象についても，よく理解できたと思う。

周期 2π の周期関数 $f(x) = \dfrac{1}{2}x^2 \ (-\pi < x \leqq \pi)$ をフーリエ級数で展開すると，

$$f(x) = \frac{1}{2}x^2 = \frac{\pi^2}{6} + 2\sum_{k=1}^{\infty} \frac{(-1)^k}{k^2}\cos kx \ \cdots\cdots① \quad となる。$$

演習問題 1 (P40)

これから $\dfrac{1}{1^4} + \dfrac{1}{2^4} + \dfrac{1}{3^4} + \dfrac{1}{4^4} + \cdots = \dfrac{\pi^4}{90} \ \cdots\cdots(*1)$ が成り立つことを示せ。

ヒント！　①を正規直交関数系 $\{u_k(x)\}$ で展開して，パーシヴァルの等式 $\|f(x)\|^2 = \sum_{k=0}^{\infty}\alpha_k^2$ を利用すれば，$(*1)$ が導けるんだね。

解答＆解説

周期関数 $f(x)$ を，正規直交関数系 $\{u_k(x)\} =$

$$\left\{\frac{1}{\sqrt{2\pi}}, \ \frac{\cos x}{\sqrt{\pi}}, \ \frac{\sin x}{\sqrt{\pi}}, \ \frac{\cos 2x}{\sqrt{\pi}}, \ \frac{\sin 2x}{\sqrt{\pi}}, \ \cdots\right\}$$ を

使って展開すると，①より，

$$f(x) = \underbrace{\frac{\pi^2}{6}\cdot\sqrt{2\pi}}_{\alpha_0}\cdot\frac{1}{\sqrt{2\pi}} + \sum_{k=1}^{\infty}\underbrace{\frac{2(-1)^k\cdot\sqrt{\pi}}{k^2}}_{\alpha_{2k-1}}\cdot\frac{\cos kx}{\sqrt{\pi}} \quad となる。$$

今回，$\dfrac{\sin kx}{\sqrt{\pi}}$ の係数 α_{2k} は，$\alpha_{2k} = 0 \ (k=1, 2, \cdots)$ となる。

$$\therefore \sum_{k=0}^{\infty}\alpha_k^2 = \underbrace{\left(\frac{\pi^2}{6}\cdot\sqrt{2\pi}\right)^2}_{\alpha_0^2} + \sum_{k=1}^{\infty}\underbrace{\left\{\frac{2(-1)^k\cdot\sqrt{\pi}}{k^2}\right\}^2}_{\alpha_{2k-1}^2} = \frac{\pi^5}{18} + \sum_{k=1}^{\infty}\frac{4\pi}{k^4} \ \cdots\cdots②$$

（ただし，α_k は $\{u_k(x)\}$ によるフーリエ級数展開の係数）

次に，$f(x)$ のノルムの 2 乗は，

$$\|f(x)\|^2 = \int_{-\pi}^{\pi}\{f(x)\}^2 dx = \frac{1}{4}\int_{-\pi}^{\pi}x^4 dx = \frac{1}{20}\left[x^5\right]_{-\pi}^{\pi} = \overset{\pi^5-(-\pi)^5}{\frac{2\pi^5}{20}} = \frac{\pi^5}{10} \ \cdots\cdots③$$

以上②，③をパーシヴァルの等式：$\sum_{k=0}^{\infty}\alpha_k^2 = \|f(x)\|^2$ に代入して，

$$\frac{\pi^5}{18} + 4\pi\sum_{k=1}^{\infty}\frac{1}{k^4} = \frac{\pi^5}{10} \qquad 4\pi\sum_{k=1}^{\infty}\frac{1}{k^4} = \left(\frac{1}{10} - \frac{1}{18}\right)\pi^5 = \frac{4\pi^5}{90}$$

$$\therefore \sum_{k=1}^{\infty}\frac{1}{k^4} = \frac{1}{1^4} + \frac{1}{2^4} + \frac{1}{3^4} + \frac{1}{4^4} + \cdots = \frac{\pi^4}{90} \ \cdots\cdots(*1) \quad は成り立つ。$$

実践問題 3　　　　● パーシヴァルの等式 ●

周期 2π の周期関数 $g(x) = x\ (-\pi < x < \pi)$ を，フーリエ級数で展開

すると，$g(x) = x = 2\displaystyle\sum_{k=1}^{\infty} \frac{(-1)^{k+1}}{k}\sin kx$ ……① となる。← 実践問題 1 (P42)

これから，$\dfrac{1}{1^2} + \dfrac{1}{2^2} + \dfrac{1}{3^2} + \dfrac{1}{4^2} + \cdots = \dfrac{\pi^2}{6}$ ……(＊2)　が成り立つことを示せ。

ヒント！　①を正規直交関数系 $\{u_k(x)\}$ で展開して，パーシヴァルの等式を用いればいいんだね。

解答＆解説

周期関数 $g(x)$ を，正規直交関数系 $\{u_k(x)\} =$

$\left\{ \dfrac{1}{\sqrt{2\pi}},\ \dfrac{\cos x}{\sqrt{\pi}},\ \dfrac{\sin x}{\sqrt{\pi}},\ \dfrac{\cos 2x}{\sqrt{\pi}},\ \dfrac{\sin 2x}{\sqrt{\pi}},\ \cdots \right\}$ を

使って展開すると，①より，

$g(x) = \displaystyle\sum_{k=1}^{\infty} \underbrace{\boxed{\dfrac{2(-1)^{k+1}\sqrt{\pi}}{k}}}_{\alpha_{2k}} \cdot \boxed{(ア)}$ となる。←

今回，$\dfrac{1}{\sqrt{2\pi}}$ と $\dfrac{\cos kx}{\sqrt{\pi}}$ の係数 α_0 と α_{2k-1} は，$\alpha_0 = \alpha_{2k-1} = 0\ (k = 1,\ 2,\ 3,\ \cdots)$ となる。

$\therefore \displaystyle\sum_{k=0}^{\infty} \alpha_k{}^2 = \sum_{k=1}^{\infty} \left\{ \dfrac{2(-1)^{k+1}\sqrt{\pi}}{k} \right\}^2 = \sum_{k=1}^{\infty} \boxed{(イ)}$ ……②

（ただし，α_k は $\{u_k(x)\}$ によるフーリエ級数展開の係数）

次に，$g(x)$ のノルムの 2 乗は，

$\| g(x) \|^2 = \displaystyle\int_{-\pi}^{\pi} \{g(x)\}^2 dx = \int_{-\pi}^{\pi} x^2 dx = \dfrac{1}{3}\Big[x^3\Big]_{-\pi}^{\pi} = \boxed{(ウ)}$ ……③

以上②，③を，パーシヴァルの等式：$\boxed{(エ)}$　に代入して，

$4\pi \displaystyle\sum_{k=1}^{\infty} \dfrac{1}{k^2} = \dfrac{2}{3}\pi^3$ 　　　 $\displaystyle\sum_{k=1}^{\infty} \dfrac{1}{k^2} = \dfrac{2}{3}\pi^3 \times \dfrac{1}{4\pi} = \boxed{(オ)}$

$\therefore \displaystyle\sum_{k=1}^{\infty} \dfrac{1}{k^2} = \dfrac{1}{1^2} + \dfrac{1}{2^2} + \dfrac{1}{3^2} + \dfrac{1}{4^2} + \cdots = \dfrac{\pi^2}{6}$ ……(＊2)　は成り立つ。

....

解答　(ア) $\dfrac{\sin kx}{\sqrt{\pi}}$ 　　　　(イ) $\dfrac{4\pi}{k^2}$ 　　　　　(ウ) $\dfrac{2}{3}\pi^3$

(エ) $\displaystyle\sum_{k=0}^{\infty} \alpha_k{}^2 = \| g(x) \|^2$ 　　　(オ) $\dfrac{\pi^2}{6}$

§3. フーリエ級数の項別微分と項別積分

区分的に滑らかな周期関数 $f(x)$ は，フーリエ級数に展開できる。しかし，$f(x)$ を x で微分したものと，そのフーリエ級数を項別に微分したものとは一致するのか？ さらに，$f(x)$ を x で積分したものとそのフーリエ級数を項別に積分したものとは一致するのか？ 興味深いテーマだね。今回は，この "フーリエ級数の項別微分と項別積分" について詳しく解説しよう。

今回も理論的な解説が多くて，大変に思えるかも知れないね。でも，これでフーリエ級数に対する理解がさらに深まるはずだ。また分かりやすく解説するから，肩の力を抜いて，楽しみながらマスターしていこう！

● **フーリエ級数を項別微分・項別積分できる条件を押さえよう！**

周期 2π の区分的に滑らかな周期関数 $f(x)$ と，そのフーリエ級数について，項別微分と項別積分の条件を下に示そう。

フーリエ級数の項別微分と項別積分

周期 2π の区分的に滑らかな周期関数 $f(x)$ が，

$$f(x) = \frac{a_0}{2} + \sum_{k=1}^{\infty} (a_k \cos kx + b_k \sin kx) \quad \cdots\cdots①$$

のように，フーリエ級数展開されているとき，

（Ⅰ）$f(x)$ が区分的に滑らかで，かつ連続であれば，①の右辺は項別に微分できて，それは $f'(x)$ のフーリエ級数に一致する。

$$\therefore f'(x) = \sum_{k=1}^{\infty} (-ka_k \sin kx + kb_k \cos kx) \quad \cdots\cdots②$$

（Ⅱ）$f(x)$ は区分的に滑らかであるので，①の右辺は積分区間 $[-\pi, x]$ で項別に積分できて，それは $\displaystyle\int_{-\pi}^{x} f(t)\,dt$ のフーリエ級数と一致する。

> x と区別するため，積分変数を t とした。

$$\therefore \int_{-\pi}^{x} f(t)\,dt = \frac{a_0}{2}(x+\pi) + \sum_{k=1}^{\infty} \frac{1}{k}\{a_k \sin kx - b_k(\cos kx - \cos k\pi)\}$$
$$\cdots\cdots③$$

これだけではピンとこないだろうから，これから詳しく解説しよう。

(Ⅰ) まず，フーリエ級数の項別微分について，

$f(x)$ が区分的に滑らかで，かつ連続な関数であれば，そのフーリエ級

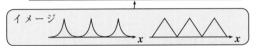

数は $f(x)$ に一様収束することが分かっている。そして，無限級数が一様
収束するときは項別微分が可能となるので，①の両辺を x で微分して，

$$f'(x) = \left\{ \frac{a_0}{2} + \sum_{k=1}^{\infty} (a_k \cos kx + b_k \sin kx) \right\}' = \sum_{k=1}^{\infty} \left\{ (a_k \cos kx)' + (b_k \sin kx)' \right\}$$

$$\left\{ (a_1\cos x + b_1\sin x) + (a_2\cos 2x + b_2\sin 2x) + \cdots \right\}' = (a_1\cos x)' + (b_1\sin x)' + (a_2\cos 2x)' + (b_2\sin 2x)' + \cdots$$

項別微分

$$\therefore f'(x) = \sum_{k=1}^{\infty} (-ka_k \sin kx + kb_k \cos kx) \quad \cdots\cdots② \quad \text{となるんだね。}$$

(Ⅱ) 次，フーリエ級数の項別積分について，

項別積分できるための条件としては，$f(x)$ が区分的に連続であれば
いいんだけれど，$f(x)$ は①のようにフーリエ級数で表される関数だ
から，もっと厳しい区分的に滑らかな条件をみたしているんだね。

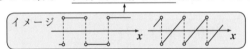

よって，$f(x)$ は区分的に滑らかな関数なので，そのフーリエ級数は

積分区間 $[-\pi, x]$ で項別に積分できて，それは $\int_{-\pi}^{x} f(t)\,dt$ と一致する。

この x が $-\pi \leqq x \leqq \pi$ の1周期分の範囲を動く。 | x と区別するために積分変数を t とおいた。

よって，①の両辺の変数を t で表し，これらを区間 $[-\pi, x]$ で積分すると，

$$\int_{-\pi}^{x} f(t)\,dt = \int_{-\pi}^{x} \left\{ \frac{a_0}{2} + \sum_{k=1}^{\infty} (a_k \cos kt + b_k \sin kt) \right\} dt$$

項別積分

$$= \int_{-\pi}^{x} \frac{a_0}{2}\,dt + \sum_{k=1}^{\infty} \left(a_k \int_{-\pi}^{x} \cos kt\,dt + b_k \int_{-\pi}^{x} \sin kt\,dt \right)$$

$$\left[\frac{a_0}{2} t \right]_{-\pi}^{x} = \frac{a_0}{2}(x+\pi) \quad \left| \quad \frac{1}{k}\left[\sin kt \right]_{-\pi}^{x} = \frac{1}{k}\sin kx \quad \right| \quad -\frac{1}{k}\left[\cos kt \right]_{-\pi}^{x} = -\frac{1}{k}(\cos kx - \cos k\pi)$$

$$\therefore \int_{-\pi}^{x} f(t)\,dt = \frac{a_0}{2}(x+\pi) + \sum_{k=1}^{\infty} \frac{1}{k}\left\{ a_k \sin kx - b_k(\cos kx - \cos k\pi) \right\} \quad \cdots\cdots③$$

となるんだね。

(Ⅱ) のフーリエ級数の項別積分の公式③は，次のように導くことができるので紹介しておこう。

周期 2π の区分的に滑らかな周期関数 $f(x)$ が，次のようにフーリエ級数で表されているものとする。

$$f(x) = \frac{a_0}{2} + \sum_{k=1}^{\infty} (a_k \cos kx + b_k \sin kx) \quad \cdots\cdots (a)$$

また，$F(x) = \displaystyle\int_{-\pi}^{x} f(t)\, dt$ とおくと，$F'(x) = f(x)$ $\cdots\cdots$(b) となる。

ここで，新たに $G(x)$ を $G(x) = F(x) - \dfrac{a_0}{2}x$ と定義すると，

> $F(x)$ から x の 1 次式 $\dfrac{a_0}{2}x$ を除いて，$G(x)$ をフーリエ級数展開できる形の関数にする。

$$G(x) = F(x) - \frac{a_0}{2}x = \int_{-\pi}^{x} f(t)\, dt - \frac{a_0}{2}x \quad \cdots\cdots (c)$$

(c)の x に π を代入すると，

$$G(\pi) = \underbrace{\int_{-\pi}^{\pi} f(t)\, dt}_{a_0 \pi} - \frac{a_0}{2}\pi = \frac{a_0}{2}\pi \quad \cdots\cdots (d)$$

> $a_0 = \dfrac{1}{\pi}\displaystyle\int_{-\pi}^{\pi} f(t)\, dt$ だからね。

ここで，$G(x+2\pi)$ を調べると，(c)より，

$$G(x+2\pi) = \underbrace{\int_{-\pi}^{x+2\pi} f(t)\, dt}_{} - \frac{a_0}{2}(x+2\pi)$$

> $\underbrace{\displaystyle\int_{-\pi}^{x} f(t)\, dt + \underbrace{\int_{x}^{x+2\pi} f(t)\, dt}_{\displaystyle\int_{-\pi}^{\pi} f(t)\, dt}}$
>
> $f(t)$ は周期 2π の周期関数だから。

$$= \int_{-\pi}^{x} f(t)\, dt + \underbrace{\int_{-\pi}^{\pi} f(t)\, dt}_{a_0 \pi} - \frac{a_0}{2}(x+2\pi)$$

$$= \int_{-\pi}^{x} f(t)\, dt - \frac{a_0}{2}x = G(x) \quad (\text{(c)より})$$

$\therefore G(x+2\pi) = G(x)$ となって，$G(x)$ は周期 2π の周期関数だ。

しかも，$f(x)$ が区分的に滑らかな関数なので，これを積分した $F(x) = \displaystyle\int_{-\pi}^{x} f(t)\, dt$ や $G(x) = F(x) - \dfrac{a_0}{2}x$ は，共に区分的に滑らかで，かつ連続な関数になる。

よって，$G(x)$ は，次のようにフーリエ級数で展開でき，かつそれを項別微分したものは $G'(x)$ に一致する。よって，

$$G(x) = \frac{c_0}{2} + \sum_{k=1}^{\infty}(c_k \cos kx + d_k \sin kx) \quad \cdots\cdots(e)$$

$$G'(x) = \sum_{k=1}^{\infty}(-kc_k \sin kx + kd_k \cos kx) \quad \cdots\cdots(f)$$

(c)の両辺を x で微分すると，

$$G'(x) = \underbrace{F'(x)}_{\boxed{f(x) = \frac{a_0}{2} + \sum_{k=1}^{\infty}(a_k \cos kx + b_k \sin kx) \ ((b),(a)より)}} - \frac{a_0}{2} = \sum_{k=1}^{\infty}(a_k \cos kx + b_k \sin kx) \quad \cdots\cdots(g)$$

(f)と(g)の $\cos kx$ と $\sin kx$ は 1 次独立なので，それぞれの係数を比較して，

$$kd_k = a_k, \ -kc_k = b_k \text{ より，} d_k = \frac{a_k}{k}, \ c_k = -\frac{b_k}{k} \quad \cdots\cdots(h) \quad \text{となる。}$$

(h)を(e)に代入して，

$$G(x) = \frac{c_0}{2} + \sum_{k=1}^{\infty}\frac{1}{k}(a_k \sin kx - b_k \cos kx) \quad \cdots\cdots(i) \quad \text{となる。}$$

ここで，$\dfrac{c_0}{2}$ を a_k，b_k で表すために，(i)の両辺の x に π を代入すると，

$$\begin{cases} G(\pi) = \dfrac{c_0}{2} + \sum_{k=1}^{\infty}\dfrac{1}{k}(a_k \underbrace{\sin k\pi}_{\boxed{0}} - b_k \cos k\pi) \quad \text{また，} \\ G(\pi) = \dfrac{a_0}{2}\pi \quad ((d)より) \end{cases}$$

よって，$\dfrac{c_0}{2} - \sum_{k=1}^{\infty}\dfrac{b_k}{k}\cos k\pi = \dfrac{a_0}{2}\pi$ より，$\dfrac{c_0}{2} = \dfrac{a_0}{2}\pi + \sum_{k=1}^{\infty}\dfrac{b_k}{k}\cos k\pi \quad \cdots\cdots(j)$

(c)より，$F(x) = \dfrac{a_0}{2}x + G(x) \quad \cdots\cdots(c)'$

$\boxed{\text{項別積分の公式}}$

∴(j)を(i)に代入して，これを(c)′に代入すると，次のように③式が導ける。

$$\underbrace{F(x)}_{\boxed{\int_{-\pi}^{x}f(t)dt}} = \frac{a_0}{2}x + \underbrace{\frac{a_0}{2}\pi + \sum_{k=1}^{\infty}\frac{b_k}{k}\cos k\pi}_{\boxed{\frac{c_0}{2}}} + \sum_{k=1}^{\infty}\frac{1}{k}(a_k \sin kx - b_k \cos kx)$$

$$\therefore \int_{-\pi}^{x}f(t)dt = \frac{a_0}{2}(x+\pi) + \sum_{k=1}^{\infty}\frac{1}{k}\{a_k \sin kx - b_k(\cos kx - \cos k\pi)\} \quad \cdots\cdots③$$

証明はかなり大変だったけれど，理解できた？　でも，以上の結果を実践的に利用することの方がもっと重要なんだよ。

● 項別微分と項別積分の問題にチャレンジしよう！

それでは，具体的な例として，演習問題 **1** **(P40)** と実践問題 **1** **(P42)** を対象にフーリエ級数の項別微分，項別積分の計算を実際にやってみよう。

・演習問題 **1** **(P40)**

周期 2π の周期関数 $f(x) = \dfrac{1}{2}x^2$ $(-\pi < x \leqq \pi)$

をフーリエ級数展開すると，

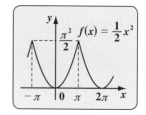

$$\underline{f(x) = \frac{1}{2}x^2 = \frac{\pi^2}{6} + 2\sum_{k=1}^{\infty}\frac{(-1)^k}{k^2}\cos kx} \cdots\cdots ①$$

区分的に滑らかで，かつ連続な関数

・実践問題 **1** **(P42)**

周期 2π の周期関数 $g(x) = x$ $(-\pi < x < \pi)$

をフーリエ級数展開すると，

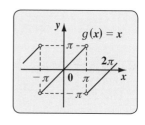

$$\underline{g(x) = x = 2\sum_{k=1}^{\infty}\frac{(-1)^{k+1}}{k}\sin kx} \cdots\cdots ②$$

区分的に滑らかな関数

（Ⅰ）フーリエ級数の項別微分について調べよう。

①の $f(x) = \dfrac{1}{2}x^2$ $(-\pi < x \leqq \pi)$ を x で微分すると，

$f'(x) = \left(\dfrac{1}{2}x^2\right)' = x = g(x)$ となっている。また，$f(x)$ は周期 2π の区分的に滑らかで，かつ連続な関数なので，そのフーリエ級数を項別微分したものは，$f'(x)$，すなわち $g(x)$ のフーリエ級数（②の右辺）に一致するはずだ。確かめてみよう。①の右辺を x で微分すると，

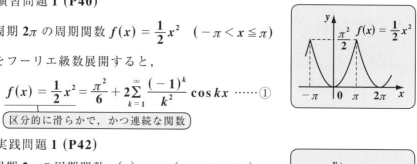

$$(①の右辺)' = \left\{\frac{\pi^2}{6} + 2\sum_{k=1}^{\infty}\frac{(-1)^k}{k^2}\cos kx\right\}' \quad \boxed{項別微分}$$

$$= \underbrace{\left(\frac{\pi^2}{6}\right)'}_{\boxed{0}} + 2\sum_{k=1}^{\infty}\underbrace{\left\{\frac{(-1)^k}{k^2}\cos kx\right\}'}_{\boxed{\frac{(-1)^k}{k^2}\cdot(-1)k\sin kx = \frac{(-1)^{k+1}}{k}\sin kx}} = 2\sum_{k=1}^{\infty}\frac{(-1)^{k+1}}{k}\sin kx$$

となって，②式の $g(x)$ のフーリエ級数と一致することが分かった。大丈夫？

（Ⅱ）次，フーリエ級数の項別積分について調べよう。

②の $g(x) = x$ $(-\pi < x < \pi)$ は，周期 2π の区分的に滑らかな周期関

> 不連続点があってもいい。

数なので，②の両辺の変数 x を t に置換し，積分区間 $[-\pi, \underline{x}]$ で，（項

別）積分できる。

> この x を，$-\pi \leq x \leq \pi$ の1周期の範囲で動かす。

そして，その結果が，①と一致することを示そう。

$$\int_{-\pi}^{x} g(t)\,dt = \underline{\int_{-\pi}^{x} t\,dt} = \int_{-\pi}^{x} \left\{ 2\sum_{k=1}^{\infty} \frac{(-1)^{k+1}}{k} \sin kt \right\} dt$$

よって，

> $\left[\dfrac{1}{2} t^2 \right]_{-\pi}^{x} = \dfrac{1}{2} x^2 - \dfrac{1}{2}(-\pi)^2 = \dfrac{1}{2} x^2 - \dfrac{\pi^2}{2}$

$$\frac{1}{2} x^2 - \frac{\pi^2}{2} = 2\sum_{k=1}^{\infty} \left\{ \underline{\int_{-\pi}^{x} \frac{(-1)^{k+1}}{k} \sin kt\,dt} \right\}$$

> 項別積分

> $\dfrac{(-1)^{k+1}}{k} \displaystyle\int_{-\pi}^{x} \sin kt\,dt = \dfrac{(-1)^{k+1}}{k} \left[-\dfrac{1}{k} \cos kt \right]_{-\pi}^{x} = \dfrac{(-1)^k}{k^2} \left\{ \cos kx - (-1)^k \right\}$
>
> $\cos k\pi$

$$\frac{1}{2} x^2 - \frac{\pi^2}{2} = 2\sum_{k=1}^{\infty} \frac{(-1)^k}{k^2} \left\{ \cos kx - (-1)^k \right\}$$

$$\frac{1}{2} x^2 - \frac{\pi^2}{2} = 2\left\{ \sum_{k=1}^{\infty} \frac{(-1)^k}{k^2} \cos kx - \sum_{k=1}^{\infty} \frac{\boxed{1}}{k^2} \right\}$$

> $(-1)^{2k}$

> 級数公式（P41）

> $\dfrac{1}{1^2} + \dfrac{1}{2^2} + \dfrac{1}{3^2} + \dfrac{1}{4^2} + \cdots = \dfrac{\pi^2}{6}$

$$\underbrace{\frac{1}{2} x^2}_{f(x)} = \frac{\pi^2}{2} + 2\sum_{k=1}^{\infty} \frac{(-1)^k}{k^2} \cos kx - \frac{\pi^2}{3}$$

$$\therefore f(x) = \frac{\pi^2}{6} + 2\sum_{k=1}^{\infty} \frac{(-1)^k}{k^2} \cos kx \quad \cdots\cdots ①\text{が，②の両辺の積分から導けた！}$$

フーリエ級数の項別積分では頻繁に級数の公式が出てくるので，ここ

で復習しておこう。

- $1 - \dfrac{1}{3} + \dfrac{1}{5} - \dfrac{1}{7} + \cdots\cdots = \dfrac{\pi}{4}$

- $\dfrac{1}{1^2} + \dfrac{1}{3^2} + \dfrac{1}{5^2} + \dfrac{1}{7^2} + \cdots = \dfrac{\pi^2}{8}$

- $\dfrac{1}{1^2} + \dfrac{1}{2^2} + \dfrac{1}{3^2} + \dfrac{1}{4^2} + \cdots = \dfrac{\pi^2}{6}$

- $\dfrac{1}{1^2} - \dfrac{1}{2^2} + \dfrac{1}{3^2} - \dfrac{1}{4^2} + \cdots = \dfrac{\pi^2}{12}$

- $\dfrac{1}{1^4} + \dfrac{1}{2^4} + \dfrac{1}{3^4} + \dfrac{1}{4^4} + \cdots = \dfrac{\pi^4}{90}$

以上より，

> ・フーリエ級数展開された周期関数 $f(x)$ は，区分的に滑らかなので，
> そのフーリエ級数を区間 $[-\pi,\ x]$ で項別に積分したものは，$\displaystyle\int_{-\pi}^{x} f(t)\,dt$
> のフーリエ級数と一致する。
> ・フーリエ級数展開された周期関数 $f(x)$ が，区分的に滑らかで，かつ連続
> のとき，そのフーリエ級数を項別に微分したものは，$f'(x)$ のフーリエ
> 級数と一致する。

これらのことをシッカリ頭に入れておこう。

でもここで，不連続点を含む，区分的に滑らかな関数のフーリエ級数
を項別微分したらどうなるか？ 実践問題 **1 (P42)** の周期 2π の周期関数
$g(x)$ を例にとって調べてみよう。

図1（ⅰ）$y = g(x)\ (-\pi < x < \pi)$
のグラフ

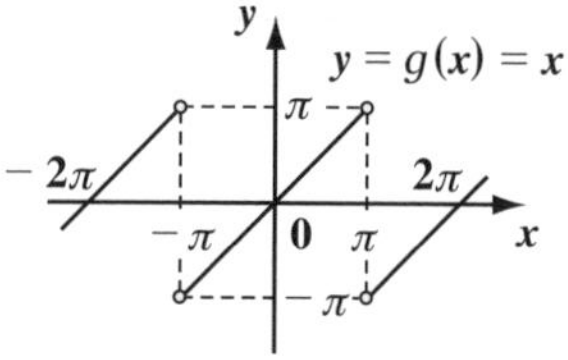

$$g(x) = x \quad (-\pi < x < \pi) \cdots\cdots ②$$

これは，図 **1**（ⅰ）に示すように，$x = \pm\pi$,
$\pm 3\pi$，…で不連続点をもつ，区分的に滑ら
かな周期関数であり，これを不連続点を除
いて微分したものは，当然，

$g'(x) = 1 \quad (-\pi < x < \pi)$ となる。そのグ
ラフは，図 **1**（ⅱ）に示すように，不連続点
を除く，定数関数になる。

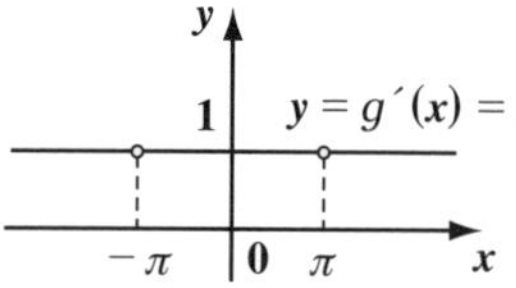

それでは次，②をフーリエ級数展開すると，
次のようになるんだった。

（ⅱ）$y = g'(x) = 1\,(-\pi < x < \pi)$
のグラフ

$$g(x) = x = 2\sum_{k=1}^{\infty} \frac{(-1)^{k+1}}{k}\sin kx = 2\left(\sin x - \frac{\sin 2x}{2} + \frac{\sin 3x}{3} - \frac{\sin 4x}{4} + \cdots\right)$$

このフーリエ級数を $g_f(x)$ とおいて，これを x で項別に微分してみよう。
すると，

> 元の関数 $g(x) = x \quad (-\pi < x < \pi)$ と区別するために，このようにおいた。

$$g_f{}'(x) = \left\{2\sum_{k=1}^{\infty} \frac{(-1)^{k+1}}{k}\sin kx\right\}' = 2\sum_{k=1}^{\infty} \underbrace{\left\{\frac{(-1)^{k+1}}{k}\sin kx\right\}'}_{\displaystyle \frac{(-1)^{k+1}}{k}\,k\cos kx}$$

$$= 2\sum_{k=1}^{\infty} (-1)^{k+1}\cos kx = 2(\cos x - \cos 2x + \cos 3x - \cos 4x + \cdots) \cdots\cdots ②'$$

となって，これは $x = \pm\pi$，$\pm 3\pi$，$\pm 5\pi$，…で明らかに $-\infty$ となって，発
散する関数になる。

> たとえば，$g_f{}'(\pi) = 2(\cos\pi - \cos 2\pi + \cos 3\pi - \cos 4\pi + \cdots)$
> $= 2(-1 - 1 - 1 - 1 - \cdots) = -\infty$ だ。

②′ の $g_f{}'(x)$ の無限級数を，n 項まで
の部分和で近似して，$n=3$，10 とした
ときのグラフを図2（ⅰ），（ⅱ）に示す。

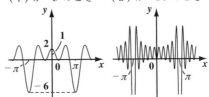

図2　$g_f{}'(x) \fallingdotseq 2\sum_{k=1}^{n}(-1)^{k+1}\cos kx$ のグラフ

（ⅰ）$n=3$ のとき　　（ⅱ）$n=10$ のとき

> ちなみに，$n=100$ のときは，さら
> に周期の短い上下動の激しい関数と
> なって，グラフに表すことが難しい。

これから，$g_f{}'(x)$ は元の $g'(x)=1$ と
はまったく無関係なとんでもない関数になっていることが分かると思う。

　でも，このような異常が生じるところには，実は数学的に実り豊かな
テーマが隠されていることが多いんだよ。事実，今回のこの問題も，"ディ
ラック（*Dirac*）のデルタ関数" $\delta(x)$ や "単位階段関数" という新たな関数
を使って考えると，意味のある結果であることが分かるんだ。これらにつ
いては，次回の講義で詳しく解説することにしよう。楽しみにしてくれ。

　それでは，フーリエ級数の項別微分・項別積分について，次の例題でさ
らに練習しておこう。これまでの例では，周期 2π の周期関数について解
説してきたけれど，今回ここで学習した内容は，より一般的な周期 $2L$ の
周期関数についても当てはまるんだよ。

例題8　周期 **4** の **2** つの周期関数

$$f(x) = \frac{1}{2}x^2 \quad (-2 < x \leqq 2) \quad \text{と} \quad g(x) = x \quad (-2 < x < 2)$$

は，それぞれ次のようにフーリエ級数に展開される。

$$f(x) = \frac{1}{2}x^2 = \frac{2}{3} + \frac{8}{\pi^2}\sum_{k=1}^{\infty}\frac{(-1)^k}{k^2}\cos\frac{k\pi}{2}x \quad \cdots\cdots\text{(a)}$$

演習問題 2（P62）

$$g(x) = x = \frac{4}{\pi}\sum_{k=1}^{\infty}\frac{(-1)^{k+1}}{k}\sin\frac{k\pi}{2}x \quad \cdots\cdots\text{(b)}$$

実践問題 2（P64）

(1) $f(x)$ のフーリエ級数を項別微分したものが，$f'(x)=g(x)$
　　のフーリエ級数と一致することを確かめよう。

(2) $g(x)$ のフーリエ級数を，積分区間 $[-2,\ x]$ で項別積分する
　　ことにより，(a)の式が導けることを確かめよう。

・周期 **4 (L = 2)** の周期関数 $f(x) = \dfrac{1}{2}x^2$ $(-2 < x \leqq 2)$

をフーリエ級数展開すると，

$$f(x) = \frac{1}{2}x^2 = \frac{2}{3} + \frac{8}{\pi^2}\sum_{k=1}^{\infty}\frac{(-1)^k}{k^2}\cos\frac{k\pi}{2}x \quad \cdots\cdots (a)$$

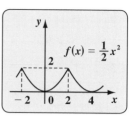

・周期 **4 (L = 2)** の周期関数 $g(x) = x$ $(-2 < x < 2)$

をフーリエ級数展開すると，

$$g(x) = x = \frac{4}{\pi}\sum_{k=1}^{\infty}\frac{(-1)^{k+1}}{k}\sin\frac{k\pi}{2}x \quad \cdots\cdots (b)$$

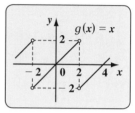

以上のことは，既に演習問題 **2 (P62)**，実践問題 **2 (P64)**
で出した結果だね。

(1) ここで，周期 **4 (L = 2)** の周期関数 $f(x)$ は，区分的に滑らかで，かつ
連続な関数なので，$f(x)$ のフーリエ級数を項別に微分したものは，
$f'(x) = g(x) = x$ $(-2 < x < 2)$ をフーリエ級数に展開した(b)の右辺
と一致するはずだ。

　　$f(x)$ のフーリエ級数を $f_f(x) = \dfrac{2}{3} + \dfrac{8}{\pi^2}\displaystyle\sum_{k=1}^{\infty}\dfrac{(-1)^k}{k^2}\cos\dfrac{k\pi}{2}x$　とおい

て，実際に確かめてみよう。

$$
\begin{aligned}
f_f{}'(x) &= \left\{\frac{2}{3} + \frac{8}{\pi^2}\sum_{k=1}^{\infty}\frac{(-1)^k}{k^2}\cos\frac{k\pi}{2}x\right\}' \quad \boxed{\text{項別微分}}\\
&= \underbrace{\left(\frac{2}{3}\right)'}_{\boxed{0}} + \frac{8}{\pi^2}\sum_{k=1}^{\infty}\underbrace{\left\{\frac{(-1)^k}{k^2}\cos\frac{k\pi}{2}x\right\}'}_{\boxed{\frac{(-1)^k}{k^2}\cdot\left(-\frac{k\pi}{2}\right)\sin\frac{k\pi}{2}x = \frac{(-1)^{k+1}}{k}\cdot\frac{\pi}{2}\sin\frac{k\pi}{2}x}}\\
&= \frac{4}{\pi}\sum_{k=1}^{\infty}\frac{(-1)^{k+1}}{k}\sin\frac{k\pi}{2}x \quad \text{となって，(b)の右辺と一致する。}
\end{aligned}
$$

(2) 周期 **4 (L = 2)** の周期関数 $g(x)$ は，区分的に滑らかな関数なので，(b)
の両辺の変数 x を t に置換し，積分区間 $[\underline{-2}, \underline{x}]$ で(項別)積分できる。

よって，　　　　　　　　　　$\boxed{-L}$ $\boxed{\begin{array}{l}x \text{ は，} -2 \leqq x \leqq 2 \text{ の}\\ 1\text{周期分を動ける変数}\end{array}}$

$$\int_{-2}^{x}g(t)\,dt = \underbrace{\int_{-2}^{x}t\,dt}_{\boxed{\left[\frac{1}{2}t^2\right]_{-2}^{x} = \frac{1}{2}x^2 - \frac{1}{2}(-2)^2 = \frac{1}{2}x^2 - 2}} = \int_{-2}^{x}\left\{\frac{4}{\pi}\sum_{k=1}^{\infty}\frac{(-1)^{k+1}}{k}\sin\frac{k\pi}{2}t\right\}dt$$

一般に，$-L < x \leqq L$ で定義された周期 $2L$ の関数のフーリエ級数を項別積分する場合の公式は，$\displaystyle\int_{-L}^{x} f(t)\,dt = \int_{-L}^{x} \frac{a_0}{2}\,dt + \sum_{k=1}^{\infty}\left\{\int_{-L}^{x}\left(a_k \cos\frac{k\pi}{L}t + b_k \sin\frac{k\pi}{L}t\right)dt\right\}$　だ。

$$\frac{1}{2}x^2 - 2 = \frac{4}{\pi}\sum_{k=1}^{\infty}\left\{\int_{-2}^{x}\frac{(-1)^{k+1}}{k}\sin\frac{k\pi}{2}t\,dt\right\}$$

$$\frac{(-1)^{k+1}}{k}\left[-\frac{2}{k\pi}\cos\frac{k\pi}{2}t\right]_{-2}^{x} = \frac{2(-1)^k}{\pi k^2}\left\{\cos\frac{k\pi}{2}x - \boxed{\cos(-k\pi)}\right\}$$

$$\boxed{\cos k\pi = (-1)^k}$$

$$\frac{1}{2}x^2 - 2 = \frac{8}{\pi^2}\sum_{k=1}^{\infty}\frac{(-1)^k}{k^2}\left\{\cos\frac{k\pi}{2}x - (-1)^k\right\}$$

$$\frac{1}{2}x^2 - 2 = \frac{8}{\pi^2}\left\{\sum_{k=1}^{\infty}\frac{(-1)^k}{k^2}\cos\frac{k\pi}{2}x - \sum_{k=1}^{\infty}\boxed{\frac{1}{k^2}}\right\}$$

$$\boxed{(-1)^{2k}}$$

$$\boxed{\frac{1}{1^2} + \frac{1}{2^2} + \frac{1}{3^2} + \frac{1}{4^2} + \cdots = \frac{\pi^2}{6}}$$

$$\frac{1}{2}x^2 - 2 = \frac{8}{\pi^2}\sum_{k=1}^{\infty}\frac{(-1)^k}{k^2}\cos\frac{k\pi}{2}x - \frac{4}{3}$$

$$\therefore \underline{\frac{1}{2}x^2} = \frac{2}{3} + \frac{8}{\pi^2}\sum_{k=1}^{\infty}\frac{(-1)^k}{k^2}\cos\frac{k\pi}{2}x \quad \text{となって，(a)の } f(x) = \frac{1}{2}x^2 \text{ の}$$

$$\boxed{f(x)}$$

フーリエ級数展開の式が導かれた！ 納得いった？

(1) 周期 2π の周期関数 $h(x) = x^3 - \pi^2 x$ $(-\pi < x \leqq \pi)$ をフーリエ級数に展開せよ。

(2) 周期 2π の周期関数 $f(t) = \dfrac{1}{2}t^2$ $(-\pi < t \leqq \pi)$ をフーリエ級数に展開すると,

演習問題 1 (P40)

$$f(t) = \frac{1}{2}t^2 = \frac{\pi^2}{6} + 2\sum_{k=1}^{\infty} \frac{(-1)^k}{k^2} \cos kt \quad \cdots\cdots ① \quad \text{となる。}$$

①の両辺を積分区間 $[-\pi, \; x]$ で (項別) 積分することにより, (1) の結果を導け。

ヒント！ (1) $h(x)$ は奇関数なので, フーリエ・サイン展開の公式を使えばいいんだね。(2) は, 演習問題 1 の結果を基に, フーリエ級数の項別積分を利用すれば, (1) の結果と同じものを導くことができるんだ。実際に確かめてごらん。

解答 & 解説

(1) $h(x)$ は, 周期 2π の区分的に滑らかで連続な周期関数で, かつ奇関数である。
よって, これは, フーリエ・サイン級数によって, 次のように展開できる。

$$h(x) = x^3 - \pi^2 x = \sum_{k=1}^{\infty} b_k \sin kx \quad \cdots\cdots ②$$

ここで, $b_k = \dfrac{2}{\pi}\displaystyle\int_0^{\pi} \underbrace{h(x)}_{(x^3-\pi^2 x)} \cdot \sin kx\, dx$ $(k = 1, \; 2, \; 3, \; \cdots)$ より,

$$b_k = \frac{2}{\pi}\int_0^{\pi} (x^3 - \pi^2 x)\sin kx\, dx \quad \longleftarrow \boxed{\text{この積分には, 3 回部分積分が必要だ！}}$$

$$\int_0^{\pi}(x^3-\pi^2 x)\left(-\frac{1}{k}\cos kx\right)' dx = -\frac{1}{k}\left[(x^3-\pi^2 x)\cos kx\right]_0^{\pi} + \frac{1}{k}\int_0^{\pi}(3x^2-\pi^2)\cos kx\, dx$$

$$= \frac{1}{k}\int_0^{\pi}(3x^2-\pi^2)\left(\frac{1}{k}\sin kx\right)' dx = \frac{1}{k}\left\{\frac{1}{k}\left[(3x^2-\pi^2)\sin kx\right]_0^{\pi} - \frac{1}{k}\int_0^{\pi} 6x\sin kx\, dx\right\}$$

$$= -\frac{6}{k^2}\int_0^{\pi} x\left(-\frac{1}{k}\cos kx\right)' dx = -\frac{6}{k^2}\left\{-\frac{1}{k}\left[x\cos kx\right]_0^{\pi} + \frac{1}{k}\int_0^{\pi} 1\cdot\cos kx\, dx\right\}$$

$$= \frac{6}{k^3}\pi\underbrace{\cos k\pi}_{(-1)^k} = \frac{6\pi\cdot(-1)^k}{k^3}$$

$$\therefore b_k = \frac{2}{\pi} \cdot \frac{6\pi \cdot (-1)^k}{k^3} = \frac{12 \cdot (-1)^k}{k^3} \quad (k = 1, \ 2, \ 3, \ \cdots) \ \cdots \cdots ③$$

③を②に代入して，$h(x)$ は次のように，フーリエ・サイン級数に展開される。

$$h(x) = x^3 - \pi^2 x = 12 \cdot \sum_{k=1}^{\infty} \frac{(-1)^k}{k^3} \sin kx \ \cdots \cdots ④$$

(2) 周期 2π の周期関数 $f(t) = \dfrac{1}{2} t^2 \quad (-\pi < t \leqq \pi)$

は，次のようにフーリエ級数展開できる。

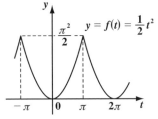

$$f(t) = \frac{1}{2} t^2 = \frac{\pi^2}{6} + 2 \sum_{k=1}^{\infty} \frac{(-1)^k}{k^2} \cos kt \ \cdots \cdots ①$$

$f(t)$ は区分的に滑らかな関数なので，この

本当は，さらに"連続である"ことも言える。

フーリエ級数を項別に積分できる。よって，

①の両辺を積分区間 $[-\pi, \ x]$ で積分すると，

$$\int_{-\pi}^{x} \frac{1}{2} t^2 \, dt = \int_{-\pi}^{x} \left\{ \frac{\pi^2}{6} + 2 \sum_{k=1}^{\infty} \frac{(-1)^k}{k^2} \cos kt \right\} dt \qquad \boxed{\text{項別積分}}$$

$$\left[\frac{1}{6} t^3 \right]_{-\pi}^{x} = \int_{-\pi}^{x} \frac{\pi^2}{6} \, dt + 2 \sum_{k=1}^{\infty} \left\{ \int_{-\pi}^{x} \frac{(-1)^k}{k^2} \cos kt \, dt \right\}$$

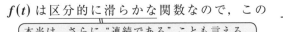

$$\boxed{\frac{1}{6} x^3 - \frac{(-\pi)^3}{6} = \frac{1}{6} x^3 + \frac{\pi^3}{6}} \quad \boxed{\frac{\pi^2}{6} [t]_{-\pi}^{x}} \quad \boxed{\frac{(-1)^k}{k^2} \left[\frac{1}{k} \sin kt \right]_{-\pi}^{x} = \frac{(-1)^k}{k^3} \sin kx}$$

$$\frac{1}{6} x^3 + \frac{\pi^3}{6} = \frac{\pi^2}{6} (x + \pi) + 2 \sum_{k=1}^{\infty} \frac{(-1)^k}{k^3} \sin kx$$

両辺を 6 倍してまとめると，

$$x^3 + \pi^3 = \pi^2 (x + \pi) + 12 \sum_{k=1}^{\infty} \frac{(-1)^k}{k^3} \sin kx$$

$$\therefore \underbrace{x^3 - \pi^2 x}_{h(x)} = 12 \sum_{k=1}^{\infty} \frac{(-1)^k}{k^3} \sin kx \quad \text{となって，}$$

(1) の $h(x) = x^3 - \pi^2 x \quad (-\pi < x \leqq \pi)$ をフーリエ級数展開した式④と一致する。

今回は，実践問題を設けていないけれど，本問をよく練習して，フーリエ級数の項別積分も，是非マスターしてくれ！

§4. デルタ関数と単位階段関数

前回，不連続点を含む関数のフーリエ級数を項別に微分した結果，発散する関数が得られた。しかし，この現象の背後には，じつは"ディラックのデルタ関数"$\delta(x)$ と "単位階段関数"$u(x)$ という重要なテーマが隠されていたんだ。

今回の講義では，このデルタ関数と単位階段関数について詳しく解説しよう。これらをマスターすることにより，項別微分で発散したフーリエ級数の意味も理解できるようになるし，さらに，フーリエ級数の元となる周期関数の表記法そのものについても理解が深まるはずだ。

それでは早速，講義を始めよう！

● ディラックのデルタ関数を導こう！

"ディラック($Dirac$)のデルタ関数"$\delta(x)$ や "単位階段関数 ($unit\ step\ function$)"$u(x)$ を定義する前段階として，次の **2** つの関数を考えよう。

$$\delta_r(x) = \begin{cases} \dfrac{1}{2r} & (-r \leqq x \leqq r) \\ 0 & (x < -r, \quad r < x) \end{cases} \quad \cdots\cdots ①$$

$$u_r(x) = \int_{-\infty}^{x} \delta_r(t)dt \quad \cdots\cdots\cdots\cdots ②$$

図 **1** (i) $\delta_r(x)$ のグラフ

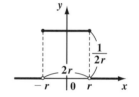

①の $\delta_r(x)$ は，図 **1**（ i ）に示すように，正の定

> "デルタ・アール関数"とでも呼ぼう。

数 r に対して，$-r \leqq x \leqq r$ のときのみ，$\dfrac{1}{2r}$ の

値をとり，それ以外はすべて **0** となる不連続な

(ii) $u_r(x)$ のグラフ

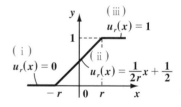

関数だ。ここで，この $\delta_r(x)$ と x 軸とで挟まれた長方形の面積は，r の値が

変化しても，常に $2r \times \dfrac{1}{2r} = 1$ となって一定であることに注意しよう。

次に②で定義される $u_r(x)$ の関数は，(i) $x < -r$，(ii) $-r \leqq x \leqq r$，

(iii) $r < x$ の **3** 通りに場合分けして求めると，次のようになるのはいいね。

（ ⅰ ）$x < -r$ のとき，$u_r(x) = \displaystyle\int_{-\infty}^{x} 0 \, dt = 0$

（ ⅱ ）$-r \leqq x \leqq r$ のとき，$u_r(x) = \displaystyle\int_{-\infty}^{-r} 0 \, dt + \int_{-r}^{x} \frac{1}{2r} dt = \frac{1}{2r}[t]_{-r}^{x} = \frac{1}{2r}x + \frac{1}{2}$

（ ⅲ ）$r < x$ のとき，$u_r(x) = \displaystyle\int_{-\infty}^{-r} 0 \, dt + \int_{-r}^{r} \frac{1}{2r} dt + \int_{r}^{x} 0 \, dt = 1$

面積 1

よって，$u_r(x)$ は，図 1 （ ⅱ ）に示すようなグラフになる。

ここで，$r \to +0$ の極限をとったとき，①の $\delta_r(x)$ は，$x = 0$ のときのみ $+\infty$（無限大）となり，それ以外はすべて 0 の値をとる特殊な関数，すなわち

> これは通常の意味での関数とは異なるので，"超関数" と呼ぶ。

図 2 （ ⅰ ）に示すような "ディラックのデルタ関数" $\delta(x)$ になる。しかも，

これは $\displaystyle\int_{-\infty}^{\infty} \delta(x)dx = 1$ をみたすので，

> $r \to +0$ としても，長方形の面積 $2r \times \dfrac{1}{2r} = 1$ は一定で変化しないからね。

図 2

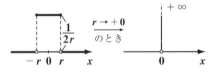

（ ⅰ ）$\delta_r(x)$ ディラックのデルタ関数 $\delta(x)$

$\dfrac{1}{2r}$ $\xrightarrow[\text{のとき}]{r \to +0}$ $+\infty$

（ ⅱ ）$u_r(x)$ 単位階段関数 $u(x)$

$\xrightarrow[\text{のとき}]{r \to +0}$ $u(x) = 1$ $u(x) = 0$

$r \to +0$ のとき図 2 （ ⅱ ）に示すように，$u_r(x)$ は $x < 0$ のとき 0，$x > 0$ のとき 1 となる "単位階段関数" $u(x)$ になる。

> "大きさ 1 の階段状の関数" という意味だ。

このディラックのデルタ関数は，物理的には 1 点に加えた撃力や局所的な

> これは単に "デルタ関数" と呼んでもいい。

高温などのモデルとして利用できる。また，単位階段関数は，フーリエ級数展開される周期関数を数学的に表現する際に有効な関数なんだ。これについては後で解説しよう。

デルタ関数 $\delta(x)$ と単位階段関数 $u(x)$ は，x 軸方向に a だけ平行移動しても同様に定義できるので，$\delta(x-a)$，$u(x-a)$ の形で，その基本事項を下にまとめて示す。

デルタ関数と単位階段関数

（Ⅰ）ディラックのデルタ関数 $\delta(x-a)$

$$\text{（ⅰ）}\ \delta(x-a)=\begin{cases} \infty & (x=a \text{ のとき}) \\ 0 & (x \neq a \text{ のとき}) \end{cases}$$

$$\text{（ⅱ）}\ \underline{\int_{-\infty}^{\infty} \delta(x-a)dx = 1}$$

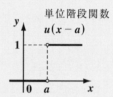
ディラックの
デルタ関数
$\delta(x-a)$

これは正の数 ε を使って，$\int_{a-\varepsilon}^{a+\varepsilon} \delta(x-a)dx = 1$ としてもいいね。
要は，a をまたいで積分すれば，1 となるからだ。

（Ⅱ）単位階段関数

$$\text{（ⅰ）}\ u(x-a)=\begin{cases} 1 & (a<x \text{ のとき}) \\ 0 & (x<a \text{ のとき}) \end{cases}$$

$$\text{（ⅱ）}\ u(x-a)=\int_{-\infty}^{x} \delta(t-a)dt \cdots\cdots ①$$

単位階段関数
$u(x-a)$

（Ⅲ）デルタ関数と単位階段関数の性質

$$\text{（ⅰ）}\ \frac{d}{dx}u(x-a)=\delta(x-a) \cdots\cdots\cdots ②$$

$$\text{（ⅱ）}\ \int_{-\infty}^{\infty} f(x)\delta(x-a)dx = f(a) \cdots\cdots ③$$

$$\text{（ⅲ）}\ x\delta(x-a)=a\delta(x-a) \cdots\cdots\cdots ④$$

$$\text{（ⅳ）}\ f(x)\delta(x-a)=f(a)\delta(x-a) \cdots\cdots ⑤ \quad （ただし，a は定数）$$

（Ⅰ），（Ⅱ）については，平行移動項 a が入ってはいるが，既に解説したので，理解できると思う。それでは（Ⅲ）の $\delta(x-a)$ と $u(x-a)$ の性質について説明しておこう。

（Ⅲ）（ⅰ）①の両辺を x で微分すれば，

$$\frac{d}{dx}u(x-a)=\delta(x-a) \cdots\cdots ② \quad が導かれる。$$

（Ⅲ）（ⅱ）まず，$F(x)=\int f(x)dx$ とおくと，$F'(x)=f(x)$ となる。

また，③の左辺の $\delta(x-a)$ の代わりに，$\delta_r(x-a):$

$$\delta_r(x-a) = \begin{cases} \dfrac{1}{2r} & (a-r \leqq x \leqq a+r) \\[3mm] 0 & (x < a-r, \ a+r < x) \end{cases} \quad \text{を用いると，}$$

$$\int_{-\infty}^{\infty} f(x)\delta_r(x-a)dx = \int_{-\infty}^{a-r} f(x) \cdot 0\,dx + \int_{a-r}^{a+r} f(x) \cdot \frac{1}{2r}dx + \int_{a+r}^{\infty} f(x) \cdot 0\,dx$$

$$= \frac{1}{2r}\int_{a-r}^{a+r} f(x)\,dx = \frac{1}{2r}\Big[F(x)\Big]_{a-r}^{a+r} = \frac{F(a+r)-F(a-r)}{2r}$$

$$= \frac{1}{2}\left\{\frac{F(a+r)-F(a)}{r} + \frac{F(a)-F(a-r)}{r}\right\} \quad \boxed{\begin{array}{l} F(a)\text{を引いた分，} \\ \text{足した！} \end{array}}$$

ここで，極限操作と積分操作の順を入れ替えられるものとすると，

$$\int_{-\infty}^{\infty} f(x)\delta(x-a)dx = \lim_{r \to +0}\int_{-\infty}^{\infty} f(x)\delta_r(x-a)dx$$

$$= \lim_{r \to +0}\frac{1}{2}\left\{\boxed{\frac{F(a+r)-F(a)}{r}} + \boxed{\frac{F(a)-F(a-r)}{r}}\right\}$$

$$\underset{\boxed{F'(a)=f(a)}}{\Big\downarrow} \qquad \underset{\boxed{F'(a)=f(a)}}{\Big\downarrow}$$

$$= \frac{1}{2}\{f(a)+f(a)\} = f(a) \quad \text{となって，③式が導ける。}$$

③式は，$f(x)$ にデルタ関数 $\delta(x-a)$ をかけて積分すれば "$f(a)$ の値のみを抽出できる" ことを示しているんだね。

(Ⅲ) (ⅲ) は，(ⅳ) の $f(x)$ が x となる特殊な場合に相当するので，(ⅳ) が成り立つことを示しておこう。ここでも，⑤についてまず，$\delta(x-a)$ の代わりに $\delta_r(x-a)$ を使うことにする。すると，

$a-r \leqq x \leqq a+r$ のとき，

$$f(x) \cdot \delta_r(x-a) = f(x) \cdot \frac{1}{2r} \quad \cdots\cdots ⑤'$$

ここで，$r \to +0$ の極限を求めると，$x \to a$ となるので，

$f(x)$ を連続関数とすると，$f(x) \to f(a)$

また，$\delta_r(x-a) \to \delta(x-a)$ となる。よって⑤'より，

$$f(x)\delta(x-a) = \lim_{r \to +0}\underset{\boxed{f(a)}}{f(x)}\underset{\boxed{\delta(x-a)}}{\delta_r(x-a)} = f(a)\delta(x-a) \quad \text{となって，}$$

⑤式も成り立つことが分かるね。

⑤の $f(x)$ と $f(a)$ を $f(x)=x$, $f(a)=a$ としたものが④式だ。

● デルタ関数のフーリエ級数を求めよう！

デルタ関数 $\delta(x)$ のフーリエ級数が
どのようなものになるのか？ 興味が
湧くところだろうね。でも，その前準
備として，$\delta_r(x)$ を周期的に拡張した，
図3のような周期 2π の周期関数 $f_r(x)$
について考えてみることにしよう。こ
れを具体的に表すと次のようになる。

図3 周期関数 $f_r(x)$

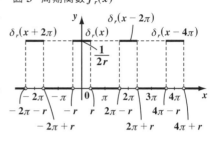

$$f_r(x) = \sum_{k=-\infty}^{\infty} \delta_r(x - 2k\pi)$$

$$= \cdots + \delta_r(x + 2\pi) + \delta_r(x) + \delta_r(x - 2\pi) + \delta_r(x - 4\pi) + \cdots$$

$\underbrace{}_{k=-1}$ $\underbrace{}_{k=0}$ $\underbrace{}_{k=1}$ $\underbrace{}_{k=2 \text{ のとき，} \cdots}$

例題9 周期 2π の周期関数 $f_r(x)$ が，

$$f_r(x) = \begin{cases} \dfrac{1}{2r} & (-r \leq x \leq r) \\[2mm] 0 & (-\pi < x < -r, \ r < x \leq \pi) \end{cases} \quad \text{で定義されるとき，}$$

$f_r(x)$ をフーリエ・コサイン級数に展開してみよう。

（ただし，$0 < r < \pi$）

$f_r(x)$ は，図3に示すように，周期 2π の区分的に滑らかな周期関数で，
かつ偶関数でもある。よって $f_r(x)$ は，次のようにフーリエ・コサイン級
数に展開することができるんだね。

$$f_r(x) = \frac{a_0}{2} + \sum_{k=1}^{\infty} a_k \cos kx \quad \cdots\cdots \text{(a)}$$

ここで，$a_k = \dfrac{2}{\pi}\displaystyle\int_0^{\pi} f_r(x)\cos kx\, dx \quad (k = 0, 1, 2, \cdots)$ より， $\boxed{\begin{array}{c} a_0 \text{ のみ} \\ \text{別扱い} \end{array}}$

$$a_0 = \frac{2}{\pi}\int_0^{\pi} f_r(x)dx = \frac{2}{\pi}\left(\int_0^r \frac{1}{2r}dx + \int_r^{\pi} 0\,dx\right) = \frac{1}{\pi r}[x]_0^r = \frac{1}{\pi}$$

$k = 1, 2, 3, \cdots$ のとき，

$$a_k = \frac{2}{\pi}\int_0^{\pi} f_r(x)\cos kx\, dx = \frac{2}{\pi}\left(\int_0^r \frac{1}{2r}\cdot\cos kx\, dx + \int_r^{\pi} 0\cdot\cos kx\, dx\right)$$

$$= \frac{1}{\pi r}\left[\frac{1}{k}\sin kx\right]_0^r = \frac{\sin kr}{\pi k r}$$

以上より, $a_0 = \frac{1}{\pi}$, $a_k = \frac{\sin kr}{\pi k r}$ ……(b) $(k = 1,\ 2,\ 3,\ \cdots)$

(b)を(a)に代入して, $f_r(x)$ は次のようにフーリエ・コサイン級数に展開される。

$$f_r(x) = \sum_{k=-\infty}^{\infty}\delta_r(x-2k\pi) = \frac{1}{2\pi} + \frac{1}{\pi}\sum_{k=1}^{\infty}\frac{\sin kr}{kr}\cdot\cos kx \quad\text{……(c)}$$

ここで, $f_r(x)$ の $r\to+0$ の極限を求めよう。極限操作と $\sum$ 計算の順を入れ替えられるものとすると,

$$\lim_{r\to+0}f_r(x) = \lim_{r\to+0}\sum_{k=-\infty}^{\infty}\delta_r(x-2k\pi) = \lim_{r\to+0}\left(\frac{1}{2\pi} + \frac{1}{\pi}\sum_{k=1}^{\infty}\frac{\sin kr}{kr}\cdot\cos kx\right)$$

$$\underbrace{\sum_{k=-\infty}^{\infty}\left\{\lim_{r\to+0}\delta_r(x-2k\pi)\right\}}\qquad\underbrace{\frac{1}{2\pi} + \frac{1}{\pi}\sum_{k=1}^{\infty}\left(\lim_{r\to+0}\frac{\sin kr}{kr}\right)\cdot\cos kx}$$

$$\boxed{\delta(x-2k\pi)}\qquad\boxed{\text{公式}:\lim_{\theta\to0}\frac{\sin\theta}{\theta}=1}\rightarrow\boxed{1}$$

よって, ディラックのデルタ関数の無限和のフーリエ級数が次のように導ける。

$$\sum_{k=-\infty}^{\infty}\delta(x-2k\pi) = \frac{1}{2\pi} + \frac{1}{\pi}\sum_{k=1}^{\infty}\cos kx \quad\text{……(d)}$$

(d)は, $x = \cdots,\ -2\pi,\ 0,\ 2\pi,\ 4\pi,\ \cdots$ のデルタ関数の和で, そのグラフを図4に示す。また, (d)の右辺の無限級数を n 項までの部分和で近似して, $n = 3,\ 10,\ 30$ としたときのグラフも図5(ⅰ)(ⅱ)(ⅲ)に示そう。

図4 $\displaystyle\sum_{k=-\infty}^{\infty}\delta(x-2k\pi)$ のグラフ

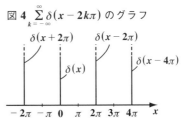

図5 $\displaystyle\sum_{k=-\infty}^{\infty}\delta(x-2k\pi)\fallingdotseq\frac{1}{2\pi}+\frac{1}{\pi}\sum_{k=1}^{n}\cos kx$ のグラフ

(ⅰ) $n=3$ のとき (ⅱ) $n=10$ のとき (ⅲ) $n=30$ のとき

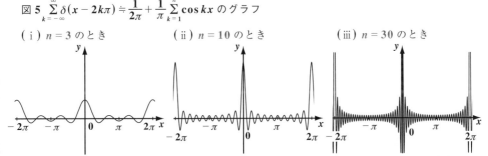

● 単位階段関数で，関数 $f(x)$ にフィルターをかけられる !?

一般の関数 $y = f(x)$ にデルタ関数 $\delta(x-a)$ をかけて積分区間 $(-\infty, \infty)$ で積分すれば，$f(a)$ の値を抽出することができた。**P110** の（Ⅲ）（ⅱ）の公式：

$$\int_{-\infty}^{\infty} f(x) \cdot \delta(x-a)dx = f(a) \ \cdots\cdots ③$$

が，それだったんだね。

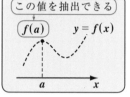

これに対して，単位階段関数を利用すれば，関数 $y = f(x)$ の内，区間 $a < x < b$ の範囲のものだけにフィルターをかけて，抽出することができる。その考え方を解説しよう。

まず，2 つの関数，

$$y = u(x-a) = \begin{cases} 1 & (a < x \text{ のとき}) \\ 0 & (x < a \text{ のとき}) \end{cases}$$

$$y = -u(x-b) = \begin{cases} -1 & (b < x \text{ のとき}) \\ 0 & (x < b \text{ のとき}) \end{cases}$$

のグラフは，図 **6**（ⅰ）に示すようになる。ここで，$a < b$ として，この 2 つの関数の和をとった関数は，

$$\begin{aligned} y &= u(x-a) - u(x-b) \\ &= \begin{cases} 1 & (a < x < b \text{ のとき}) \\ 0 & (x < a, \ b < x \text{ のとき}) \end{cases} \end{aligned}$$

となって，図 **6**（ⅱ）に示すようなグラフになるだろう。

図 6 単位階段関数による
フィルタリング

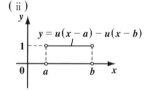

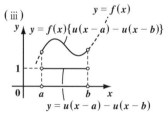

よって，これに一般の関数 $y = f(x)$ をかけた関数 $y = f(x) \cdot \{u(x-a) - u(x-b)\}$ は，

$$\begin{cases} \cdot\ a < x < b \text{ のときのみ，} y = f(x) \times 1 = f(x) \text{ となり，} \\ \cdot\ x < a, \ b < x \text{ のときは，} y = f(x) \times 0 = 0 \text{ となるため，} \end{cases}$$

図 **6**（ⅲ）に示すように，$y = f(x)$ のグラフの内，ちょうど $a < x < b$ の範囲のものだけがフィルターにかけられて，抽出されることになるんだね。

この考え方を利用すれば，フーリエ級数展開の対象となっていた様々な周期関数を数学的に，より正確に表現できるようになる。

114

(ex) 周期 2π の周期関数 $f(x)$ が，

$$f(x) = \begin{cases} 1 & (0 < x < \pi) \\ 0 & (-\pi < x < 0) \end{cases}$$

例題 3 (1) (P34)

で定義されるとき，これを
単位階段関数を使って表すと，

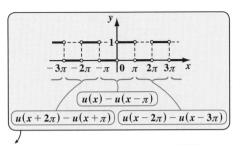

$$f(x) = \cdots + \{u(x+2\pi) - u(x+\pi)\} + \{u(x) - u(x-\pi)\} \leftarrow \boxed{k=0}$$

$\boxed{k=-1}$
$$+ \{u(x-2\pi) - u(x-3\pi)\} + \cdots$$

$$= \sum_{k=-\infty}^{\infty} \{u(x-2k\pi) - u(x-(2k+1)\pi)\} \quad \text{となる。} \quad \boxed{k=1 \text{ のとき} \cdots}$$

図を見ながら，具体的に考えていくといいと思うよ。それでは，次
の例題でさらに練習しよう。

例題 10 周期 2π の周期関数 $f(x)$ と $g(x)$ が，それぞれ次のように定義
されるとき，これらを単位階段関数を利用して表してみよう。

(1) $f(x) = \dfrac{1}{2}x^2 \quad (-\pi < x < \pi)$ ← 演習問題 1 (P40)

(2) $g(x) = x \quad (-\pi < x < \pi)$ ← 実践問題 1 (P42)

---

(1) 周期 2π の周期関数 $f(x)$ が

$$f(x) = \dfrac{1}{2}x^2 \quad (-\pi < x < \pi)$$

で定義されているとき，これは，

$\vdots$

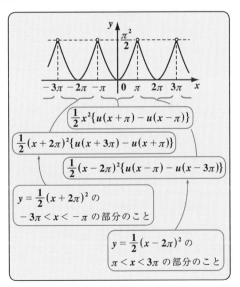

・$y = \dfrac{1}{2}(x+2\pi)^2$ のグラフから

　$-3\pi < x < -\pi$ の部分を抽出し，

・$y = \dfrac{1}{2}x^2$ のグラフから

　$-\pi < x < \pi$ の部分を抽出し，

・$y = \dfrac{1}{2}(x-2\pi)^2$ のグラフから

　$\pi < x < 3\pi$ の部分を抽出し，

$\vdots$

これらの和をとったものだから，

115

$$f(x) = \cdots + \frac{1}{2}(x+2\pi)^2\{u(x+3\pi) - u(x+\pi)\} + \frac{1}{2}x^2\{u(x+\pi) - u(x-\pi)\}$$

$$\boxed{k = -1} \qquad \boxed{k=1 \text{ のとき, } \cdots} \qquad \boxed{k=0}$$

$$+ \frac{1}{2}(x-2\pi)^2\{u(x-\pi) - u(x-3\pi)\} + \cdots$$

$$= \sum_{k=-\infty}^{\infty} \frac{1}{2}(x-2k\pi)^2\{u(x-(2k-1)\pi) - u(x-(2k+1)\pi)\} \quad \text{と表される。}$$

これは, 放物線 $y = \frac{1}{2}(x-2k\pi)^2$ の内, $(2k-1)\pi < x < (2k+1)\pi$ の

部分にフィルターをかけて抽出し, $k = \cdots, -2, -1, 0, 1, 2, \cdots$ の

和をとったものなんだね。

(2) 周期 2π の周期関数 $g(x)$ が

$g(x) = x \quad (-\pi < x < \pi)$

で定義されているとき, これは,

$\vdots$

・直線 $y = x + 2\pi$ から

$-3\pi < x < -\pi$ の部分を抽出し,

・直線 $y = x$ から

$-\pi < x < \pi$ の部分を抽出し,

・直線 $y = x - 2\pi$ から

$\pi < x < 3\pi$ の部分を抽出し,

$\vdots$

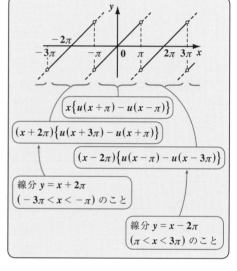

これらの和をとったものなので,

$$g(x) = \cdots + (x+2\pi)\{u(x+3\pi) - u(x+\pi)\} + x\{u(x+\pi) - u(x-\pi)\}$$

$$\boxed{k=-1} \qquad \boxed{k=1 \text{ のとき, } \cdots} \qquad \boxed{k=0}$$

$$+ (x-2\pi)\{u(x-\pi) - u(x-3\pi)\} + \cdots$$

$$= \sum_{k=-\infty}^{\infty}(x-2k\pi)\{u(x-(2k-1)\pi) - u(x-(2k+1)\pi)\} \quad \text{と表される。}$$

これは, 直線 $y = x - 2k\pi$ の内, $(2k-1)\pi < x < (2k+1)\pi$ の部分に

フィルターをかけて抽出し, $k = \cdots, -2, -1, 0, 1, 2, \cdots$ の和をとっ

たものなんだね。大丈夫?

● 不連続関数のフーリエ級数の項別微分も意味をもつ！

それでは，不連続点を含む区分的に滑らかな関数のフーリエ級数の項別微分について，次の例でもう 1 度考えてみよう！

(ex) 周期 2π の周期関数 $f(x)$：

例題 3(1) (P34)

$$f(x) = \begin{cases} 1 & (0 < x < \pi) \\ 0 & (-\pi < x < 0) \end{cases} \quad \cdots\cdots \text{(a)}$$

をフーリエ級数展開したものは，

$y = f(x)$：不連続点を含む関数

$$f(x) = \frac{1}{2} + \frac{2}{\pi}\left(\sin x + \frac{\sin 3x}{3} + \frac{\sin 5x}{5} + \cdots\right) \cdots\cdots \text{(b)} \textbf{(P35)}\text{ だった。}$$

この両辺を x で (項別) 微分すると，

$$f'(x) = \frac{2}{\pi}\left(\cos x + \cos 3x + \cos 5x + \cdots\right) \cdots\cdots \text{(c)} \text{ となり，右辺のフー}$$

リエ級数は，$x = k\pi$ （k：整数）で明らかに発散するので，無意味な結果に思えるかも知れないね。でも，この $f(x)$ を，単位階段関数を使って表すと，

$$f(x) = \sum_{k=-\infty}^{\infty}\left\{u(x - 2k\pi) - u(x - (2k+1)\pi)\right\} \quad \text{と表され (P115)，この}$$

両辺を x で (項別) 微分すると，

$$f'(x) = \sum_{k=-\infty}^{\infty}\left\{\underbrace{u(x - 2k\pi)'}_{\delta(x - 2k\pi)} - \underbrace{u(x - (2k+1)\pi)'}_{\delta(x - (2k+1)\pi)}\right\}$$

公式：
$$\frac{d}{dx}u(x - a) = \delta(x - a)$$
(P110)

$$= \sum_{k=-\infty}^{\infty}\underbrace{\delta(x - 2k\pi)}_{\frac{1}{2\pi} + \frac{1}{\pi}\sum_{k=1}^{\infty}\cos kx} - \sum_{k=-\infty}^{\infty}\underbrace{\delta((x - \pi) - 2k\pi)}_{\frac{1}{2\pi} + \frac{1}{\pi}\sum_{k=1}^{\infty}\cos k(x - \pi)}$$

$\displaystyle\sum_{k=-\infty}^{\infty}\delta(x - 2k\pi)$ の
フーリエ級数の公式
(P113)

$$= \frac{1}{\pi}(\cos x + \cos 2x + \cos 3x + \cdots)$$

$$- \frac{1}{\pi}(-\cos x + \cos 2x - \cos 3x + \cdots)$$

$$= \frac{2}{\pi}(\cos x + \cos 3x + \cos 5x + \cdots)$$

となって，(c)と一致するんだね。一般に，不連続点を含む周期関数の項別微分は意味がないと言われているが，このように，単位階段関数やデルタ関数まで考慮に入れると，その項別微分にも立派な (?) 数学的背景があることが分かったと思う。面白かっただろう？

周期 2π の周期関数 $g(x)$ が

$$g(x) = \sum_{k=-\infty}^{\infty} (x - 2k\pi)\{u(x - (2k-1)\pi) - u(x - (2k+1)\pi)\} \quad \cdots\cdots ①$$

で定義されている。このとき，両辺を x で (項別) 微分して，

$$g'(x) = 2(\cos x - \cos 2x + \cos 3x - \cos 4x + \cdots) \quad となることを示せ。$$

ヒント！ ①の両辺を(項別)微分する際に，公式として $\dfrac{d}{dx}u(x-a) = \delta(x-a)$，

$f(x)\delta(x-a) = f(a)\delta(x-a)$，$\displaystyle\sum_{k=-\infty}^{\infty} \delta(x - 2k\pi) = \dfrac{1}{2\pi} + \dfrac{1}{\pi}\sum_{k=1}^{\infty}\cos kx$ を利用する。

解答 & 解説

$x = (2k-1)\pi$ （k：整数) で不連続点を含む，周期 2π の区分的に滑らかな次の周期関数 $g(x)$ を考える。

$$g(x) = \sum_{k=-\infty}^{\infty} (x - 2k\pi)\{u(x - (2k-1)\pi) - u(x - (2k+1)\pi)\} \quad \cdots\cdots ①$$

①の両辺を x で微分する。その際，
微分操作と $\sum$ 計算の順を入れ替え
て，項別微分できるものとすると，

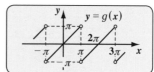

$$g'(x) = \sum_{k=-\infty}^{\infty} \Big[\underbrace{(x - 2k\pi)'}_{1}\{u(x - (2k-1)\pi) - u(x - (2k+1)\pi)\}$$

$$+ (x - 2k\pi)\{\underbrace{u(x - (2k-1)\pi)'}_{} - \underbrace{u(x - (2k+1)\pi)'}_{}\}\Big]$$

公式 :
$\dfrac{d}{dx}u(x-a) = \delta(x-a)$　→　$\boxed{\delta(x - (2k-1)\pi)}$　$\boxed{\delta(x - (2k+1)\pi)}$

$$= \underbrace{\sum_{k=-\infty}^{\infty}\{u(x - (2k-1)\pi) - u(x - (2k+1)\pi)\}}_{(\,i\,)}$$

$$+ \underbrace{\sum_{k=-\infty}^{\infty} (x - 2k\pi)\overbrace{\{\delta(x - (2k-1)\pi) - \delta(x - (2k+1)\pi)\}}}_{(\,ii\,)} \quad \cdots\cdots ②$$

（I）ここで，右辺第 1 項の $\sum$ 計算

$$\sum_{k=-\infty}^{\infty}\{u(x - (2k-1)\pi) - u(x - (2k+1)\pi)\}$$

について，$k = \cdots,\ -1,\ 0,\ 1,\ \cdots$ のときを具体的に調べると，

$$\vdots$$

（ⅰ）$k = -1$ のとき，$u(x + 3\pi) - u(x + \pi)$

（ⅱ）$k = 0$ のとき，$u(x + \pi) - u(x - \pi)$

（ⅲ）$k = 1$ のとき，$u(x - \pi) - u(x - 3\pi)$

$$\vdots$$

となって，$x = (2k-1)\pi$（k：整数）の点を無視すれば，これは定数関数1を表す。

よって，$\displaystyle\sum_{k=-\infty}^{\infty}\{u(x-(2k-1)\pi) - u(x-(2k+1)\pi)\} = \underset{\sim}{1}$ ……③

（Ⅱ）右辺第 2 項について，

$$\sum_{k=-\infty}^{\infty}\{\underbrace{(x-2k\pi)\delta(x-(2k-1)\pi)} - \underbrace{(x-2k\pi)\delta(x-(2k+1)\pi)}\}$$

$$\boxed{\{(2k-1)\pi - 2k\pi\}\delta(x-(2k-1)\pi)} \qquad \boxed{\{(2k+1)\pi - 2k\pi\}\delta(x-(2k+1)\pi)}$$

$$\boxed{公式 : f(x)\delta(x-a) = f(a)\delta(x-a)}$$

$$= \sum_{k=-\infty}^{\infty}\{-\pi \cdot \delta(x-(2k-1)\pi) - \pi \cdot \delta(x-(2k+1)\pi)\}$$

$$= -\pi \sum_{k=-\infty}^{\infty}\delta((x+\pi)-2k\pi) - \pi \sum_{k=-\infty}^{\infty}\delta((x-\pi)-2k\pi)$$

$$\boxed{\begin{aligned}&\frac{1}{2\pi} + \frac{1}{\pi}\{\cos(x+\pi) + \cos 2(x+\pi) + \cos 3(x+\pi) + \cdots\}\\ &= \frac{1}{2\pi} + \frac{1}{\pi}(-\cos x + \cos 2x - \cos 3x + \cdots)\end{aligned}}$$

$$\boxed{\begin{aligned}&\frac{1}{2\pi} + \frac{1}{\pi}\{\cos(x-\pi) + \cos 2(x-\pi) + \cos 3(x-\pi) + \cdots\}\\ &= \frac{1}{2\pi} + \frac{1}{\pi}(-\cos x + \cos 2x - \cos 3x + \cdots)\end{aligned}}$$

$$= -2\pi\left\{\frac{1}{2\pi} + \frac{1}{\pi}(-\cos x + \cos 2x - \cos 3x + \cdots)\right\}$$

$$= -1 + 2(\cos x - \cos 2x + \cos 3x - \cos 4x + \cdots) \quad ……④$$

以上（Ⅰ）（Ⅱ）より，③，④を②に代入すると，

$$g'(x) = 1 - 1 + 2(\cos x - \cos 2x + \cos 3x - \cos 4x + \cdots)$$

$$= 2(\cos x - \cos 2x + \cos 3x - \cos 4x + \cdots) \quad が成り立つ。$$

$$\boxed{これは，\textbf{P102} の結果と同じだね。}$$

119

1. フーリエの定理

周期 2π の区分的に滑らかな周期関数 $f(x)$ のフーリエ級数は，

（ⅰ）連続点においては，$f(x)$ そのものに収束し，

（ⅱ）不連続点では，$\dfrac{f(x+0)+f(x-0)}{2}$ に収束する。

2. 正規直交関数系によるフーリエ級数

$-\pi < x \leqq \pi$ で定義された周期 2π の区分的に滑らかな周期関数 $f(x)$ は，不連続点を除けば，正規直交関数系 $\{u_k(x)\}$ により，次のようにフーリエ級数で表せる。

$$f(x) = \sum_{k=0}^{\infty} \alpha_k u_k(x) \qquad \left(\text{フーリエ係数 } \alpha_k = \int_{-\pi}^{\pi} f(x)u_k(x)\,dx \right)$$

3. パーシヴァルの等式

周期 2π の区分的に滑らかな周期関数 $f(x)$ について，次式が成り立つ。

$$\|f(x)\|^2 = \sum_{k=0}^{\infty} \alpha_k^{\,2}$$

4. フーリエ級数の項別微分と項別積分

（ⅰ）フーリエ級数展開された周期 2π の周期関数 $f(x)$ は，区分的に滑らかなので，そのフーリエ級数を区間 $[-\pi,\ x]$ で項別に積分したものは，$\displaystyle\int_{-\pi}^{x} f(t)\,dt$ のフーリエ級数と一致する。

（ⅱ）この $f(x)$ が，さらに連続であるとき，そのフーリエ級数を項別に微分したものは，$f'(x)$ のフーリエ級数と一致する。

5. デルタ関数と単位階段関数の性質

（ⅰ）$\dfrac{d}{dx}u(x-a) = \delta(x-a)$ （ⅱ）$\displaystyle\int_{-\infty}^{\infty} f(x)\delta(x-a)dx = f(a)$

（ⅲ）$x\delta(x-a) = a\delta(x-a)$ （ⅳ）$f(x)\delta(x-a) = f(a)\delta(x-a)$

$(a：定数)$

講　義
Lecture ③

フーリエ変換

▶ フーリエ変換とフーリエ逆変換

▶ フーリエ・コサイン変換とフーリエ・サイン変換

▶ フーリエ変換の性質
　（合成積のフーリエ変換，パーシヴァルの等式）

§1. フーリエ変換とフーリエ逆変換

さァ，これから“**フーリエ変換**”と“**フーリエ逆変換**”の解説に入ろう。これまで周期 $2L$ の周期関数 $f(x)$ のフーリエ級数について勉強してきた。しかし，ここで $L \to \infty$ としたとき，$f(x)$ はもはや周期関数とは呼べなくなるね。この非周期関数についてはこれまで学んだフーリエ級数ではなく，“**フーリエ変換**”や“**フーリエ逆変換**”が有効となる。

ここでは，周期 $2L$ の周期関数 $f(x)$ のフーリエ級数展開を基に，$L \to \infty$ としたときの極限として，非周期関数 $f(x)$ のフーリエ変換とフーリエ逆変換の公式を導いてみよう。さらに，“**フーリエ・コサイン変換**”や“**フーリエ・サイン変換**”についても解説するつもりだ。

● フーリエ変換とフーリエ逆変換の公式を導こう！

話を簡単にするために，まず周期 $2L$ の区分的に滑らかで，かつ連続な周期関数 $f(x)$ の複素フーリエ級数展開の公式から解説を始めよう。

$$f(x) = \sum_{k=0,\ \pm 1}^{\pm \infty} c_k e^{i\frac{k\pi}{L}x} \quad \cdots\cdots\cdots\cdots\cdots ①$$

$$c_k = \frac{1}{2L} \int_{-L}^{L} f(t) e^{-i\frac{k\pi}{L}t} \, dt \quad \cdots\cdots ②$$

①の変数 x と区別するため，複素フーリエ係数を求める②の積分の変数は t とした。

図1 フーリエ級数からフーリエ変換へ
（ⅰ）周期 $2L$ の周期関数 $f(x)$

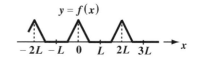

$y = f(x)$

$-2L \quad -L \quad 0 \quad L \quad 2L \quad 3L$

周期 $2L$ の周期関数 $f(x)$ のグラフのイメージとしては図1(ⅰ)のようなものを想い描いてくれたらいい。ここで，②を①に代入してまとめると，

（ⅱ）$L \to \infty$ のとき，$f(x)$ は非周期関数になる

$y = f(x)$

0

$$f(x) = \sum_{k=0,\ \pm 1}^{\pm \infty} \left\{ \frac{1}{2L} \int_{-L}^{L} f(t) e^{-i\frac{k\pi}{L}t} \, dt \right\} e^{i\frac{k\pi}{L}x}$$

$$\underbrace{\frac{1}{2\pi} \cdot \frac{\pi}{L} \int_{-L}^{L} f(t) e^{i\frac{k\pi}{L}(x-t)} dt}$$

$$f(x) = \frac{1}{2\pi} \sum_{k=0,\ \pm 1}^{\pm \infty} \frac{\pi}{L} \int_{-L}^{L} f(t) e^{i\frac{k\pi}{L}(x-t)} \, dt \quad \cdots\cdots ③ \quad \text{となる。}$$

　ここで，$L \to \infty$ としたとき，③の右辺がどのようになるか考えてみよう。このときの $f(x)$ のグラフのイメージは図 1(ⅱ) に示すようなものになり，もはや周期関数ではなく非周期関数になる。

　③の右辺の文字を整理しておこう。π(円周率) は定数，t は積分変数，L は無限大に大きくなる変数，そしてこの時点では <u>x は定数扱い</u>であることに気を付けよう。ここで，③の複素

指数関数の指数部の $\dfrac{k\pi}{L}$ に着目し，

$$\dfrac{\pi}{L} = \Delta\alpha \quad \cdots\cdots④ \quad \text{とおくと，}$$

$\Delta\alpha$ は π(円周率) を L 等分したものであり，$k \cdot \dfrac{\pi}{L} = k\Delta\alpha \quad \cdots\cdots⑤ \quad$ となる。

図 2　変数 α の定義

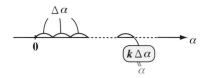

これは，$L \to \infty$ となる変数 L から変数 α を新たに作り出したことになる。つまり，図 2 に示すように α 軸を想定すると，α 軸の原点から k 番目の位置が⑤の $k\Delta\alpha$ であり，これを α 軸上の値 α(変数) とおこう。すると，$L \to \infty$ のとき，④，⑤は，

$$\lim_{L \to \infty} \dfrac{\pi}{L} = d\alpha \quad \cdots\cdots④´, \quad \lim_{L \to \infty} k \cdot \dfrac{\pi}{L} = \alpha \quad \cdots\cdots⑤´ \quad \text{となり，また，}$$

③の $\displaystyle\sum_{k=0, \pm1}^{\pm\infty}$ は $\displaystyle\int_{-\infty}^{\infty}$ に変わる。つまり，$L \to \infty$ としたとき③は，

$$f(x) = \lim_{L \to \infty} \frac{1}{2\pi} \underbrace{\sum_{k=0, \pm1}^{\pm\infty}}_{\displaystyle\int_{-\infty}^{\infty}} \underbrace{\frac{\pi}{L}}_{d\alpha} \int_{-L}^{L} f(t) e^{i\left(\frac{k\pi}{L}\right)(x-t)} \, dt$$

$$= \frac{1}{2\pi} \int_{-\infty}^{\infty} d\alpha \int_{-\infty}^{\infty} f(t) \underbrace{e^{i\alpha(x-t)}}_{e^{i\alpha x} \cdot \overline{e^{i\alpha t}}} \, dt$$

$$\therefore f(x) = \frac{1}{2\pi} \int_{-\infty}^{\infty} e^{i\alpha x} \left\{ \int_{-\infty}^{\infty} f(t) e^{-i\alpha t} \, dt \right\} d\alpha \quad \cdots\cdots⑥ \quad \text{となる。}$$

　この⑥式から，次のように "**フーリエ変換**(*Fourier transformation*)" と "**フーリエ逆変換**(*Fourier inverse transformation*)" が定義されるんだ。

t の関数 $f(t)e^{-i\alpha t}$ を t で積分した結果, t は $\pm\infty$ の極限を取るため, 最終的には α の関数になる。よって, $F(\alpha)$ とおく。

フーリエ変換 $F(\alpha)$

$$f(x) = \frac{1}{2\pi}\int_{-\infty}^{\infty} e^{i\alpha x}\left\{\int_{-\infty}^{\infty} f(t)e^{-i\alpha t}\,dt\right\}d\alpha \quad \cdots\cdots ⑥$$

フーリエ逆変換 $f(x)$

α の関数 $F(\alpha)e^{i\alpha x}$ を α で積分した結果, α は $\pm\infty$ の極限を取るため, 最終的には x の関数 $f(x)$ になるんだね。

⑥の右辺の t での積分の部分を "**フーリエ変換**" $F(\alpha)$ と定義する。ただし, この積分変数は何でもかまわないので x にすると,

積分変数を t から x に変えた。

フーリエ変換 $F(\alpha) = F[f(x)] = \displaystyle\int_{-\infty}^{\infty} f(x)e^{-i\alpha x}\,dx$

となる。$F[f(x)]$ は "$f(x)$ **をフーリエ変換したもの**" という意味で, その結果これは α の関数になるので, $F(\alpha)$ と表してもいい。さらにこれらをまとめて,

$F[f(x)](\alpha)$ と, 欲張った表現をしてもかまわない。

これは, "関数 $f(x)$ をフーリエ変換して, その結果 α の関数になった" ことを表す。

次にフーリエ変換 $F(\alpha)$ を⑥に代入したものが, "**フーリエ逆変換**" $F^{-1}[F(\alpha)]$ の公式であり, 次のようにフーリエ逆変換を定義する。

フーリエ逆変換 $f(x) = F^{-1}[F(\alpha)] = \dfrac{1}{2\pi}\displaystyle\int_{-\infty}^{\infty} F(\alpha)e^{i\alpha x}\,d\alpha$

これは, "$F(\alpha)$ をフーリエ逆変換したもの $F^{-1}[F(\alpha)]$ が, x の関数 $f(x)$ になる" という意味だ。

ここで, フーリエ変換できる関数 $f(x)$ の条件として, "区分的に滑らかで, かつ連続" 以外に "**絶対可積分**" の条件もつく。$f(x)$ が絶対可積分であるとは, $\displaystyle\int_{-\infty}^{\infty}|f(x)|dx \leqq M$ （M：有限な正の定数）をみたすことなんだ。これから, $\displaystyle\lim_{x\to\pm\infty} f(x) = 0$ の条件が導かれるけれど, 逆に $\displaystyle\lim_{x\to\pm\infty} f(x) = 0$ がみたされても, $f(x)$ が絶対可積分になるとは限らないことに注意しよう。

それでは, 以上のことをまとめて次に示す。

フーリエ変換とフーリエ逆変換

関数 $f(x)$ が $(-\infty,\ \infty)$ で，区分的に滑らかで連続，かつ絶対可積分であるとき，$f(x)$ のフーリエ変換と，その逆変換は次のように定義される。

（Ⅰ）フーリエ変換

$$F(\alpha) = F[f(x)] = \int_{-\infty}^{\infty} f(x)e^{-i\alpha x}\,dx \leftarrow \boxed{x \text{ での積分}}$$

（Ⅱ）フーリエ逆変換

$$F^{-1}[F(\alpha)] = \frac{1}{2\pi}\int_{-\infty}^{\infty} F(\alpha)e^{i\alpha x}\,d\alpha \leftarrow \boxed{\alpha \text{ での積分}}$$

参考

⑥式を，$f(x) = \dfrac{1}{\sqrt{2\pi}}\displaystyle\int_{-\infty}^{\infty} e^{i\alpha x}\left\{\dfrac{1}{\sqrt{2\pi}}\int_{-\infty}^{\infty} f(t)e^{-i\alpha t}\,dt\right\}d\alpha$ として，

$$\underbrace{\phantom{\dfrac{1}{\sqrt{2\pi}}\int_{-\infty}^{\infty} f(t)e^{-i\alpha t}\,dt}}_{\boxed{\text{フーリエ変換 } F(\alpha)}}$$

$$\begin{cases} \text{フーリエ変換 } F(\alpha) = \dfrac{1}{\sqrt{2\pi}}\displaystyle\int_{-\infty}^{\infty} f(x)e^{-i\alpha x}\,dx \\[4mm] \text{フーリエ逆変換 } F^{-1}[F(\alpha)] = \dfrac{1}{\sqrt{2\pi}}\displaystyle\int_{-\infty}^{\infty} F(\alpha)e^{i\alpha x}\,d\alpha \end{cases}$$

$\leftarrow$ 係数 $\dfrac{1}{2\pi}$ を，フーリエ変換，フーリエ逆変換それぞれに同じ $\dfrac{1}{\sqrt{2\pi}}$ にして割り当てている。

と定義することもあるので気を付けよう。フーリエ変換とその逆変換の場合，（ⅰ）$f(x) \rightarrow F(\alpha)$ と（ⅱ）$F(\alpha) \rightarrow f(x)$ の **2** つをセットにして，元の $f(x)$ に戻ればいいという発想があるため，このように定義にズレが出てくるんだね。

本書では，もちろん上記の基本事項に従ってこれから解説していく。

ここで，$f(x)$ が不連続点を含む区分的に滑らかで，かつ絶対可積分な関数とすると，⑥式に修正を加えて，次の "**フーリエの積分定理**" が成り立つ。

フーリエの積分定理

関数 $f(x)$ が $(-\infty, \infty)$ で，区分的に滑らかで，かつ絶対可積分であるとき，

$$\frac{f(x+0) + f(x-0)}{2} = \frac{1}{2\pi}\int_{-\infty}^{\infty} e^{i\alpha x}\left\{\int_{-\infty}^{\infty} f(t)e^{-i\alpha t}\,dt\right\}d\alpha \text{ が成り立つ。}$$

$\boxed{\text{これは，} x \text{ で連続のときは，当然 } f(x) \text{ のことだ。}}$

これも，フーリエ級数のときと同様だから，納得できると思う。

それでは，フーリエ変換の計算を実際にいくつか練習してみよう。

例題 11　次のそれぞれの関数のフーリエ変換を求めよう。

$$(1)\ f(x) = \begin{cases} 1 & (-1 < x < 1) \\ 0 & (x < -1,\ 1 < x) \end{cases} \qquad (2)\ g(x) = \begin{cases} -1 & (-1 < x < 0) \\ 1 & (0 < x < 1) \\ 0 & (x < -1,\ 1 < x) \end{cases}$$

(1) $f(x)$ のフーリエ変換 $F(\alpha)$ を次の定義式:

$$F(\alpha) = F[f(x)] = \int_{-\infty}^{\infty} f(x)e^{-i\alpha x}dx \ \cdots\cdots①$$

に従って求めよう。$f(x)$ は $-1 < x < 1$
の範囲のみ 1 で，他は 0 より，①から，

$$F(\alpha) = \int_{-\infty}^{-1} 0 \cdot e^{-i\alpha x}dx + \int_{-1}^{1} 1 \cdot e^{-i\alpha x}dx + \int_{1}^{\infty} 0 \cdot e^{-i\alpha x}dx$$

$$\boxed{cos(-\alpha x) + i\sin(-\alpha x) = cos\alpha x - i\sin\alpha x}$$

$$= \int_{-1}^{1} (\cos\alpha x - i\sin\alpha x)dx = \int_{-1}^{1}\cos\alpha x\,dx - i\int_{-1}^{1}\sin\alpha x\,dx$$

$$\boxed{偶関数} \qquad \boxed{奇関数} \qquad\qquad\qquad \boxed{0}$$

$$= 2\int_{0}^{1}\cos\alpha x\,dx = 2\left[\frac{1}{\alpha}\sin\alpha x\right]_{0}^{1} = \frac{2}{\alpha}\cdot\sin\alpha \quad となって答えだ。$$

別解

$$F(\alpha) = \int_{-1}^{1} e^{-i\alpha x}dx = \left[\frac{1}{-i\alpha}e^{-i\alpha x}\right]_{-1}^{1}$$

実指数関数の積分
$$\int_{a}^{b}e^{px}dx = \left[\frac{1}{p}e^{px}\right]_{a}^{b}$$
と同様に複素指数関数の積分もできる。

$$= -\frac{1}{i\alpha}(e^{-i\alpha} - e^{i\alpha})$$

$$\boxed{\sin\alpha}$$

$$= \frac{2}{\alpha}\cdot\boxed{\frac{e^{i\alpha} - e^{-i\alpha}}{2i}} = \frac{2}{\alpha}\cdot\sin\alpha \quad と計算してもいい。$$

(2) 同様に，$g(x)$ のフーリエ変換
$F(\alpha)$ を求めてみると，

$$F(\alpha) = F[g(x)] = \int_{-\infty}^{\infty} g(x)e^{-i\alpha x}dx$$

$$= \int_{-1}^{0}(-1)\cdot e^{-i\alpha x}dx + \int_{0}^{1} 1 \cdot e^{-i\alpha x}dx$$

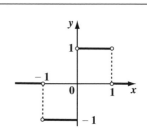

$$F(\alpha) = -\left[-\frac{1}{i\alpha}e^{-i\alpha x}\right]_{-1}^{0} + \left[-\frac{1}{i\alpha}e^{-i\alpha x}\right]_{0}^{1} = \frac{1}{i\alpha}(1 - e^{i\alpha}) - \frac{1}{i\alpha}(e^{-i\alpha} - 1)$$

$$= \frac{1}{i\alpha}\left\{2 - (e^{i\alpha} + e^{-i\alpha})\right\} = \boxed{\frac{2}{i\alpha}}\left(1 - \underline{\frac{e^{i\alpha} + e^{-i\alpha}}{2}}\right) = -\frac{2i}{\alpha}(1 - \cos\alpha)$$

$$\boxed{-\frac{2i^2}{i\alpha} = -\frac{2i}{\alpha}} \qquad \boxed{\cos\alpha}$$

$$= \frac{2i}{\alpha}(\cos\alpha - 1) \quad となる。$$

別解

$g(x)$ が奇関数であることに気付けば, 次のようにも計算してもいいね。

定義:$g(-x) = -g(x)$,原点対称なグラフ

$$F(\alpha) = \int_{-\infty}^{\infty} g(x)\underline{e^{-i\alpha x}}dx = \int_{-1}^{1} g(x)(\cos\alpha x - i\sin\alpha x)dx$$

$\underline{\cos\alpha x - i\sin\alpha x}$ 　 奇関数　偶関数　奇関数

$$= 2 \cdot (-i)\int_{0}^{1} \underline{g(x)\sin\alpha x}dx = -2i\int_{0}^{1} 1 \cdot \sin\alpha x\,dx$$

(奇関数)×(奇関数)=(偶関数)

$$= -2i\left[-\frac{1}{\alpha}\cos\alpha x\right]_{0}^{1} = \frac{2i}{\alpha}(\cos\alpha - 1) \quad と計算してもいい。$$

どう? フーリエ変換にも少しは慣れてきた?

それでは次, "**フーリエ余弦変換**" と "**フーリエ正弦変換**" についても
解説しよう。

● フーリエ余弦変換とフーリエ正弦変換も押さえよう!

例題 **11(1)(2)** のように, フーリエ変換の対象となる関数 $f(x)$ が, (i) 偶
関数であるか, または (ii) 奇関数であるとき, フーリエ変換の計算が少し
楽になる。これらはそれぞれ, (i)**フーリエ余弦変換 (フーリエ・コサイン
変換)** と (ii)**フーリエ正弦変換 (フーリエ・サイン変換)** と呼ばれるものだ。
具体的に解説しよう。

(i) フーリエ・コサイン変換

実数関数 $f(x)$ が偶関数のとき，フーリエ変換 $F(\alpha)$ とフーリエ逆変換 $f(x)$ はそれぞれ，

$$\cdot\ F(\alpha) = F[f(x)] = \int_{-\infty}^{\infty} f(x)e^{-i\alpha x}dx = \int_{-\infty}^{\infty} \underbrace{f(x)}_{\text{偶関数}}(\underbrace{\cos\alpha x}_{\text{偶関数}} - i\underbrace{\sin\alpha x}_{\text{奇関数}})dx$$

$$= \int_{-\infty}^{\infty} \underbrace{f(x)\cos\alpha x}_{\text{偶関数}}dx = 2\underbrace{\int_{0}^{\infty} f(x)\cos\alpha x dx}_{\text{実数関数}} \quad \text{となり，}$$

$$\cdot\ \underbrace{f(x)}_{\text{実数関数}} = F^{-1}[F(\alpha)] = \frac{1}{2\pi}\int_{-\infty}^{\infty} F(\alpha)e^{i\alpha x}d\alpha = \frac{1}{2\pi}\int_{-\infty}^{\infty} \underbrace{F(\alpha)}_{\text{実数関数}}(\underbrace{\cos\alpha x}_{\text{実数関数}} + i\underbrace{\sin\alpha x}_{\text{純虚数関数}})d\alpha$$

$$= \frac{1}{2\pi}\int_{-\infty}^{\infty} \underbrace{F(\alpha)\cos\alpha x}_{\text{実数関数}}d\alpha \quad \text{となる。}$$

(ii) フーリエ・サイン変換

実数関数 $f(x)$ が奇関数のとき，フーリエ変換 $F(\alpha)$ とフーリエ逆変換 $f(x)$ はそれぞれ，

$$\cdot\ F(\alpha) = F[f(x)] = \int_{-\infty}^{\infty} f(x)e^{-i\alpha x}dx = \int_{-\infty}^{\infty} \underbrace{f(x)}_{\text{奇関数}}(\underbrace{\cos\alpha x}_{\text{偶関数}} - i\underbrace{\sin\alpha x}_{\text{奇関数}})dx$$

$$= -i\int_{-\infty}^{\infty} \underbrace{f(x)\sin\alpha x}_{\text{偶関数}}dx = \underbrace{-2i\int_{0}^{\infty} f(x)\sin\alpha x dx}_{\text{純虚数関数}} \quad \text{となり，}$$

$$\cdot\ \underbrace{f(x)}_{\text{実数関数}} = F^{-1}[F(\alpha)] = \frac{1}{2\pi}\int_{-\infty}^{\infty} F(\alpha)e^{i\alpha x}d\alpha = \frac{1}{2\pi}\int_{-\infty}^{\infty} \underbrace{F(\alpha)}_{\text{純虚数関数}}(\underbrace{\cos\alpha x}_{\text{実数関数}} + i\underbrace{\sin\alpha x}_{\text{純虚数関数}})d\alpha$$

$$= \frac{i}{2\pi}\int_{-\infty}^{\infty} \underbrace{F(\alpha)\sin\alpha x}_{\text{実数関数}}d\alpha \quad \text{となる。}$$

以上のことを基本事項として，まとめて示しておこう。フーリエ・サイン変換とその逆変換のとき，係数 $-i$ や i が付くことに気を付けてくれ。

フーリエ・コサイン変換とフーリエ・サイン変換

$f(x)$ は区分的に滑らかで連続, かつ絶対可積分である実数関数とする。

(i) フーリエ・コサイン変換 (フーリエ余弦変換)

$f(x)$ が偶関数であるとき,

$$F(\alpha) = F[f(x)] = 2\int_0^\infty f(x)\cos\alpha x dx$$

$$f(x) = F^{-1}[F(\alpha)] = \frac{1}{2\pi}\int_{-\infty}^\infty F(\alpha)\cos\alpha x d\alpha \quad となる。$$

これらをそれぞれ "**フーリエ・コサイン変換**", "**フーリエ・コサイン逆変換**" と呼ぶ。

(ii) フーリエ・サイン変換 (フーリエ正弦変換)

$f(x)$ が奇関数であるとき,

> 一般に, フーリエ・サイン変換 (逆変換) では, $-i$ や i を付けずに定義する場合が多いが, 本書では理論的整合性を保つために, このように定義した。

$$F(\alpha) = F[f(x)] = -2i\int_0^\infty f(x)\sin\alpha x dx$$

$$f(x) = F^{-1}[F(\alpha)] = \frac{i}{2\pi}\int_{-\infty}^\infty F(\alpha)\sin\alpha x d\alpha \quad となる。$$

これらをそれぞれ "**フーリエ・サイン変換**", "**フーリエ・サイン逆変換**" と呼ぶ。

それでは, 次の例題を解いてみよう。

例題 12　　次の関数 $\delta_r(x)$ のフーリエ変換を求めよう。

$$\delta_r(x) = \begin{cases} \dfrac{1}{2r} & (-r \leqq x \leqq r) \\ 0 & (x < -r,\ r < x) \end{cases}$$

$y = \delta_r(x)$ は区分的に滑らかで, かつ絶対可積分な関数で, さらに偶関数でもあるので, この $\delta_r(x)$ のフーリエ・コサイン変換 $F(\alpha)$ を求めてみると,

$$F(\alpha) = F[\delta_r(x)] = 2\int_0^\infty \delta_r(x) \cdot \cos\alpha x dx$$

$$= 2\int_0^r \frac{1}{2r}\cos\alpha x dx = \frac{1}{r}\left[\frac{1}{\alpha}\sin\alpha x\right]_0^r$$

$$\therefore F(\alpha) = \frac{\sin\alpha r}{\alpha r} \cdots\cdots① \quad となる。$$

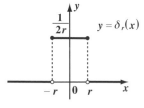

ここで，$r \to +0$ としたとき，$\displaystyle\lim_{r \to +0} \delta_r(x) = \underline{\delta(x)}$

> ディラックのデルタ関数

デルタ関数
$y = \delta(x)$

となるので，$F(\alpha) = F[\delta_r(x)] = \dfrac{\sin\alpha r}{\alpha r}$ ……①

の両辺も $r \to +0$ の極限を求めると，

$$F(\alpha) = F[\delta(x)] = \lim_{r \to +0} \frac{\sin\alpha r}{\alpha r} = 1 \Longleftarrow$$

> 関数の極限公式
> $\displaystyle\lim_{\theta \to 0} \frac{\sin\theta}{\theta} = 1$

となる。$\delta(x)$ は超関数で，本来フーリエ変換の対象となる関数ではないのだけれど， ①の方程式の $r \to +0$ の極限として，そのフーリエ変換を求めた。

そして，フーリエ逆変換の公式から，

$$\delta(x) = \frac{1}{2\pi} \int_{-\infty}^{\infty} 1 \cdot \cos\alpha x\, d\alpha \Longleftarrow$$

> フーリエ・コサイン逆変換の公式
> $f(x) = \dfrac{1}{2\pi} \int_{-\infty}^{\infty} F(\alpha)\cos\alpha x\, d\alpha$

$$= \frac{1}{2\pi} \int_{-\infty}^{\infty} \cos\alpha x\, d\alpha \quad \text{も導ける。}$$

それでは，さらに典型的なフーリエ変換の例題を解いておこう。

例題 13　次のそれぞれの関数のフーリエ変換を求めよう。
　　　　(1) $f(x) = e^{-p|x|}$　　　**(2)** $g(x) = e^{-px^2}$　（ただし，p は正の定数）

---

(1) $f(x) = \begin{cases} e^{-px} & (0 \leqq x) \\ e^{px} & (x < 0) \end{cases}$　　（p：正の定数）

は，区分的に滑らかで連続，かつ
絶対可積分であるので，このフー

$y = f(x) = e^{-p|x|}$

$$\int_{-\infty}^{\infty} |f(x)|dx = 2\int_{0}^{\infty} e^{-px} = -\frac{2}{p}\left[e^{-px}\right]_{0}^{\infty}$$
$$= -\frac{2}{p}(0-1) = \frac{2}{p} \text{ と有限な値をとる。}$$

リエ変換 $F(\alpha)$ を求めると，

$$F(\alpha) = F[f(x)] = \int_{-\infty}^{\infty} f(x)e^{-i\alpha x}\, dx = \int_{-\infty}^{0} e^{px}e^{-i\alpha x}\, dx + \int_{0}^{\infty} e^{-px}e^{-i\alpha x}\, dx$$

$$= \int_{-\infty}^{0} e^{(p-i\alpha)x}dx + \int_{0}^{\infty} e^{-(p+i\alpha)x}dx$$

130

$$F(\alpha) = \frac{1}{p - i\alpha}\left[e^{(p-i\alpha)x}\right]_{-\infty}^{0} - \frac{1}{p + i\alpha}\left[e^{-(p+i\alpha)x}\right]_{0}^{\infty}$$

$$= \frac{1}{p - i\alpha}(1 - \underset{\underset{\sim}{}}{0}) - \frac{1}{p + i\alpha}\underset{\underset{=}{}}{(0} - 1) = \frac{1}{p - i\alpha} + \frac{1}{p + i\alpha} = \frac{p + i\alpha + p - i\alpha}{p^2 - i^2\alpha^2} = \frac{2p}{p^2 + \alpha^2} \text{ となる。}$$

$$\therefore \lim_{R \to -\infty}\left|e^{(p-i\alpha)R}\right| = \lim_{R \to -\infty}e^{pR} \cdot \underset{\|\wedge}{|(\cos\alpha R - i\sin\alpha R)|} \leqq \lim_{R \to -\infty}2\,\boxed{e^{pR}} = \underset{\underset{\sim}{}}{0}$$

$$\boxed{|\cos\alpha R| + |i\sin\alpha R| = |\cos\alpha R| + |\sin\alpha R| \leqq 1 + 1}$$

$$\lim_{R \to \infty}\left|e^{-(P+i\alpha)R}\right| = \lim_{R \to \infty}e^{-pR} \cdot |\cos\alpha R - i\sin\alpha R| \leqq \lim_{R \to \infty}2e^{-pR} = \underset{=}{0}$$

参考

$f(x) = e^{-p|x|}$ は偶関数だから，もちろんフーリエ・コサイン変換を用いて，

$$F(\alpha) = 2\int_0^\infty f(x)\cos\alpha x\,dx = 2\int_0^\infty e^{-px}\cos\alpha x\,dx \text{ から求めてもいい。}$$

(2) $g(x) = e^{-px^2}$ (p：正の定数)

は，区分的に滑らかで連続，かつ

絶対可積分である。

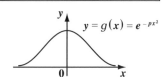

$y = g(x) = e^{-px^2}$

$$\int_{-\infty}^{\infty}e^{-t^2}dt = \sqrt{\pi} \quad \cdots\cdots① \quad \text{より，}$$

この定積分をご存知ない方には「微分積分キャンパス・ゼミ」(マセマ)で勉強されることを勧める。

$t = \sqrt{p}x$ とおくと，$t : -\infty \to \infty$ のとき，$x : -\infty \to \infty$

また，$dt = \sqrt{p}dx$

よって，$\displaystyle\int_{-\infty}^{\infty}e^{-(\sqrt{p}x)^2}\sqrt{p}dx = \sqrt{\pi}$ より，$\displaystyle\int_{-\infty}^{\infty}e^{-px^2}dx = \sqrt{\dfrac{\pi}{p}}$ と有限な値をとる。

よって，このフーリエ変換を求めると，

$$F(\alpha) = F[g(x)] = \int_{-\infty}^{\infty}g(x)e^{-i\alpha x}dx \longleftarrow \boxed{\begin{array}{l}\text{これは，フーリエ・コサイン変換}\\\text{よりも，一般のフーリエ変換の方}\\\text{が計算しやすい。}\end{array}}$$

$$= \int_{-\infty}^{\infty}e^{-px^2}e^{-i\alpha x}dx$$

$$\boxed{e^{-(px^2 + i\alpha x)} = e^{-p\left(x^2 + \frac{i\alpha}{p}x - \frac{\alpha^2}{4p^2}\right) - \frac{\alpha^2}{4p}} = e^{-p\left(x + \frac{\alpha}{2p}i\right)^2} \cdot e^{-\frac{\alpha^2}{4p}}}$$

$$\therefore F(\alpha) = e^{-\frac{\alpha^2}{4p}}\int_{-\infty}^{\infty}e^{-p\left(x + \frac{\alpha}{2p}i\right)^2}dx \quad \cdots\cdots(a)$$

ここで，$F(\alpha) = e^{-\frac{\alpha^2}{4p}} \displaystyle\int_{-\infty}^{\infty} e^{-p\left(x+\frac{\alpha}{2p}i\right)^2} dx$ ……(a) の複素積分については，

まず $h(z) = e^{-pz^2}$ （z：複素数）とおこう。

この複素関数 $h(z)$ は，全複素数平面で正則（微分可能）な関数なので，コーシーの積分定理より，右図のような4つの積分路 C_1，C_2，C_3，C_4 による1周線積分の結果は0となる。つまり，

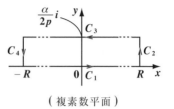

（複素数平面）

$$\int_{C_1} + \cancel{\int_{C_2}} + \int_{C_3} + \cancel{\int_{C_4}} = 0 \quad ……(b) \quad となる。$$

$\underset{\boxed{0}}{} \qquad \underset{\boxed{0}}{}$

ここで，$R \to \infty$ のとき，$\displaystyle\int_{C_2} h(z)dz \to 0$，$\displaystyle\int_{C_4} h(z)dz \to 0$ となるので，(b)より，

$$-\int_{C_3} h(z)dz = \int_{C_1} h(z)dz \quad すなわち，$$

$$\int_{-R}^{R} e^{-p\left(x+\frac{\alpha}{2p}i\right)^2} dx = \int_{-R}^{R} e^{-px^2} dx \quad となる。$$

ここで，さらに $R \to \infty$ とすると，

$$\int_{-\infty}^{\infty} e^{-p\left(x+\frac{\alpha}{2p}i\right)^2} dx = \int_{-\infty}^{\infty} e^{-px^2} dx \quad ……(c) \quad となる。$$

(c)を(a)に代入すると，フーリエ変換 $F(\alpha)$ が

$$F(\alpha) = e^{-\frac{\alpha^2}{4p}} \int_{-\infty}^{\infty} e^{-px^2} dx = \sqrt{\frac{\pi}{p}} e^{-\frac{\alpha^2}{4p}} \quad となって，求まるんだね。$$

$\sqrt{\dfrac{\pi}{p}}$ ← P131 参照

"複素関数の正則条件" や "コーシーの積分定理" 等をご存知ない方には，「複素関数キャンパス・ゼミ」（マセマ）で学習されることを勧める。

● フーリエ変換とフーリエ逆変換の意味を押さえよう！

これまで，さまざまな関数 $f(x)$ のフーリエ変換 $F(\alpha)$ を求めてきたけれど，このフーリエ変換やフーリエ逆変換がどういう意味をもっているのか，興味のあるところだろうね。

これについては，次のように複素フーリエ級数と対比して見てみると分かりやすいと思う。

● フーリエ変換とフーリエ逆変換	● 複素フーリエ係数と複素フーリエ級数

・ フーリエ変換

$$F(\alpha) = \int_{-\infty}^{\infty} f(x)e^{-i\alpha x}\,dx$$

・ 複素フーリエ係数

$$c_k = \frac{1}{2L}\int_{-L}^{L} f(x)e^{-i\frac{k\pi}{L}x}\,dx$$

・ フーリエ逆変換

$$f(x) = \frac{1}{2\pi}\int_{-\infty}^{\infty} F(\alpha)e^{i\alpha x}d\alpha$$

・ 複素フーリエ級数

$$f(x) = \sum_{k=-\infty}^{\infty} c_k e^{i\frac{k\pi}{L}x}$$

どう？ 上の模式図から係数に若干の相違はあるけれど，"**フーリエ変換**" は "**フーリエ係数**" に対応し，また "**フーリエ逆変換**" は "**フーリエ級数**" に対応していることが分かったと思う。

それでは，フーリエ係数やフーリエ変換がどのような意味をもつのかについても説明しておこう。まず，周期 $2L$ の周期関数 $f(x)$ の実フーリエ級数を変形すると，

$$f(x) = \frac{a_0}{2} + \sum_{k=1}^{\infty}\left(a_k \cdot \cos\frac{k\pi}{L}x + b_k \cdot \sin\frac{k\pi}{L}x \right)$$

$$\boxed{A_k\sin\!\left(\frac{k\pi}{L}x+\alpha\right) \quad \left(A_k = \sqrt{a_k{}^2 + b_k{}^2}\right)} \longleftarrow \boxed{\text{三角関数の合成}}$$

$$= \frac{a_0}{2} + \sum_{k=1}^{\infty} A_k\sin\!\left(\frac{k\pi}{L}x+\alpha\right) \quad \text{となる。}$$

複素フーリエ係数 c_k は，$c_k = \frac{1}{2}(a_k - ib_k)$ より，$|c_k|^2 = c_k \cdot \overline{c_k} = \frac{1}{4}(a_k{}^2 + b_k{}^2)$ よって，$A_k{}^2 = 4|c_k|^2$ より，$A_k = 2|c_k|$ となる。(**P55** 参照)

これから，この $A_k\,(=2|c_k|)$ は，周期 $\dfrac{2L}{k}$ の波動成分の大きさ (振幅) を表すことになる。各波動成分に対する，その大きさを分布で表したものを "**スペクトル**" という。この場合 k，すなわち周期 $\dfrac{2L}{k}$ は飛び飛びの値をとるので，特に "**離散スペクトル**" と呼ぶ。

これに対して，フーリエ変換の場合，非周期関数 $f(x)$ を形成する周期 $\dfrac{2\pi}{\alpha}$ の波動成分の大きさが $|F(\alpha)|$ で表される。ここで，α (波数)，すなわち周期 $\dfrac{2\pi}{\alpha}$ は連続的に変化するので，$|F(\alpha)|$ の分布は "**連続スペクトル**" と呼ばれる。このことも覚えておこう。

関数 $f(x) = \begin{cases} 1 - x^2 & (-1 \leq x \leq 1) \\ 0 & (x < -1, \ 1 < x) \end{cases}$ のフーリエ変換を求めよ。

ヒント！　関数 $f(x)$ は偶関数なので，フーリエ・コサイン変換の公式：
$F(\alpha) = 2\int_0^\infty f(x)\cos\alpha x dx$ を利用すればいいんだね。

解答＆解説

$f(x)$ は，区分的に滑らかで連続，か
つ絶対可積分であり，さらに偶関数
でもあるので次のようにフーリエ・
コサイン変換の公式が使える。

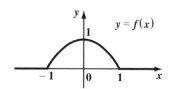

$y = f(x)$

$$F(\alpha) = F[f(x)] = 2\int_0^\infty f(x)\cos\alpha x dx$$

$$= 2\int_0^1 (1 - x^2)\cos\alpha x dx$$

$$= 2\int_0^1 (1 - x^2)\left(\frac{1}{\alpha}\sin\alpha x\right)' dx \quad \boxed{\text{部分積分}}$$

$$= 2\left\{ \frac{1}{\alpha}\left[(1 - x^2)\sin\alpha x\right]_0^1 \right.$$

$$\left. - \frac{1}{\alpha}\int_0^1 (-2x) \cdot \sin\alpha x dx \right\}$$

フーリエ・コサイン変換

$$F(\alpha) = \int_{-\infty}^\infty f(x)e^{-i\alpha x} dx$$

$$= \int_{-\infty}^\infty f(x)(\cos\alpha x - i\sin\alpha x) dx$$

（偶）　（偶）　（奇）

$$= 2\int_0^\infty f(x)\cos\alpha x dx$$

$$= \frac{4}{\alpha}\int_0^1 x \cdot \left(-\frac{1}{\alpha}\cos\alpha x\right)' dx \quad \rightarrow \boxed{\text{部分積分 2 連発！}}$$

$$= \frac{4}{\alpha}\left\{ -\frac{1}{\alpha}\left[x\cos\alpha x\right]_0^1 + \frac{1}{\alpha}\int_0^1 1 \cdot \cos\alpha x dx \right\}$$

$$= \frac{4}{\alpha}\left\{ -\frac{1}{\alpha} \cdot 1 \cdot \cos\alpha + \frac{1}{\alpha}\left[\frac{1}{\alpha}\sin\alpha x\right]_0^1 \right\}$$

$$= \frac{4}{\alpha}\left(-\frac{\cos\alpha}{\alpha} + \frac{\sin\alpha}{\alpha^2} \right)$$

$$\therefore F(\alpha) = F[f(x)] = \frac{4}{\alpha^3}(\sin\alpha - \alpha\cos\alpha) \quad \text{である。}$$

実践問題 6　　　　● フーリエ・サイン変換 ●

関数 $g(x) = \begin{cases} -2x & (-1 \leqq x \leqq 1) \\ 0 & (x < -1,\ 1 < x) \end{cases}$ のフーリエ変換を求めよ。

ヒント！　関数 $g(x)$ は奇関数なので，フーリエ・サイン変換の公式を用いればいいんだね。フーリエ変換を行うのに，区分的に滑らかで，かつ絶対可積分であれば十分だよ。

解答＆解説

$g(x)$ は，区分的に滑らかで，かつ絶対可積分であり，さらに奇関数でもあるので，次のようにフーリエ・サイン変換の公式が使える。

$y = g(x)$ のグラフ

$$F(\alpha) = F[g(x)] = -2i \int_0^\infty g(x) \boxed{(\mathcal{ア})}\ dx$$

$$= -2i \int_0^1 (-2x) \sin\alpha x\, dx$$

$$= 4i \int_0^1 x \left(\boxed{(\mathcal{イ})} \right)'\, dx$$

部分積分

フーリエ・サイン変換
$$F(\alpha) = \int_{-\infty}^\infty f(x) e^{-i\alpha x}\, dx$$
$$= \int_{-\infty}^\infty f(x)(\underbrace{\cos\alpha x}_{偶} - \underbrace{i\sin\alpha x}_{奇})\, dx$$
（奇）
$$= -2i \int_0^\infty f(x) \sin\alpha x\, dx$$

$$= 4i \left\{ -\frac{1}{\alpha}\big[x\cos\alpha x\big]_0^1 + \frac{1}{\alpha}\int_0^1 1 \cdot \cos\alpha x\, dx \right\}$$

$$= 4i \left\{ -\frac{1}{\alpha} \cdot 1 \cdot \cos\alpha + \frac{1}{\alpha}\left[\boxed{(\mathcal{ウ})}\right]_0^1 \right\}$$

$$= 4i \left(-\frac{\cos\alpha}{\alpha} + \frac{\sin\alpha}{\alpha^2} \right)$$

$$\therefore F(\alpha) = F[g(x)] = \frac{4i}{\alpha^2}\left(\boxed{(\mathcal{エ})} \right)\ である。$$

解答　(ア) $\sin\alpha x$　　(イ) $-\dfrac{1}{\alpha}\cos\alpha x$　　(ウ) $\dfrac{1}{\alpha}\sin\alpha x$　　(エ) $\sin\alpha - \alpha\cos\alpha$

§2. フーリエ変換の性質

前回でフーリエ変換とフーリエ逆変換の基本の解説は終わったので，今回の講義ではフーリエ変換の様々な性質について解説しよう。フーリエ変換は前回説明したスペクトル分析だけでなく，偏微分方程式を解く上でも重要な役割を演じるんだ。その際，これから解説するフーリエ変換の性質はとても重要だから，ここでシッカリマスターしておこう。

さらに，フーリエ級数のときと同様に，フーリエ変換でも "**パーシヴァルの等式**" が存在する。これも，"**合成積のフーリエ変換**" と併せて解説する。

今回も盛り沢山の内容になるけれど，また分かりやすく解説するつもりだ。

● $f(x)$ と $F(\alpha)$ を対比して覚えよう！

未知関数 $f(x)$ の微分方程式を解く際に，いったんフーリエ変換して $F(\alpha)$ の方程式に書き変えてこれを解き，さらにフーリエ逆変換して $f(x)$ を求める手法があるんだ。このときに，$f(x)$ と $F(\alpha)$ の対応関係を辞書のように用意しておくと便利なんだね。ここで，前回練習したフーリエ変換の主な結果をグラフの概形と共に下にまとめて示しておこう。

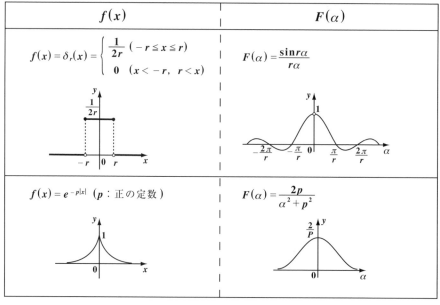

$f(x)$	$F(\alpha)$
$f(x) = \delta_r(x) = \begin{cases} \dfrac{1}{2r} & (-r \leqq x \leqq r) \\ 0 & (x < -r,\ r < x) \end{cases}$	$F(\alpha) = \dfrac{\sin r\alpha}{r\alpha}$
$f(x) = e^{-p|x|}$ （p：正の定数）	$F(\alpha) = \dfrac{2p}{\alpha^2 + p^2}$

$$f(x) = e^{-px^2} \ (p: 正の定数) \qquad\qquad F(\alpha) = \sqrt{\frac{\pi}{p}} \, e^{-\frac{\alpha^2}{4p}}$$

これ以外にも，超関数という特殊な関数では
あるけれど，$f(x) = \delta(x)$（デルタ関数）のと
き，そのフーリエ変換は，$F(\alpha) = 1$ だった。
フーリエ変換の公式：

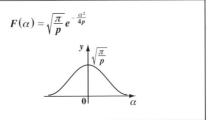

・フーリエ変換
$$F(\alpha) = \int_{-\infty}^{\infty} f(x)e^{-i\alpha x} dx$$
・フーリエ逆変換
$$f(x) = \frac{1}{2\pi} \int_{-\infty}^{\infty} F(\alpha)e^{i\alpha x} d\alpha$$

$$1 = \int_{-\infty}^{\infty} \delta(x)e^{-i\alpha x} dx \ \text{より，その逆変換の公式は，}$$

$$\delta(x) = \frac{1}{2\pi} \int_{-\infty}^{\infty} 1 \cdot e^{i\alpha x} d\alpha \ \cdots\cdots ① \quad となる。$$

①より，$\displaystyle\int_{-\infty}^{\infty} 1 \cdot e^{i\alpha x} d\alpha = 2\pi\delta(x) \ \cdots\cdots ①'$

ここで，$\alpha = -\beta$ と変数を α から β へ置換すると，

$\alpha : -\infty \rightarrow \infty$ のとき，$\beta : \infty \rightarrow -\infty$

また，$d\alpha = -1 \cdot d\beta$ となるので，①' は次のようになる。

$$\int_{\infty}^{-\infty} 1 \cdot e^{-i\beta x} \cdot (-1) d\beta = 2\pi\delta(x) \qquad よって，$$

$$\int_{-\infty}^{\infty} 1 \cdot e^{-i\boxed{\beta x}} d\beta = 2\pi\delta(\boxed{x})$$

（$\boxed{x\alpha}$　$\boxed{x}$　$\boxed{\alpha}$）

ここで，さらに，変数 β を x に，また変数 x を α に置き換えると，

$$\int_{-\infty}^{\infty} 1 \cdot e^{-i\alpha x} dx = 2\pi\delta(\alpha)$$

これは，$f(x) = 1$ をフーリエ変換した $F(\alpha) = F[1]$ に他ならない！

これから，$f(x) = 1$ のとき，そのフーリエ変換 $F(\alpha)$ は，$F(\alpha) = 2\pi\delta(\alpha)$
となることが分かったんだね。以上より，さらに 2 つの対応関係が分かっ
たので，これも辞書に加えておこう。

137

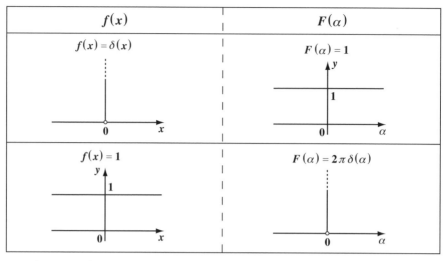

$f(x)$	$F(\alpha)$
$f(x) = \delta(x)$	$F(\alpha) = 1$
$f(x) = 1$	$F(\alpha) = 2\pi\delta(\alpha)$

こうして，表にまとめると覚えやすいはずだ。頭に入れておこう！

● フーリエ変換の性質を押さえよう！

それでは次，フーリエ変換の重要な性質について解説しよう。

フーリエ変換の性質（Ⅰ）

$f(x)$，$g(x)$ は区分的に滑らかで連続，かつ絶対可積分である実数関数とする。

(1) $F[pf(x) + qg(x)] = pF[f(x)] + qF[g(x)]$ ……①

(2) $F(-\alpha) = \overline{F(\alpha)}$ ……………………………………②

(3) $F[f(px)] = \dfrac{1}{|p|}F[f(x)]\left(\dfrac{\alpha}{p}\right)$ …………………③ $(p \neq 0)$

(4) $F[f(x-q)] = e^{-iq\alpha}F[f(x)]$ …………………………④

　　（ただし，p，q は定数，また $\overline{F(\alpha)}$ は $F(\alpha)$ の共役複素数を表す。）

すべて，フーリエ変換の定義式：$F[f(x)] = \displaystyle\int_{-\infty}^{\infty} f(x)e^{-i\alpha x}dx$ から導ける。

(1) $F[pf(x) + qg(x)] = \displaystyle\int_{-\infty}^{\infty} \{pf(x) + qg(x)\}e^{-i\alpha x}dx$

　　　　　$= p\displaystyle\int_{-\infty}^{\infty} f(x)e^{-i\alpha x}dx + q\int_{-\infty}^{\infty} g(x)e^{-i\alpha x}dx$

　　　　　$= pF[f(x)] + qF[g(x)]$ ……①　　となる。

> フーリエ変換では
> 線形性が成り立つ。

138

(2) $F(\alpha) = \displaystyle\int_{-\infty}^{\infty} f(x)e^{-i\alpha x}dx = \int_{-\infty}^{\infty} f(x)\overbrace{(\cos\alpha x - i\sin\alpha x)}dx$

オイラーの公式

$\qquad = \underline{\displaystyle\int_{-\infty}^{\infty} f(x)\cos\alpha x\,dx} - i\underline{\displaystyle\int_{-\infty}^{\infty} f(x)\sin\alpha x\,dx}$ ……(a)

実数 　　　　　　実数

$F(-\alpha) = \displaystyle\int_{-\infty}^{\infty} f(x)e^{i\alpha x}dx = \int_{-\infty}^{\infty} f(x)\overbrace{(\cos\alpha x + i\sin\alpha x)}dx$

$\qquad = \underline{\displaystyle\int_{-\infty}^{\infty} f(x)\cos\alpha x\,dx} + i\underline{\displaystyle\int_{-\infty}^{\infty} f(x)\sin\alpha x\,dx}$ ……(b)

実数 　　　　　　実数

以上(a), (b)より, $F(\alpha)$ と $F(-\alpha)$ は互いに共役な関係だね。よって,
$F(-\alpha) = \overline{F(\alpha)}$ ……② も導ける。これは後で, パーシヴァルの等式
を導く際に役に立つ公式だから, 覚えておこう。

(3) 次, ③は関数 $y = f(x)$ を x 軸方向に $\dfrac{1}{p}$ 倍した関数

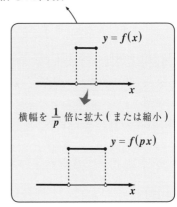

横幅を $\dfrac{1}{p}$ 倍に拡大 (または縮小)

$y = f(px)$ のフーリエ変換の公式だ。

(i) $p > 0$ のとき,

$\qquad F[f(px)] = \displaystyle\int_{-\infty}^{\infty} f(px)e^{-i\alpha x}dx$

ここで, $px = \widetilde{x}$ とおくと,

$x : -\infty \to \infty$ のとき, $\widetilde{x} : -\infty \to \infty$

$pdx = d\widetilde{x}$ より, $dx = \dfrac{1}{p}d\widetilde{x}$

$\therefore F[f(px)] = \displaystyle\int_{-\infty}^{\infty} f(\widetilde{x})e^{-i\alpha\frac{\widetilde{x}}{p}}\dfrac{1}{p}d\widetilde{x}$

$\qquad\qquad = \dfrac{1}{p}\displaystyle\int_{-\infty}^{\infty} f(\widetilde{x})e^{-i\cdot\frac{\alpha}{p}\cdot\widetilde{x}}d\widetilde{x}$

ここで, 変数 $\widetilde{x}$ を元の x に置き換え, α の代わりに $\dfrac{\alpha}{p}$ になって
いることに注意すると,

$F[f(px)] = \dfrac{1}{p}\displaystyle\int_{-\infty}^{\infty} f(x)e^{-i\cdot\frac{\alpha}{p}\cdot x}dx = \dfrac{1}{p}\underline{F[f(x)]\left(\dfrac{\alpha}{p}\right)}$ が導ける。

$f(x)$ のフーリエ変換が $F(\alpha)$ ではなく, $F\left(\dfrac{\alpha}{p}\right)$ であることを示している。

139

(ⅱ) $p < 0$ のとき，同様に，

$px = \widetilde{x}$ とおくと，$x : -\infty \to \infty$ のとき，$\widetilde{x} : \infty \to -\infty$，$pdx = d\widetilde{x}$
より，

$$F[f(px)] = \int_{-\infty}^{\infty} f(px)e^{-i\alpha x}dx = \int_{\infty}^{-\infty} f(\widetilde{x})e^{-i\alpha\frac{\widetilde{x}}{p}} \cdot \frac{1}{p}d\widetilde{x}$$

$$= -\frac{1}{p}\int_{-\infty}^{\infty} f(\widetilde{x})e^{-i\cdot\frac{\alpha}{p}\cdot\widetilde{x}}d\widetilde{x} = -\frac{1}{p}\int_{-\infty}^{\infty} f(x)e^{-i\cdot\frac{\alpha}{p}\cdot x}dx$$

最後に $\widetilde{x}$ を元の x に戻す。

$$= -\frac{1}{p}F[f(x)]\left(\frac{\alpha}{p}\right) \quad となる。$$

以上（ⅰ）$p > 0$ のとき，（ⅱ）$p < 0$ のときの場合をまとめると，

$$F[f(px)] = \frac{1}{|p|}F[f(x)]\left(\frac{\alpha}{p}\right) \quad \cdots\cdots ③ \quad が導けるんだね。納得いった？$$

(4) ④は関数 $y = f(x)$ を x 軸方向に q だけ
平行移動した関数 $y = f(x-q)$ のフーリ
エ変換の公式だ。これも導いてみよう。

q だけ平行移動

$y = f(x)$　$y = f(x-q)$

$$F[f(x-q)] = \int_{-\infty}^{\infty} f(x-q)e^{-i\alpha x}dx$$

ここで，$x - q = \widetilde{x}$ とおくと，

$x : -\infty \to \infty$ のとき，$\widetilde{x} : -\infty \to \infty$，また $dx = d\widetilde{x}$ より，

$$F[f(x-q)] = \int_{-\infty}^{\infty} f(\widetilde{x})e^{-i\alpha(\widetilde{x}+q)}d\widetilde{x} = e^{-i\alpha q}\int_{-\infty}^{\infty} f(\widetilde{x})e^{-i\alpha\widetilde{x}}d\widetilde{x}$$

$e^{-i\alpha q} \cdot e^{-i\alpha\widetilde{x}}$

ここで，変数 $\widetilde{x}$ を元の x に置き換えると，

$$F[f(x-q)] = e^{-iq\alpha}\int_{-\infty}^{\infty} f(x)e^{-i\alpha x}dx = e^{-iq\alpha}F[f(x)] \quad \cdots\cdots ④ \quad も導ける。$$

それでは，以上の公式を次の例題で実際に使ってみよう。

例題 14　$f(x) = e^{-|x|}$ とそのフーリエ変換 $F(\alpha) = F[f(x)] = \dfrac{2}{\alpha^2+1}$

　　　　　が与えられているとき，次の α の関数を求めよう。

　　　　　(1) $F(-\alpha)$　　　　　**(2)** $F[f(2x)]$

　　　　　(3) $F[f(x-1)]$　　　　**(4)** $F[3f(2x) - 2f(x-1)]$

(1) 公式：$F(-\alpha) = \overline{F(\alpha)}$ ……② だけれども、

$F(\alpha)$ は実数関数なので、$F(-\alpha) = F(\alpha)$ となる。 ← p が実数のとき、$\bar{p} = p + 0i = p - 0i = p$ となるからね。

$\therefore F(-\alpha) = F(\alpha) = \dfrac{2}{\alpha^2 + 1}$ だね。

(2) 公式：$F[f(px)] = \dfrac{1}{|p|}F[f(x)]\left(\dfrac{\alpha}{p}\right)$ ……③ より、

$F[f(2x)] = \dfrac{1}{2} \cdot F[f(x)]\left(\dfrac{\alpha}{2}\right) = \dfrac{1}{2} \cdot \dfrac{2}{\left(\dfrac{\alpha}{2}\right)^2 + 1} = \dfrac{4}{\alpha^2 + 4}$ ……(a) となる。

$F(\alpha)$ の α に $\dfrac{\alpha}{2}$ を代入したもの

(3) 公式：$F[f(x-q)] = e^{-iq\alpha}F[f(x)]$ ……④ より、

$F[f(x-1)] = e^{-i \cdot 1 \cdot \alpha}F[f(x)] = e^{-i\alpha} \cdot \dfrac{2}{\alpha^2 + 1} = \dfrac{2e^{-i\alpha}}{\alpha^2 + 1}$ ……(b) となる。

(4) 公式：$F[pf(x) + qg(x)] = pF[f(x)] + qF[g(x)]$ ……① と(a), (b)の結果を用いて、

$F[3f(2x) - 2f(x-1)] = 3F[f(2x)] - 2F[f(x-1)]$

$\dfrac{4}{\alpha^2 + 4}$ ((a)より) $\qquad$ $\dfrac{2e^{-i\alpha}}{\alpha^2 + 1}$ ((b)より)

$= \dfrac{12}{\alpha^2 + 4} - \dfrac{4e^{-i\alpha}}{\alpha^2 + 1}$ ((a), (b)より) となるんだね。大丈夫？

それでは次、関数 $f(x)$ の導関数 $f'(x)$ と積分 $\displaystyle\int_{-\infty}^{x} f(t)dt$ のフーリエ変換についても、その重要な性質 (公式) を示しておこう。

■ フーリエ変換の性質 (II)

(5) $f(x)$ が区分的に滑らかで連続、かつ絶対可積分であるとき、次式が成り立つ。

(i) $F[f'(x)] = i\alpha F[f(x)]$ …………⑤

(ii) $F[f^{(n)}(x)] = (i\alpha)^n F[f(x)]$ ……⑤' (ただし、$f(x)$ は n 階微分可能)

(6) $f(x)$ が区分的に滑らかで、絶対可積分であり、さらに、

$\displaystyle\int_{-\infty}^{\infty} f(x)dx = 0$ をみたすとき、次式が成り立つ。

これは、$f(x)$ が奇関数のときならばみたすが、一般には厳しい条件だ。

$F\left[\displaystyle\int_{-\infty}^{x} f(t)dt\right] = \dfrac{1}{i\alpha}F[f(x)]$ ……⑥

(5) $f(x)$ の導関数 $f'(x)$, $f^{(n)}(x)$ のフーリエ変換の公式⑤, ⑤′ を証明しよう。

（ⅰ）$F[f'(x)] = \displaystyle\int_{-\infty}^{\infty} f'(x)e^{-i\alpha x}dx \longrightarrow$ 部分積分 $\displaystyle\int f' \cdot g\,dx = f \cdot g - \int f \cdot g'\,dx$

$\qquad = \left[f(x)e^{-i\alpha x}\right]_{-\infty}^{\infty} - \displaystyle\int_{-\infty}^{\infty} f(x) \cdot (-i\alpha)e^{-i\alpha x}dx$

$\qquad\qquad \boxed{0}$

$f(x)$ は絶対可積分：$\displaystyle\int_{-\infty}^{\infty} |f(x)|dx \leq M$ (定数) なので，
$\displaystyle\lim_{x \to \infty} f(x) = \lim_{x \to -\infty} f(x) = 0$ となるからだ。

$\qquad = i\alpha \displaystyle\int_{-\infty}^{\infty} f(x)e^{-i\alpha x}dx = i\alpha F[f(x)]$ となって，⑤が導ける。

（ⅱ）⑤′ は⑤が証明されたので，数学的帰納法により導くことができる。

$\qquad k = 1, \ 2, \ 3, \ \cdots$ として，

$\qquad F[f^{(k)}(x)] = (i\alpha)^k F[f(x)] \ \cdots\cdots$(c) と仮定すると，

$\qquad \boxed{f(x) \text{ を } k \text{ 階微分したもの}}$

$F[f^{(k+1)}(x)] = \displaystyle\int_{-\infty}^{\infty} f^{(k+1)}(x)e^{-i\alpha x}dx$

$\qquad = \left[f^{(k)}(x)e^{-i\alpha x}\right]_{-\infty}^{\infty} - \displaystyle\int_{-\infty}^{\infty} f^{(k)}(x) \cdot (-i\alpha)e^{-i\alpha x}dx$

$\qquad\quad \boxed{0}$ $f(x)$ は絶対可積分より，$\displaystyle\lim_{x \to \pm\infty} f^{(k)}(x) = 0$ も言える。

$\qquad = i\alpha \displaystyle\int_{-\infty}^{\infty} f^{(k)}(x)e^{-i\alpha x}dx = (i\alpha)^{k+1}F[f(x)]$ （(c)より）

$\qquad \therefore \ f(x)$ が n 階微分可能ならば，

$\qquad F[f^{(n)}(x)] = (i\alpha)^n F[f(x)] \ \cdots\cdots$⑤′ は成り立つ。

この⑤と⑤′ は，偏微分方程式をフーリエ変換を使って解くときに役に立つ公式なんだよ。

(6) $f(t)$ の積分 $\displaystyle\int_{-\infty}^{x} f(t)dt$ のフーリエ変換の公式も導いてみよう。

$F\left[\displaystyle\int_{-\infty}^{x} f(t)dt\right] = \displaystyle\int_{-\infty}^{\infty}\left\{\displaystyle\int_{-\infty}^{x} f(t)dt\right\}e^{-i\alpha x}dx$

$\qquad = \displaystyle\int_{-\infty}^{\infty}\left\{\displaystyle\int_{-\infty}^{x} f(t)dt\right\}\left(\dfrac{e^{-i\alpha x}}{-i\alpha}\right)' dx \quad \longleftarrow$ 部分積分

$$= -\frac{1}{i\alpha}\left[e^{-i\alpha x}\int_{-\infty}^{x}f(t)dt\right]_{-\infty}^{\infty} - \int_{-\infty}^{\infty}\left\{\int_{-\infty}^{x}f(t)dt\right\}' \cdot \left(-\frac{1}{i\alpha}\right)e^{-i\alpha x}dx$$

$\boxed{0}$ $\boxed{\int_{-\infty}^{-\infty}f(t)dt = \int_{-\infty}^{\infty}f(t)dt = 0 \text{ だからね。}}$

$$= \frac{1}{i\alpha}\int_{-\infty}^{\infty}\underbrace{\left\{\int_{-\infty}^{x}f(t)dt\right\}'}_{\boxed{f(x)}}e^{-i\alpha x}dx = \frac{1}{i\alpha}F[f(x)]$$

よって，公式：$F\left[\int_{-\infty}^{x}f(t)dt\right] = \dfrac{1}{i\alpha}F[f(x)]$ ……⑥　も導けた。

それでは，これらの公式について，演習問題 **6(P134)** と実践問題 **6(P135)** の結果：

$$f(x) = \begin{cases} 1-x^2 & (-1 \leqq x \leqq 1) \\ 0 & (x < -1,\ 1 < x) \end{cases} \text{ のフーリエ変換 } F[f(x)] = \frac{4}{\alpha^3}(\sin\alpha - \alpha\cos\alpha)$$

$$g(x) = \begin{cases} -2x & (-1 \leqq x \leqq 1) \\ 0 & (x < -1,\ 1 < x) \end{cases} \text{ のフーリエ変換 } F[g(x)] = \frac{4i}{\alpha^2}(\sin\alpha - \alpha\cos\alpha)$$

を利用して調べてみよう。

（ⅰ）$g(x) = f'(x)$ より，公式 $F[f'(x)] = i\alpha F[f(x)]$ ……⑤　を用いると，

　　　$\underbrace{F[g(x)]}_{\frac{4i}{\alpha^2}(\sin\alpha - \alpha\cos\alpha)} = F[f'(x)] = i\alpha\underbrace{F[f(x)]}_{\frac{4}{\alpha^3}(\sin\alpha - \alpha\cos\alpha)}$　となって，確かに成り立つ。

（ⅱ）次に，$f(x) = \int_{-\infty}^{x}g(t)dt$ より，公式 $F\left[\int_{-\infty}^{x}f(t)dt\right] = \dfrac{1}{i\alpha}F[f(x)]$ …⑥

　　　を用いると，

　　　$\underbrace{F[f(x)]}_{\frac{4}{\alpha^3}(\sin\alpha - \alpha\cos\alpha)} = F\left[\int_{-\infty}^{x}g(t)dt\right] = \frac{1}{i\alpha}\underbrace{F[g(x)]}_{\frac{4i}{\alpha^2}(\sin\alpha - \alpha\cos\alpha)}$　となって，これも成り立つ。

$\boxed{g(x) \text{ は奇関数より，} \int_{-\infty}^{\infty}g(x)dx = 0 \text{ をみたすので，公式⑥が使える！}}$

● 合成積のフーリエ変換にもチャレンジしよう！

2つの関数 $f(x)$ と $g(x)$ に対して次のように "**合成積**" を定義する。

■ 合成積（たたみ込み積分）

区分的に滑らかで，かつ絶対可積分である2つの関数 $f(x)$ と $g(x)$ が与えられたとき，"**合成積**" $f*g(t)$ を次のように定義する。

$$f*g(t) = \int_{-\infty}^{\infty} f(x) \cdot g(t-x)dx \ \cdots\cdots ①$$

> x の関数を x で積分した結果，x は $\pm\infty$ の極限を取るので，x はなくなって，最終的には t の関数になる。

この "**合成積**" は，"**たたみ込み積分**" や "**コンボリューション積分**" と呼ばれることもある。

この合成積は理工系の様々な分野で顔を出すので覚えておこう。

①の図形的なイメージを図1に示す。

図1(ⅰ)に，2変数関数：

$$z = h(x,\ y) = f(x) \cdot g(y) \ \cdots\cdots(a)$$

で表される曲面が与えられているものとする。ここで，まず t をある定数として平面：

$$x + y = t \ \cdots\cdots(b)$$

で(a)の曲面を切ったとすると，(b)より，$y = t - x \ \cdots\cdots(b)'$

(b)′を(a)に代入して，曲線：

$$z = f(x) \cdot g(t-x) \ \cdots\cdots(c)$$

が得られる。

(c)を x で積分するということは，

図1(ⅱ)に示すように，曲線(c)と xy 平面とで挟まれる図形を xz 平面に正射影したものの面積を求めることに他ならない。

図1 合成積のイメージ

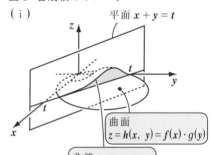

これが，合成積：$f*g(t) = \int_{-\infty}^{\infty} f(x)g(t-x)dx \ \cdots①$ の正体だったんだね。

144

後は t を変数として値を変化させると，$f * g(t)$ は文字通り t の関数になる。2つの変数 x と y が1つの変数 t にたたみ込まれたことになるので，この合成積のことを "**たたみ込み積分**" とも呼ぶんだね。大丈夫？

ここで(b)より，$x = t - y$……(b)″ として，(b)″ を(a)に代入して，y で積分したもの

$$g * f(t) = \int_{-\infty}^{\infty} g(y) f(t-y) dy \longleftarrow \boxed{\text{これは，}yz\text{ 平面への正射影の面積になる。}}$$

も①と同じ結果になることが分かるので，合成積では明らかに

交換則： $\boxed{f * g(t) = g * f(t)}$ が成り立つ。このことも覚えておこう。

この合成積のフーリエ変換について次の2つの公式があるので，下に示す。

■ 合成積のフーリエ変換

$f(x)$，$g(x)$ は共に区分的に滑らかで，かつ絶対可積分であるとする。

(1) $F[f * g(t)] = F[f(x)] \cdot F[g(x)]$ ……………②

(2) $F[f \cdot g] = \dfrac{1}{2\pi} \cdot F[f(x)] * F[g(x)]$ ………③

②，③の公式の証明をしておこう。

(1) $F[f * g(t)] = \displaystyle\int_{-\infty}^{\infty} \underline{f * g(t)} \cdot e^{-i\alpha t} dt$

$\boxed{\text{フーリエ変換される関数は }t\text{ の関数なので，}t\text{ での積分になる。}}$

$\quad = \displaystyle\int_{-\infty}^{\infty} \left\{ \int_{-\infty}^{\infty} f(x) \cdot g(t-x) dx \right\} e^{-i\alpha t} dt$

$\boxed{\text{まず，}t\text{ での積分を行う。}}$

$\quad = \displaystyle\int_{-\infty}^{\infty} f(x) \left\{ \underline{\int_{-\infty}^{\infty} g(t-x) e^{-i\alpha t} dt} \right\} dx$

ここで，$t - x = \tilde{t}$ とおくと（変数 t から $\tilde{t}$ への置換。ここでは，x は定数扱い。）
$t : -\infty \to \infty$ のとき，$\tilde{t} : -\infty \to \infty$ また $dt = d\tilde{t}$ より，

$\underline{\displaystyle\int_{-\infty}^{\infty} g(t-x) e^{-i\alpha t} dt} = \int_{-\infty}^{\infty} g(\tilde{t}) e^{-i\alpha(\tilde{t}+x)} d\tilde{t}$

$\qquad\qquad = \underline{e^{-i\alpha x}} \displaystyle\int_{-\infty}^{\infty} g(\tilde{t}) e^{-i\alpha\tilde{t}} d\tilde{t}$

$\quad = \displaystyle\int_{-\infty}^{\infty} f(x) \underline{e^{-i\alpha x}} dx \cdot \underline{\int_{-\infty}^{\infty} g(\tilde{t}) e^{-i\alpha\tilde{t}} d\tilde{t}}$

$\quad = F[f(x)] \cdot F[g(x)]$ となって，②の公式は成り立つ。

(2) 公式：$F[f \cdot g] = \dfrac{1}{2\pi} F[f(x)] * F[g(x)] \cdots$③ が成り立つことも示そう。

$$F[f \cdot g] = \int_{-\infty}^{\infty} f(x) \cdot g(x) e^{-i\alpha x} dx \ \cdots\cdots\text{(d)} \quad だね。$$

ここで，$G(\alpha) = F[g(x)] = \displaystyle\int_{-\infty}^{\infty} g(x) e^{-i\alpha x} dx$ とおくと，

このフーリエ逆変換は，

$$g(x) = \frac{1}{2\pi} \int_{-\infty}^{\infty} G(\widetilde{\alpha}) e^{i\widetilde{\alpha} x} d\widetilde{\alpha} \ \cdots\cdots\text{(e)} \quad となる。$$

> (d)の変数 α と区別するため(e)の積分変数は $\widetilde{\alpha}$ と表記した。

(e)を(d)に代入すると，

$$F[f \cdot g] = \int_{-\infty}^{\infty} f(x) \cdot \left\{ \frac{1}{2\pi} \int_{-\infty}^{\infty} G(\widetilde{\alpha}) e^{i\widetilde{\alpha} x} d\widetilde{\alpha} \right\} e^{-i\alpha x} dx$$

> まず，x での積分を行う。

$$= \frac{1}{2\pi} \int_{-\infty}^{\infty} G(\widetilde{\alpha}) \left\{ \int_{-\infty}^{\infty} f(x) e^{-i(\alpha - \widetilde{\alpha})x} dx \right\} d\widetilde{\alpha}$$

> $F[f(x)](\alpha - \widetilde{\alpha}) = F(\alpha - \widetilde{\alpha})$

$$= \frac{1}{2\pi} \int_{-\infty}^{\infty} G(\widetilde{\alpha}) F(\alpha - \widetilde{\alpha}) d\widetilde{\alpha}$$

> 合成積 $g * f = \displaystyle\int_{-\infty}^{\infty} g(x) \cdot f(t - x) dx$ と同じ形だ。

$$= \frac{1}{2\pi} G(\widetilde{\alpha}) * F(\widetilde{\alpha})$$

$$= \frac{1}{2\pi} F(\alpha) * G(\alpha) \longleftarrow$$

> 交換則を使い，また，変数 $\widetilde{\alpha}$ を α に戻した。

$$= \frac{1}{2\pi} F[f(x)] * F[g(x)] \quad となって，③の公式も成り立つこと$$

が分かった。　大丈夫だった？

この③の公式は，この後 "**パーシヴァルの等式**" を導くのに，重要な役割を演じることになるんだよ。

● フーリエ変換にもパーシヴァルの等式がある！

フーリエ級数におけるパーシヴァルの等式 (**P87**)：

$$\|f(x)\|^2 = \sum_{k=0}^{\infty} \alpha_k{}^2 \quad (\alpha_k：正規直交関数系 \{u_k\} のフーリエ係数)$$

については，既に解説した。そして，この公式を使って様々な無限級数の重要公式も導いたんだね。

これと同様に，フーリエ変換においても次の "**パーシヴァルの等式**" が存在する。

■ フーリエ変換におけるパーシヴァルの等式

区分的に滑らかで，かつ絶対可積分である関数 $f(x)$ と，そのフーリエ変換 $F(\alpha)$ について，次のパーシヴァルの等式が成り立つ。

$$\int_{-\infty}^{\infty} \{f(x)\}^2 dx = \frac{1}{2\pi} \int_{-\infty}^{\infty} |F(\alpha)|^2 d\alpha \quad \cdots\cdots④$$

この④のパーシヴァルの等式は，前述した公式：

$$F[f \cdot g] = \frac{1}{2\pi} F[f(x)] * F[g(x)] \quad \cdots\cdots③ \quad すなわち,$$

$$\int_{-\infty}^{\infty} f(x) \cdot g(x) e^{-i\alpha x} dx = \frac{1}{2\pi} \int_{-\infty}^{\infty} F(\widetilde{\alpha}) \cdot G(\alpha - \widetilde{\alpha}) d\widetilde{\alpha} \quad \cdots\cdots③'$$

> ③'の両辺は共に最終的には α の式になるのは，いいね。

から導ける。

ここで，$f(x) = g(x)$，かつ $\alpha = 0$ とおくと，

$$(③'の左辺) = \int_{-\infty}^{\infty} f(x) \cdot f(x) \cdot \underbrace{e^{-i \cdot 0 \cdot x}}_{①} dx = \int_{-\infty}^{\infty} \{f(x)\}^2 dx$$

$$(③'の右辺) = \frac{1}{2\pi} \int_{-\infty}^{\infty} F(\widetilde{\alpha}) \cdot \underbrace{F(0 - \widetilde{\alpha})}_{F(-\widetilde{\alpha}) = \overline{F(\widetilde{\alpha})}} d\widetilde{\alpha}$$

> 公式：
> $F(-\alpha) = \overline{F(\alpha)}$
> を使った。

$$= \frac{1}{2\pi} \int_{-\infty}^{\infty} F(\widetilde{\alpha}) \cdot \overline{F(\widetilde{\alpha})} d\widetilde{\alpha}$$

$$= \frac{1}{2\pi} \int_{-\infty}^{\infty} |F(\alpha)|^2 d\alpha$$

> 公式：$\alpha \cdot \overline{\alpha} = |\alpha|^2$
> また，最後に積分変数 $\widetilde{\alpha}$ を α に戻した。積分変数は何でも構わないからね。

以上より, フーリエ変換におけるパーシヴァルの等式:

$$\int_{-\infty}^{\infty} \{f(x)\}^2 dx = \frac{1}{2\pi} \int_{-\infty}^{\infty} |F(\alpha)|^2 d\alpha \quad \cdots\cdots④ \quad が導けた！$$

それでは, このパーシヴァルの等式を利用して, 次の例題を解いてみよう。
フーリエ変換におけるパーシヴァルの等式を使うと, 様々な無限積分の値
を求めることができるんだ。

例題15　$\delta_1(x) = \begin{cases} \dfrac{1}{2} & (-1 \leqq x \leqq 1) \\ 0 & (x < -1, \ 1 < x) \end{cases}$ のフーリエ変換は,

$F(\alpha) = F[\delta_1(x)] = \dfrac{\sin\alpha}{\alpha}$ である。このとき, パーシヴァルの等式を

用いて, 定積分 $\displaystyle\int_{-\infty}^{\infty} \dfrac{\sin^2\alpha}{\alpha^2} d\alpha$ の値を求めてみよう。

$\delta_r(x) = \begin{cases} \dfrac{1}{2r} & (-r \leqq x \leqq r) \\ 0 & (x < -r, \ r < x) \end{cases}$ のフーリエ変換が $F[\delta_r(x)] = \dfrac{\sin r\alpha}{r\alpha}$ とな

ることは, 公式として既に教えた。今回は,
この r が $r = 1$ の場合について, パーシヴ
ァルの等式を利用すればいいんだよ。

パーシヴァルの等式:

$$\int_{-\infty}^{\infty} \{\delta_1(x)\}^2 dx = \frac{1}{2\pi} \int_{-\infty}^{\infty} |F(\alpha)|^2 d\alpha \quad \cdots\cdots(a)$$

より,

$$\begin{cases} ((a)の左辺) = \int_{-\infty}^{-1} 0^2 dx + \int_{-1}^{1} \left(\frac{1}{2}\right)^2 dx + \int_{1}^{\infty} 0^2 dx = \frac{1}{4}[x]_{-1}^{1} = \frac{1}{2} \\[4mm] ((a)の右辺) = \frac{1}{2\pi} \int_{-\infty}^{\infty} \left|\frac{\sin\alpha}{\alpha}\right|^2 d\alpha = \frac{1}{2\pi} \int_{-\infty}^{\infty} \frac{\sin^2\alpha}{\alpha^2} d\alpha \end{cases}$$

よって, $\dfrac{1}{2} = \dfrac{1}{2\pi} \displaystyle\int_{-\infty}^{\infty} \dfrac{\sin^2\alpha}{\alpha^2} d\alpha$ より, 求める定積分の値は,

$$\int_{-\infty}^{\infty} \frac{\sin^2\alpha}{\alpha^2} d\alpha = \pi \quad となる。納得いった？$$

例題 16　$f(x) = e^{-|x|}$ のフーリエ変換は $F(\alpha) = F[f(x)] = \dfrac{2}{\alpha^2 + 1}$ で

ある。このとき，パーシヴァルの等式を用いて，定積分 $\displaystyle\int_{-\infty}^{\infty} \dfrac{1}{(\alpha^2 + 1)^2} d\alpha$

の値を求めてみよう。

今回も，公式「$f(x) = e^{-p|x|}$ のときの，フーリエ変換 $F(\alpha) = \dfrac{2p}{\alpha^2 + p^2}$」

の $p = 1$ の場合の問題なんだね。

パーシヴァルの等式：$\displaystyle\int_{-\infty}^{\infty} \{f(x)\}^2 dx = \dfrac{1}{2\pi} \int_{-\infty}^{\infty} |F(\alpha)|^2 d\alpha$ ……(b)　より，

$(\text{(b)の左辺}) = \displaystyle\int_{-\infty}^{\infty} \underbrace{e^{-2|x|}}_{\text{偶関数}} dx = 2 \int_{0}^{\infty} e^{-2x} dx = 2 \left[-\dfrac{1}{2} e^{-2x} \right]_{0}^{\infty}$

$$= -1 \cdot (0 - 1) = 1$$

$(\text{(b)の右辺}) = \dfrac{1}{2\pi} \displaystyle\int_{-\infty}^{\infty} \left| \dfrac{2}{\alpha^2 + 1} \right|^2 d\alpha = \dfrac{2}{\pi} \int_{-\infty}^{\infty} \dfrac{1}{(\alpha^2 + 1)^2} d\alpha$

よって，$1 = \dfrac{2}{\pi} \displaystyle\int_{-\infty}^{\infty} \dfrac{1}{(\alpha^2 + 1)^2} d\alpha$ より，求める定積分の値は，

$\displaystyle\int_{-\infty}^{\infty} \dfrac{1}{(\alpha^2 + 1)^2} d\alpha = \dfrac{\pi}{2}$　となるんだね。納得いった？

　以上で，フーリエ変換についての解説は終了です。このフーリエ変換はこの後，$-\infty < x < \infty$ の 1 次元熱伝導方程式の解法のところで，また利用することになる。シッカリ復習しておこう。
　ここでは，さらに次の演習問題と実践問題で，パーシヴァルの等式を用いて，定積分の値を求めることにしよう。これまでまったく計算できなかった定積分の値が，フーリエ変換の副産物であるパーシヴァルの等式によって算出できるようになったんだね。

関数 $f(x) = \begin{cases} 1 - x^2 & (-1 \leqq x \leqq 1) \\ 0 & (x < -1, \ 1 < x) \end{cases}$ のフーリエ変換は,

$F(\alpha) = F[f(x)] = \dfrac{4}{\alpha^3}(\sin\alpha - \alpha\cos\alpha)$ である。このとき,定積分:

$\displaystyle\int_{-\infty}^{\infty} \dfrac{(\sin x - x\cos x)^2}{x^6} dx$ の値を求めよ。

ヒント! フーリエ変換のパーシヴァルの等式:

$\displaystyle\int_{-\infty}^{\infty} \{f(x)\}^2 dx = \dfrac{1}{2\pi}\int_{-\infty}^{\infty} |F(\alpha)|^2 d\alpha$ を用いて解けばいいんだね。

解答&解説

パーシヴァルの等式:$\displaystyle\int_{-\infty}^{\infty} \{f(x)\}^2 dx = \dfrac{1}{2\pi}\int_{-\infty}^{\infty} |F(\alpha)|^2 d\alpha$ ……① より,

$(①の左辺) = \displaystyle\int_{-\infty}^{\infty} \{f(x)\}^2 dx = \int_{-\infty}^{-1} \cancel{0^2 dx} + \int_{-1}^{1}(1 - x^2)^2 dx + \int_{1}^{\infty} \cancel{0^2 dx}$

$\left[\begin{array}{c} y = \{f(x)\}^2 \\ \underset{-1 \quad\quad 1}{} \end{array} \right]$

$= 2\displaystyle\int_{0}^{1} \underbrace{(1 - 2x^2 + x^4)}_{偶関数} dx = 2\left[x - \dfrac{2}{3}x^3 + \dfrac{1}{5}x^5 \right]_{0}^{1}$

$= 2\left(1 - \dfrac{2}{3} + \dfrac{1}{5} \right) = 2 \cdot \dfrac{15 - 10 + 3}{15} = \dfrac{16}{15}$

$(①の右辺) = \dfrac{1}{2\pi}\displaystyle\int_{-\infty}^{\infty} |F(\alpha)|^2 d\alpha = \dfrac{1}{2\pi}\int_{-\infty}^{\infty} \dfrac{16(\sin\alpha - \alpha\cos\alpha)^2}{\alpha^6} d\alpha$

$= \dfrac{8}{\pi}\displaystyle\int_{-\infty}^{\infty} \dfrac{(\sin x - x\cos x)^2}{x^6} dx \longleftarrow$ 積分変数を α から x に変更した！

以上より,$\dfrac{16}{15} = \dfrac{8}{\pi}\displaystyle\int_{-\infty}^{\infty} \dfrac{(\sin x - x\cos x)^2}{x^6} dx$

∴求める積分値は,$\displaystyle\int_{-\infty}^{\infty} \dfrac{(\sin x - x\cos x)^2}{x^6} dx = \dfrac{2}{15}\pi$ である。

実践問題 7 ● パーシヴァルの等式 ●

関数 $g(x) = \begin{cases} -2x & (-1 \leqq x \leqq 1) \\ 0 & (x < -1, \ 1 < x) \end{cases}$ のフーリエ変換は,

$F(\alpha) = F[g(x)] = \dfrac{4i}{\alpha^2}(\sin\alpha - \alpha\cos\alpha)$ である。このとき,定積分:

$\displaystyle\int_{-\infty}^{\infty} \dfrac{(\sin x - x\cos x)^2}{x^4}dx$ の値を求めよ。

ヒント! これも,フーリエ変換のパーシヴァルの等式を利用して解くんだね。

解答&解説

パーシヴァルの等式:$\displaystyle\int_{-\infty}^{\infty}\{f(x)\}^2dx = \boxed{(ア)}\int_{-\infty}^{\infty}|F(\alpha)|^2d\alpha$ ……① より,

$(①の左辺) = \displaystyle\int_{-\infty}^{\infty}\{f(x)\}^2dx = \cancel{\int_{-\infty}^{-1}0^2dx} + \int_{-1}^{1}\boxed{(イ)}dx + \cancel{\int_{1}^{\infty}0^2dx}$

$= 4\displaystyle\int_{-1}^{1}x^2dx = 8\int_{0}^{1}x^2dx = 8\left[\dfrac{1}{3}x^3\right]_0^1 = \boxed{(ウ)}$

$\underbrace{}_{偶関数}$

$(①の右辺) = \dfrac{1}{2\pi}\displaystyle\int_{-\infty}^{\infty}|F(\alpha)|^2d\alpha = \dfrac{1}{2\pi}\int_{-\infty}^{\infty}\boxed{(エ)}d\alpha$

$= \boxed{(オ)}\displaystyle\int_{-\infty}^{\infty}\dfrac{(\sin x - x\cos x)^2}{x^4}dx$

以上より,$\boxed{(ウ)} = \boxed{(オ)}\displaystyle\int_{-\infty}^{\infty}\dfrac{(\sin x - x\cos x)^2}{x^4}dx$

∴求める積分値は,$\displaystyle\int_{-\infty}^{\infty}\dfrac{(\sin x - x\cos x)^2}{x^4}dx = \boxed{(カ)}$ である。

....

解答
(ア) $\dfrac{1}{2\pi}$ (イ) $(-2x)^2$ (または $4x^2$) (ウ) $\dfrac{8}{3}$

(エ) $\dfrac{16(\sin\alpha - \alpha\cos\alpha)^2}{\alpha^4}$ (オ) $\dfrac{8}{\pi}$ (カ) $\dfrac{\pi}{3}$

1. フーリエの積分定理

関数 $f(x)$ が $(-\infty, \infty)$ で，区分的に滑らかで，かつ絶対可積分であるとき，

$$\frac{f(x+0)+f(x-0)}{2}=\frac{1}{2\pi}\int_{-\infty}^{\infty}e^{i\alpha x}\left\{\int_{-\infty}^{\infty}f(t)e^{-i\alpha t}dt\right\}d\alpha \quad \text{が成り立つ。}$$

2. フーリエ変換とフーリエ逆変換

関数 $f(x)$ が区分的に滑らかで連続，かつ絶対可積分であるとき，

（Ⅰ）$f(x)$ のフーリエ変換：$F(\alpha)=F[f(x)]=\int_{-\infty}^{\infty}f(x)e^{-i\alpha x}dx$

（Ⅱ）$f(x)$ のフーリエ逆変換：$f(x)=F^{-1}[F(\alpha)]=\frac{1}{2\pi}\int_{-\infty}^{\infty}F(\alpha)e^{i\alpha x}d\alpha$

特に，（ⅰ）$f(x)$ が偶関数のとき，

$$F(\alpha)=F[f(x)]=2\int_{0}^{\infty}f(x)\cos\alpha x dx \longleftarrow \boxed{\text{フーリエ・コサイン変換}}$$

$$f(x)=F^{-1}[F(\alpha)]=\frac{1}{2\pi}\int_{-\infty}^{\infty}F(\alpha)\cos\alpha x d\alpha \longleftarrow \boxed{\text{フーリエ・コサイン逆変換}}$$

（ⅱ）$f(x)$ が奇関数のとき，

$$F(\alpha)=F[f(x)]=-2i\int_{0}^{\infty}f(x)\sin\alpha x dx \longleftarrow \boxed{\text{フーリエ・サイン変換}}$$

$$f(x)=F^{-1}[F(\alpha)]=\frac{i}{2\pi}\int_{-\infty}^{\infty}F(\alpha)\sin\alpha x d\alpha \longleftarrow \boxed{\text{フーリエ・サイン逆変換}}$$

3. フーリエ変換の性質

$f(x)$，$g(x)$ が区分的に滑らかで連続，かつ絶対可積分である実数関数のとき，

(1) $F[pf(x)+qg(x)]=pF[f(x)]+qF[g(x)]$ $\longleftarrow$ 線形性をもつ。

(2) $F(-\alpha)=\overline{F(\alpha)}$ 　(3) $F[f(px)]=\frac{1}{|p|}F[f(x)]\left(\frac{\alpha}{p}\right)$ $(p\neq0)$ など。

4. 合成積のフーリエ変換

$f(x)$，$g(x)$ が共に区分的に滑らかで，かつ絶対可積分であるとき，

(1) $F[f*g(t)]=F[f(x)]\cdot F[g(x)]$ 　(2) $F[f\cdot g]=\frac{1}{2\pi}F[f(x)]*F[g(x)]$

5. フーリエ変換におけるパーシヴァルの等式

区分的に滑らかで，かつ絶対可積分である関数 $f(x)$ と，そのフーリエ変換 $F(\alpha)$ について，次式が成り立つ。

$$\int_{-\infty}^{\infty}\{f(x)\}^2dx=\frac{1}{2\pi}\int_{-\infty}^{\infty}|F(\alpha)|^2d\alpha$$

講　義
Lecture **4**

偏微分方程式への応用

▶ 偏微分方程式の基本

▶ 熱伝導方程式
　　（フーリエ級数による解法）
　　（フーリエ変換による解法）

▶ ラプラスの方程式
　　（熱平衡状態の解法）

▶ 波動方程式
　　（弦の振動の解法）

§1. 偏微分方程式の基本

これまで学習した"フーリエ級数"や"フーリエ変換"を使って，"偏微分方程式"を解くことができる。一般に微分方程式は，"常微分方程式"と"偏微分方程式"の2つに大別される。$f(x)$ などの1変数関数の微分方程式を"常微分方程式"と呼び，$f(x, y)$ などの多変数関数の微分方程式を"偏微分方程式"と呼ぶ。

当然，本格的な微分方程式の問題になれば，最低でも位置と時刻の2つの変数が必要となるので，偏微分方程式になるんだね。今回は，"フーリエ級数"や"フーリエ変換"を使って本格的な偏微分方程式を解く前段階として，偏微分方程式の基本について解説しようと思う。

● 偏微分方程式の一般解は任意関数を含む！

まず，最も簡単な例で"常微分方程式"と"偏微分方程式"の本質的な違いを明らかにしておこう。

(i) 常微分方程式：$\dfrac{du}{dx} = 0$ ……① ← 1階常微分方程式

(ii) 偏微分方程式：$\dfrac{\partial u}{\partial x} = 0$ ……② ← 1階偏微分方程式

これは"ラウンド・u，ラウンド x"と読む。

(i)の u が，1変数 x の関数である場合，①の常微分方程式の解が

$u = c$（定数）となることは大丈夫だね。これに対して，

(ii)の u は，2変数 x と y の関数とすると，②は2変数関数の微分方程式

つまり，偏微分方程式になる。よって，①の $\dfrac{du}{dx}$ の代わりに $\dfrac{\partial u}{\partial x}$ と表

現しているんだね。そして，この②の解が①の解とはまったく異なる

ことは大丈夫だろうか？ 2変数関数 u を x で微分して0となるため

には，u は定数関数ではなくて，y の関数であればいいんだね。

よって，②の解は，$u = f(y)$ となる。この $f(y)$ は e^y，$\sin y$，$y^2 + 1$

などなど…，何でもかまわない。y の"任意関数"を表す。y のどん

な関数でも，x で微分すれば0となるからだ。

このように偏微分方程式では，任意定数の代わりに，任意関数を含む解が得られ，このような解を偏微分方程式の"**一般解**（いっぱんかい）"と呼ぶ。これが，常微分方程式との大きな違いだ。

そして，$\dfrac{\partial u}{\partial x} = 0$ …② や $\left(\dfrac{\partial u}{\partial x}\right)^2 + \left(\dfrac{\partial u}{\partial y}\right)^2 = 1$ …③ などは，u を x または y で

> これを $u_x = 0$

> これを，$(u_x)^2 + (u_y)^2 = 1$ と表現してもいい。

1 階しか微分していないので，"**1 階偏微分方程式**"と呼ぶ。これに対して，

$\dfrac{\partial u}{\partial t} = \dfrac{\partial^2 u}{\partial x^2}$ …④ や $\dfrac{\partial^2 u}{\partial x^2} + \dfrac{\partial^2 u}{\partial y^2} = 0$ …⑤ などは，u を x または y で 2 階微分

> これを $u_t = u_{xx}$

> これを，$u_{xx} + u_{yy} = 0$ と表現してもいい。

しているので，"**2 階偏微分方程式**"と呼ぶ。

また ②，④，⑤ は，u_x，u_t，u_{xx}，… などがすべて 1 次式の微分方程式なので，"**線形偏微分方程式**（せんけい）"と呼ぶ。これに対して③は，u_x と u_y の 2 次式があるので，これを"**非線形偏微分方程式**（ひせんけい）"と呼ぶ。

それでは簡単な次の線形偏微分方程式を解いてごらん。

例題 17 次の偏微分方程式をみたす **2** 変数関数 $u(x, y)$ の一般解を求めよう。

(1) $\dfrac{\partial u}{\partial y} = 2$　　　　**(2)** $\dfrac{\partial^2 u}{\partial x^2} = -1$　　　　**(3)** $\dfrac{\partial^2 u}{\partial x \partial y} = 1$

$u = u(x, y)$ であることに気をつけて解くんだね。

(1) $\dfrac{\partial u}{\partial y} = 2$ より，$u = 2y + f(x)$

> 任意関数

> 常微分方程式の任意定数 c の代わりに，x や y の関数が出てくるんだね。

（ただし，$f(x)$：任意関数）

(2) $\dfrac{\partial^2 u}{\partial x^2} = -1$ の両辺を x で積分して，

$\dfrac{\partial u}{\partial x} = -x + f(y)$

さらに，x で積分して，

$u = -\dfrac{1}{2}x^2 + xf(y) + g(y)$　　　（ただし，$f(y)$，$g(y)$：任意関数）

> 任意関数

(3) $\dfrac{\partial^2 u}{\partial x \partial y} = 1$ の両辺を y で積分して,

$\dfrac{\partial u}{\partial x} = y + \widetilde{f}(x)$ 　　さらにこの両辺を x で積分して,

$u = xy + \underline{\displaystyle\int \widetilde{f}(x)dx} + g(y)$

> 新たに, これを任意関数 $f(x)$ とおく。

$\therefore\ u = xy + \underline{f(x)} + \underline{g(y)}$ となる。　（ただし, $f(x)$, $g(y)$：任意関数 ）

> 任意関数

これで, 偏微分方程式の解法にも少しは慣れたと思う。

● ダランベールの公式までマスターしよう！

2 変数関数 $u(x,\ y)$ が全微分可能な関数ならば,

$du = \dfrac{\partial u}{\partial x}dx + \dfrac{\partial u}{\partial y}dy$ ……① 　となることは大丈夫だね。

そしてさらに, x と y が共に, s と t の微分可能な 2 変数関数, すなわち
$x = x(s,\ t)$, 　$y = y(s,\ t)$ であるならば, ①から,

$$\begin{cases} \dfrac{\partial u}{\partial s} = \dfrac{\partial u}{\partial x} \cdot \dfrac{\partial x}{\partial s} + \dfrac{\partial u}{\partial y} \cdot \dfrac{\partial y}{\partial s} & \cdots\cdots② \\[3mm] \dfrac{\partial u}{\partial t} = \dfrac{\partial u}{\partial x} \cdot \dfrac{\partial x}{\partial t} + \dfrac{\partial u}{\partial y} \cdot \dfrac{\partial y}{\partial t} & \cdots\cdots③ \end{cases}$$

> ①の両辺を形式的に ∂s で割った形だ！

> ①の両辺を形式的に ∂t で割った形だ！

が導ける。

> この全微分や, 変数 s, t による偏微分について知識のない方は, 「微分積分キャンパス・ゼミ」(マセマ) で学習されることを勧める。

この②, ③をうまく使って解ける偏微分方程式について紹介しておこう。

偏微分方程式の公式（Ⅰ）

2 変数関数 $u(x,\ y)$ が偏微分方程式：

$c_1 \dfrac{\partial u}{\partial y} = c_2 \dfrac{\partial u}{\partial x}$ ……(a) 　$(c_1,\ c_2$：定数, $c_1 \neq 0)$ をみたすとき,

(a)の解は, $u = f(c_1 x + c_2 y)$ となる。

これは，x, y を次のように s と t に変数変換すれば導ける。

$s = c_1 x + c_2 y$ ……(b)，　$t = y$ ……(c)　　$(c_1 \neq 0)$

(b) $- c_2 \times$ (c) より，　$s - c_2 t = c_1 x$　　　∴　$x = \dfrac{1}{c_1}(s - c_2 t)$ ……(d)

(d), (c)より，x と y は共に，s と t の2変数関数なので，③の公式を用いると，

$$\dfrac{\partial u}{\partial t} = \dfrac{\partial u}{\partial x} \cdot \underbrace{\dfrac{\partial x}{\partial t}}_{\boxed{-\frac{c_2}{c_1}\ (\text{(d)より})}} + \dfrac{\partial u}{\partial y} \cdot \underbrace{\dfrac{\partial y}{\partial t}}_{\boxed{1\ (\text{(c)より})}} = -\dfrac{c_2}{c_1} \cdot \dfrac{\partial u}{\partial x} + \dfrac{\partial u}{\partial y} \quad (\text{(d), (c)より})$$

$$= \dfrac{1}{c_1}\underbrace{\left(-c_2 \cdot \dfrac{\partial u}{\partial x} + c_1 \cdot \dfrac{\partial u}{\partial y} \right)}_{\boxed{0\ (\text{(a)より})}} = 0 \quad となる。 \quad (\text{(a)より})$$

∴　$\dfrac{\partial u}{\partial t} = 0$

ここで，u は s と t の2変数関数 $u(s, t)$ であることに注意して，

$u = \underbrace{f(s)}_{\boxed{s\ の任意関数}}$ となる。（$f(s)$：s の任意関数）　　よって，(b)より，

(a)の解は，$u = f(c_1 x + c_2 y)$ となるんだね。納得いった？

変数変換による微分方程式の解法をもう1つ紹介しておこう。これは
"ダランベールの公式" と呼ばれるものだ。

偏微分方程式の公式（Ⅱ）

2変数関数 $u(x, y)$ が偏微分方程式：

$\dfrac{\partial^2 u}{\partial y^2} = c_1{}^2 \dfrac{\partial^2 u}{\partial x^2}$ ……(a)　$(c_1：定数, c_1 \neq 0)$ をみたすとき，

(a)の解は，$u = f(x - c_1 y) + g(x + c_1 y)$ となる。

　　　（ただし，f と g は2階微分可能な任意関数）

この解 u を "ダランベールの公式" と呼ぶ。

　この "ダランベールの公式" も，x と y を次のように s と t に変数変換
すれば導ける。少し計算は繁雑になるけれど，頑張って証明してみよう。

157

$s = x - c_1 y$ ……(b)， $t = x + c_1 y$ ……(c)

とおく。

$\dfrac{\text{(b)} + \text{(c)}}{2}$ より，$x = \dfrac{1}{2}(s + t)$ ……(d)

$\dfrac{\text{(c)} - \text{(b)}}{2c_1}$ より，$y = \dfrac{1}{2c_1}(t - s)$ ……(e)

> $\dfrac{\partial^2 u}{\partial y^2} = c_1{}^2 \dfrac{\partial^2 u}{\partial x^2}$ ……(a)　の解
> $u = f(x - c_1 y) + g(x + c_1 y)$
> (ダランベールの公式)の証明

よって，u を t で微分して，

$$\frac{\partial u}{\partial t} = \frac{\partial u}{\partial x} \cdot \underbrace{\frac{\partial x}{\partial t}}_{\tfrac{1}{2}\,((d)\text{より})} + \frac{\partial u}{\partial y} \cdot \underbrace{\frac{\partial y}{\partial t}}_{\tfrac{1}{2c_1}\,((e)\text{より})} = \frac{1}{2} \cdot \frac{\partial u}{\partial x} + \frac{1}{2c_1} \cdot \frac{\partial u}{\partial y} \qquad (\text{③，(d)，(e)より})$$

さらに，s で微分して，

$$\frac{\partial^2 u}{\partial s \partial t} = \frac{\partial}{\partial s}\left(\frac{\partial u}{\partial t}\right) = \underbrace{\frac{\partial x}{\partial s}}_{\tfrac{1}{2}\,((d)\text{より})} \cdot \frac{\partial}{\partial x}\left(\frac{\partial u}{\partial t}\right) + \underbrace{\frac{\partial y}{\partial s}}_{-\tfrac{1}{2c_1}\,((e)\text{より})} \cdot \frac{\partial}{\partial y}\left(\frac{\partial u}{\partial t}\right)$$

$$= \frac{1}{2} \cdot \frac{\partial}{\partial x}\left(\frac{1}{2} \cdot \frac{\partial u}{\partial x} + \frac{1}{2c_1} \cdot \frac{\partial u}{\partial y}\right) - \frac{1}{2c_1} \cdot \frac{\partial}{\partial y}\left(\frac{1}{2} \cdot \frac{\partial u}{\partial x} + \frac{1}{2c_1} \cdot \frac{\partial u}{\partial y}\right)$$

$$= \frac{1}{4} \cdot \frac{\partial^2 u}{\partial x^2} + \frac{1}{4c_1} \cdot \frac{\partial^2 u}{\partial x \partial y} - \frac{1}{4c_1} \cdot \frac{\partial^2 u}{\partial y \partial x} - \frac{1}{4c_1{}^2} \cdot \frac{\partial^2 u}{\partial y^2}$$

> u_{xy} と u_{yx} は共に連続とする。このとき，$u_{xy} = u_{yx}$ となる。
> (シュワルツの定理)

$$= \frac{1}{4c_1{}^2}\underbrace{\left(c_1{}^2 \frac{\partial^2 u}{\partial x^2} - \frac{\partial^2 u}{\partial y^2}\right)}_{0\,((a)\text{より})} = 0 \qquad (\text{(a)より})$$

$\therefore \dfrac{\partial^2 u}{\partial s \partial t} = 0$ ……(f)

ここで，u は s と t の 2 変数関数 $u(s, t)$ であることに注意しよう。

まず，(f)の両辺を t で積分して，$\dfrac{\partial u}{\partial s} = \widetilde{f}(s)$

さらにこの両辺を s で積分して，$u = \displaystyle\int \widetilde{f}(s)ds + g(t)$

> これは s の関数なので，新たに $f(s)$ とおく。

$$\therefore u = f(s) + g(t) \quad (f,\ g \ は\ 2\ 階微分可能な任意関数)$$

これに，(b)，(c)を代入すると，(a)の解，すなわち"**ダランベールの公式**"：

$$u = f(x - c_1 y) + g(x + c_1 y) \quad が導ける。$$

このダランベールの公式は，**1** 次元波動方程式の解を求めるときにも利用するので，是非覚えておこう。

● 典型的な **2** 階偏微分方程式を紹介しよう！

それでは，重要でかつ典型的な **2** 階線形偏微分方程式の例を下に紹介しておこう。

---

2 階線形偏微分方程式

(Ⅰ) 熱伝導方程式

(i) $\dfrac{\partial u}{\partial t} = a\dfrac{\partial^2 u}{\partial x^2}$ ← 1 次元熱伝導方程式

(ii) $\dfrac{\partial u}{\partial t} = a\left(\dfrac{\partial^2 u}{\partial x^2} + \dfrac{\partial^2 u}{\partial y^2}\right)$ ← 2 次元熱伝導方程式

(iii) $\dfrac{\partial u}{\partial t} = a\left(\dfrac{\partial^2 u}{\partial x^2} + \dfrac{\partial^2 u}{\partial y^2} + \dfrac{\partial^2 u}{\partial z^2}\right)$ ← 3 次元熱伝導方程式

(Ⅱ) ラプラス方程式

(i) $\dfrac{\partial^2 u}{\partial x^2} + \dfrac{\partial^2 u}{\partial y^2} = 0$ ← 2 次元ラプラス方程式

(ii) $\dfrac{\partial^2 u}{\partial x^2} + \dfrac{\partial^2 u}{\partial y^2} + \dfrac{\partial^2 u}{\partial z^2} = 0$ ← 3 次元ラプラス方程式

(Ⅲ) 波動方程式

(i) $\dfrac{\partial^2 u}{\partial t^2} = a^2\dfrac{\partial^2 u}{\partial x^2}$ ← 1 次元波動方程式

(ii) $\dfrac{\partial^2 u}{\partial t^2} = a^2\left(\dfrac{\partial^2 u}{\partial x^2} + \dfrac{\partial^2 u}{\partial y^2}\right)$ ← 2 次元波動方程式

(iii) $\dfrac{\partial^2 u}{\partial t^2} = a^2\left(\dfrac{\partial^2 u}{\partial x^2} + \dfrac{\partial^2 u}{\partial y^2} + \dfrac{\partial^2 u}{\partial z^2}\right)$ ← 3 次元波動方程式

次回以降の講義で，(Ⅰ)(i) **1** 次元熱伝導方程式，(Ⅱ)(i) **2** 次元ラプラス方程式，(Ⅲ)(i)(ii) **1** 次元・**2** 次元波動方程式の解法について，詳しく解説していくつもりだ。これまで学習した"**フーリエ級数**"や"**フーリエ変換**"が重要な役割を演じることになるので，楽しみにしてくれ。

§2. 熱伝導方程式

さァ, いよいよ "フーリエ級数" や "フーリエ変換" を利用して, 最も重要な偏微分方程式の1つ "**熱伝導方程式**(ねつでんどうほうていしき)" を解いてみることにしよう。フランスの数学者フーリエがフーリエ級数を考案したのも, この熱伝導方程式を解くためだったんだ。そしてプロローグでも述べたように, ボクがフーリエ級数に初めて出会ったのも, この熱伝導方程式の講義の最中だったんだ。

今回の講義では, 1次元熱伝導方程式に対象を絞って, これを様々な "**境界条件**(きょうかいじょうけん)" と "**初期条件**(しょきじょうけん)" の下で実際に解いてみよう。また, その結果を **BASIC** プログラムでグラフ化して, すべて示すつもりだ。温度分布が時々刻々と変化する様子をヴィジュアルにとらえることができるので, 非常に面白いと思うよ。数学って, 本当に楽しいものなんだ!

● 1次元熱伝導方程式の意味はこれだ!

まず, 1次元熱伝導方程式を, その文字変数や文字定数の意味と一緒に下に示そう。

$$\frac{\partial u}{\partial t} = a\frac{\partial^2 u}{\partial x^2} \quad \cdots\cdots ①$$

(u: 温度 (deg), t: 時刻 (sec), x: 位置 (m), a: 温度伝導率 (m^2/sec))

"度"　　"秒"　　"メートル"　　"平方メートル／秒"

①の熱伝導方程式は物理の問題でもあるので, 各文字の定義に "単位" も付けておいた。

①は, 1次元の温度分布の経時変化を決定する偏微分方程式なんだ。だから, そのイメージとして, 図1に示すような棒状の (1次元の) 物体を考えるといい。この物体に x 軸を設け, たて軸として, 温度 u をとれば, ある時刻 t における物体の温度分布が得られることになる。そして, 時刻 t が経過すれば, この温度分布も変化していくことになるんだね。

図1　1次元熱伝導方程式

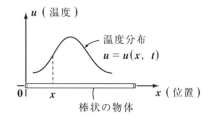

したがって，温度 u は位置 x と時刻 t の **2** 変数関数，すなわち $u = u(x,\ t)$ ということになるんだね。これから，温度 u が従属変数，位置 x と時刻 t が **2** つの独立変数であり，そして温度伝導率 a は物体に依存する定数であることが分かったと思う。

● 1次元熱伝導方程式を導いてみよう！

それでは①の **1** 次元熱伝導方程式を導いてみよう。そのために必要な法則と公式は次の **3** つだ。

(ⅰ) フーリエの熱伝導の法則

　　熱量は，温度の高い方から低い方へ，その温度分布の勾配に比例して流れる。

(ⅱ) 熱量の変化分 (増分または減少分) ΔQ の公式

　　$\Delta Q = m \cdot c \cdot \Delta u$

　　　ΔQ：熱量の変化分 (**J**)，m：質量 (**kg**)，c：比熱 (**J/kg・deg**)

　　　　　　　　　　　　"ジュール"　"キログラム"　"ジュール／キログラム・度"

　　　Δu：温度の変化分 (**deg**)

(ⅲ) 関数の第 **1** 次近似公式

$\Delta x \fallingdotseq 0$ のとき，
$$g'(x) \fallingdotseq \frac{g(x+\Delta x)-g(x)}{\Delta x}$$
から導ける。 ← 導関数の近似公式

　　$g(x+\Delta x) - g(x) \fallingdotseq \Delta x \cdot g'(x)$ ◄

以上を基にして，①式を導いてみよう！ 図 **2** に示すように，断面積 S (定数) の棒状の物体の区間 $[x,\ x+\Delta x]$ の微小部分について，時刻 t から $t+\Delta t$ の間の熱量の変化分 ΔQ を考えてみよう。時刻 t における温度分布 $u = u(x,\ t)$ が与えられているものとすると，

図2　フーリエの熱伝導の法則

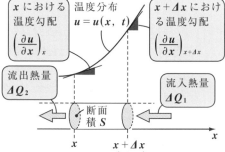

(ⅰ) この部分に流入する熱量 ΔQ_1 はフーリエの法則より，$x+\Delta x$ における温度勾配 $\left(\dfrac{\partial u}{\partial x}\right)_{x+\Delta x}$ と断面積 S と，時間 Δt に比例するはずだ。よって，

$\underline{\Delta Q_1 = k \cdot S \cdot \Delta t \cdot \left(\dfrac{\partial u}{\partial x}\right)_{x+\Delta x}}$ ……(a) となる。

161

(ii) 同様に，この部分から流出する熱量 ΔQ_2 は，x における温度勾配 $\left(\dfrac{\partial u}{\partial x}\right)_x$ と断面積 S と時刻 Δt に比例するはずなので，

$$\Delta Q_2 = k \cdot S \cdot \Delta t \cdot \left(\frac{\partial u}{\partial x}\right)_x \quad \cdots\cdots \text{(b)} \quad となる。$$

ここで，k は数学的には単なる比例定数だけど，物理的には "**熱伝導率**"（**J/m・sec・deg**）と呼ばれる物質によって決まる重要な定数なんだ。

> "ジュール／メートル・秒・度"

$\Delta Q_1 - \Delta Q_2$ が，時刻 t から $t + \Delta t$ の Δt 秒間に，この微小部分の物体の熱量の実質的な変化分 ΔQ となる。よって，

> $[x,\ x+\Delta x]$

$$\begin{aligned}
\Delta Q &= \Delta Q_1 - \Delta Q_2 \\
&= k \cdot S \cdot \Delta t \cdot \left(\frac{\partial u}{\partial x}\right)_{x+\Delta x} - k \cdot S \cdot \Delta t \cdot \left(\frac{\partial u}{\partial x}\right)_x \quad (\text{(a)，(b)より}) \\
&= k \cdot S \cdot \Delta t \cdot \left\{ \left(\frac{\partial u}{\partial x}\right)_{x+\Delta x} - \left(\frac{\partial u}{\partial x}\right)_x \right\}
\end{aligned}$$

> $\Delta x \cdot \dfrac{\partial^2 u}{\partial x^2}$

(iii) 関数の第 1 次近似公式：$g(x + \Delta x) - g(x) \fallingdotseq \Delta x \cdot g'(x)$ を使った。

$g(x) = \left(\dfrac{\partial u}{\partial x}\right)_x$ とおくと，$g(x + \Delta x) = \left(\dfrac{\partial u}{\partial x}\right)_{x+\Delta x}$ となるので，

$\left(\dfrac{\partial u}{\partial x}\right)_{x+\Delta x} - \left(\dfrac{\partial u}{\partial x}\right)_x \fallingdotseq \Delta x \cdot \dfrac{\partial}{\partial x}\left(\dfrac{\partial u}{\partial x}\right)_x = \Delta x \cdot \dfrac{\partial^2 u}{\partial x^2}$ となるんだね。

$$\therefore \ \Delta Q = k \cdot S \cdot \Delta t \cdot \Delta x \cdot \frac{\partial^2 u}{\partial x^2} \quad \cdots\cdots \text{(c)} \quad となる。$$

ここで，時刻 t から $t + \Delta t$ の Δt 秒間に，この微小部分の物体の熱量の変化分 ΔQ は，(ii) の公式より次のように表せる。

$$\Delta Q = m \cdot c \cdot \Delta u = S \cdot \Delta x \cdot \rho \cdot c \cdot \Delta u = S \cdot \Delta t \cdot \Delta x \cdot \rho \cdot c \cdot \frac{\partial u}{\partial t} \quad \cdots\cdots \text{(d)}$$

> $V \times \rho = S \cdot \Delta x \cdot \rho$
> 体積　密度

> $\dfrac{\partial u}{\partial t} \cdot \Delta t$

（$V = S \times \Delta x$：この部分の物体の体積（m^3），ρ：密度（kg/m^3））

> "立方メートル"　　"キログラム／立方メートル"

以上(c), (d)より,

$$S \cdot \cancel{\varDelta t} \cdot \cancel{\varDelta x} \cdot \rho \cdot c \cdot \frac{\partial u}{\partial t} = k \cdot \cancel{S} \cdot \cancel{\varDelta t} \cdot \cancel{\varDelta x} \cdot \frac{\partial^2 u}{\partial x^2}$$

$$\frac{\partial u}{\partial t} = \boxed{\frac{k}{\rho c}} \cdot \frac{\partial^2 u}{\partial x^2} \qquad ここで, \quad a = \frac{k}{\rho c} \, (\,定数\,) とおくと,$$

$$\underset{a}{}$$

$$\boxed{\frac{\partial u}{\partial t} = a \cdot \frac{\partial^2 u}{\partial x^2}} \qquad となって, ①の 1 次元熱伝導方程式が導けるんだね。$$

同様に考えて,

・ **2** 次元熱伝導方程式:$\dfrac{\partial u}{\partial t} = a\left(\dfrac{\partial^2 u}{\partial x^2} + \dfrac{\partial^2 u}{\partial y^2}\right)$ や,

・ **3** 次元熱伝導方程式:$\dfrac{\partial u}{\partial t} = a\left(\dfrac{\partial^2 u}{\partial x^2} + \dfrac{\partial^2 u}{\partial y^2} + \dfrac{\partial^2 u}{\partial z^2}\right)$ も導くことが

出来る。興味のある人は, チャレンジしてみるといいよ。

● 変数分離法を使ってみよう！

温度 $u(x, t)$ の 1 次元熱伝導方程式:$\dfrac{\partial u}{\partial t} = a \cdot \dfrac{\partial^2 u}{\partial x^2}$ ……①

の解法として, "**変数分離法**" が最もよく利用されるので, この手法について詳しく解説しよう。

温度 u は, 2 変数 x と t の関数だけど, これが位置 x のみの関数 $X(x)$ と時刻 t のみの関数 $T(t)$ の積, すなわち,

$u(x, t) = X(x) \cdot T(t)$ ……② と表されるものとして解く手法を "**変数分離法**" というんだよ。この手法により, ①の偏微分方程式は, **2** つの常微分方程式に分解されるので, 非常に解きやすくなるんだ。このやり方を具体的に示しておこう。

②を①に代入すると,

$$\frac{\partial(X \cdot T)}{\partial t} = a \frac{\partial^2(XT)}{\partial x^2} \quad より, \quad X \cdot \dot{T} = aX'' \cdot T \quad ……③ \quad となる。$$

（t による微分は " $\cdot$ " で） （x による微分は " $'$ " で表すことにする。）

③の両辺を $aXT \, (\neq 0)$ で割ると,

$$\frac{\dot{T}}{aT} = \frac{X''}{X} \quad \cdots\cdots ④ \quad となる。$$

<u>t のみの関数</u>　<u>x のみの関数</u>

ここで，④の左辺は t のみの関数，④の右辺は x のみの関数なので，これらが恒等的に等しくなるためには，両辺共にある定数である以外にあり得ない。よって，

$$\frac{X''}{X} = \alpha \,(\,定数\,) \qquad \frac{\dot{T}}{aT} = \alpha \,(\,定数\,) \quad とおける。これから，$$

2 つの常微分方程式：

$$X'' - \alpha X = 0 \quad と，\qquad \dot{T} - a\alpha T = 0$$

<u>X は x の 1 変数関数</u>　　<u>T は t の 1 変数関数</u>

が導けるんだね。納得いった？

● 有限長の 1 次元熱伝導方程式を解いてみよう！

　それでは，変数分離法を用いて有限な長さの 1 次元状の物体について，与えられた "**境界条件**" と "**初期条件**" の下で，1 次元熱伝導方程式を解いてみることにしよう。初期条件を満たすために，フーリエ級数 (解の重ね合わせ) が必要となるんだよ。

> **例題 18**　次の偏微分方程式 (1 次元熱伝導方程式) を解いてみよう。
>
> $$\frac{\partial u}{\partial t} = \frac{\partial^2 u}{\partial x^2} \quad \cdots\cdots(a) \quad (0 < x < 1, \; t > 0)$$
>
> 境界条件：$u_x(0, \; t) = u_x(1, \; t) = 0$ ←──[断熱条件]
>
> 初期条件：$u(x, \; 0) = \delta\left(x - \dfrac{1}{2}\right)$

この例題は，一般の 1 次元熱伝導方程式：

$\dfrac{\partial u}{\partial t} = a\dfrac{\partial^2 u}{\partial x^2}$ の温度伝導率 $a = 1$ の場合の

問題になっている。図 (i) に示すように，

$0 \leqq x \leqq 1$ の 1 次元の物体に対して，時刻

$t = 0$ のとき，$x = \dfrac{1}{2}$ にデルタ関数による

$+\infty$ 度の温度が与えられている。(初期条件)

図 (i)　初期条件

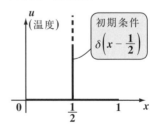

この初期の温度分布 $\delta\left(x - \dfrac{1}{2}\right)$ が，**1** 次元熱伝導方程式(a)に従って，経時変化していくわけだけど，その際に，$x = 0$ と $x = 1$ の両端点における境界条件が重要な意味をもつんだよ。今回の例題の境界条件は，$u_x(0,\ t) = u_x(1,\ t) = 0$，すなわち，$\left(\dfrac{\partial u}{\partial x}\right)_{x=0} = \left(\dfrac{\partial u}{\partial x}\right)_{x=1} = 0$ と与えられているので，図(ii)に示すように，$x = 0$，$x = 1$ における温度勾配が**0**になる。これは，フーリエの熱伝導の法則から「熱量はこの温度

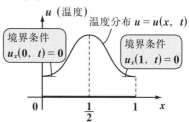

図(ii) 境界条件

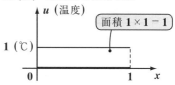

図(iii) 最終的な定常状態

勾配に比例して流れる」ので，この温度勾配が**0**ということは両端点から熱が流出しない，つまり両端点は"断熱"されているということになるんだね。このことと，δ 関数の積分公式：

$$\int_{-\infty}^{\infty} \delta\left(x - \frac{1}{2}\right)dx = \int_0^1 \delta\left(x - \frac{1}{2}\right)dx = 1 \quad \text{から，図(iii)に示すように，十分}$$

に時間が経過したら，$0 \leqq x \leqq 1$ の**1**次元物体の温度はすべて一様に**1**（℃）の定常状態に落ち着くことも予想できるはずだ。

　以上で，この例題の物理的な意味と最終的な予想も立てられたので，いよいよ実際に(a)の**1**次元熱伝導方程式を解いてみることにしよう。

　まず，変数分離法に従って，x と t の**2**変数関数 $u(x,\ t)$ が，x のみの関数 $X(x)$ と t のみの関数 $T(t)$ の積で表されるものとする。すると，

$u(x,\ t) = X(x) \cdot T(t)$ ……(b)

(b)を(a)に代入して，

$X \cdot \dot{T} = X'' \cdot T$ 　　　両辺を XT（$\neq 0$）で割って，

$\dfrac{\dot{T}}{T} = \dfrac{X''}{X}$ となる。この左辺は t のみの，右辺は x のみの式なので，この等式が恒等的に成り立つためには，これはある定数 α に等しくなければならない。よって，$\dfrac{X''}{X} = \alpha$，$\dfrac{\dot{T}}{T} = \alpha$ より，次の**2**つの常微分方程式が導ける。

$X'' - \alpha X = 0$ ……(c)，　　$\dot{T} = \alpha T$ ……(d)

これから，定数係数 **2 階同次微分方程式**と定数係数 **1 階同次微分方程式**の解法に入る。

> これらの解法について知識のない方は，「**常微分方程式キャンパス・ゼミ**」（**マセマ**）で学習されることを勧める。

(I) X の定数係数 2 階同次微分方程式：

$$\frac{d^2X}{dx^2} - \alpha X = 0 \quad \cdots\cdots \text{(c)} \quad \text{について,}$$

> (c)の基本解は，指数関数 $X = e^{\lambda x}$ の形で与えられることが分かるので，

(i) $\underline{\alpha > 0 \text{ のときは不適である。}}$

> ・$\alpha > 0$ のとき，(c)の特性方程式：$\lambda^2 - \alpha = 0$ より，
> λ は相異なる 2 実数解 $\lambda = \pm\sqrt{\alpha}$ をもつ。
> よって，(c)の基本解は $e^{\sqrt{\alpha}x}$ と $e^{-\sqrt{\alpha}x}$ となるので，その一般解は，
> $X = C_1 e^{\sqrt{\alpha}x} + C_2 e^{-\sqrt{\alpha}x}$ となる。この両辺を微分して，
> $\dfrac{dX}{dx} = \sqrt{\alpha}\, C_1 e^{\sqrt{\alpha}x} - \sqrt{\alpha}\, C_2 e^{-\sqrt{\alpha}x}$
> 境界条件：$u_x(0,\ t) = u_x(1,\ t) = 0$ より，
> $X'(0) = X'(1) = 0$
> よって，$\begin{cases} X'(0) = \sqrt{\alpha}\, C_1 - \sqrt{\alpha}\, C_2 = 0 \\ X'(1) = \sqrt{\alpha}\, C_1 e^{\sqrt{\alpha}} - \sqrt{\alpha}\, C_2 e^{-\sqrt{\alpha}} = 0 \end{cases}$
> これから，$C_1 = C_2 = 0$ となって，
> $X(x) = 0$，すなわち $u(x,\ t) = 0$
> と，温度分布が恒等的に **0** になる。よって，不適。
>
> $\sqrt{\alpha}\,(C_1 - C_2) = 0$
> $\sqrt{\alpha} > 0$ より，$C_2 = C_1$
> 次に，
> $\sqrt{\alpha}\, C_1(e^{\sqrt{\alpha}} - e^{-\sqrt{\alpha}}) = 0$
> $\sqrt{\alpha} > 0$，$e^{\sqrt{\alpha}} - e^{-\sqrt{\alpha}} \neq 0$ より，
> $C_1 = 0$

(ii) $\alpha = 0$ のとき，(c)は，$\dfrac{d^2X}{dx^2} = 0$ より，この解は，$X = px + q$ となる。ここで，境界条件 $u_x(0,\ t) = u_x(1,\ t) = 0$ より，

$X'(0) = X'(1) = p = 0$ よって，$\underline{X = q}$（定数）となる。

> これは，後でフーリエ・コサイン級数での定数項となる部分なので，必要だ。

(iii) $\alpha < 0$ のとき，$\alpha = -\omega^2\ (\omega > 0)$ とおくと，(c)は，

$$\frac{d^2X}{dx^2} + \omega^2 X = 0 \quad \text{となる。}$$

この特性方程式 $\lambda^2 + \omega^2 = 0$ を解いて，$\lambda = \pm i\omega$ となる。

> **2 つの虚数解**

> 基本解 $X = e^{\lambda x}$ として導かれる λ の方程式のこと

よって，(c)の基本解は $\cos\omega x$ と $\sin\omega x$ となるので，その一般解は，

$X(x) = A_1\cos\omega x + A_2\sin\omega x \quad \cdots\cdots \text{(e)}$ となる。ここまでは大丈夫？

166

(e)の両辺を x で微分して，

$X'(x) = -\omega A_1\sin\omega x + \omega A_2\cos\omega x$

ここで，境界条件 $u_x(0,\ t) = u_x(1,\ t) = 0$ より，

$X'(0) = X'(1) = 0$ となる。よって，

$\begin{cases} X'(0) = \omega A_2 = 0 \\ X'(1) = -\omega A_1\sin\omega + \omega A_2\cos\omega = 0 \end{cases}$

よって，$A_2 = 0$，かつ $\sin\omega = 0$ となる。

ω は正の定数より，

$\omega = k\pi$ ……(f) $(k = 1,\ 2,\ 3,\ \cdots)$ となる。

以上（ i ）（ ii ）（ iii ）より，$X(x) = A_1\cos k\pi x$ ……(g) $(k = 0,\ 1,\ 2,\ 3,\ \cdots)$ となる。

> $\omega A_2 = 0$ で，$\omega \neq 0$ より，$A_2 = 0$
> 次に，$-\omega A_1\sin\omega = 0$ で $-\omega A_1 \neq 0$ より，$\sin\omega = 0$
> （$A_1 = 0$ とすると，$X(x)$ は恒等的に0となって，不適だからね。）

> $k = 0$ のとき，$X(x) = A_1 (= q)$ となって，（ ii ）$\alpha = 0$ のときの解をこれに含めた。後のフーリエ・コサイン級数展開で必要な定数項にあたる部分だ。

（Ⅱ）次，$T(t)$ を求めてみよう。

$\dot{T} = \alpha T$ ……(d) より，$\quad \dfrac{dT}{dt} = -k^2\pi^2 T$

$\underline{-\omega^2 = -k^2\pi^2\ ((\text{f})\text{より})}$

> $y' = \alpha y$ （α：定数）の解は，$y = Ce^{\alpha x}$ だ！

この解は，$T(t) = B_1 e^{-k^2\pi^2 t}$ ……(h) と簡単に求まる。

以上（Ⅰ）（Ⅱ）の $X(x)$，$T(t)$ の積が $u(x,\ t)$ になるんだけど，まず $X(x)$，$T(t)$ それぞれの定数係数を除いた積を $u_k(x,\ t)$ とおくと，(g)，(h)より，

$u_k(x,\ t) = X(x)\cdot T(t) = \cos k\pi x\cdot e^{-k^2\pi^2 t}$ $(k = 0,\ 1,\ 2,\ \cdots)$ ……(i) となって，境界条件：$u_x(0,\ t) = u_x(1,\ t) = 0$ をみたす。つまり，1次元熱伝導方程式：

$\dfrac{\partial u}{\partial t} = \dfrac{\partial^2 u}{\partial x^2}$ ……(a) の無数の解が存在することになる。

しかし，(i)の解のいずれも $t = 0$ のときの初期条件：$u(x,\ 0) = \delta\left(x - \dfrac{1}{2}\right)$ をみたすものはないんだね。どうする？ アイデアは浮かんだ？ …そうだね。

(a)の線形同次偏微分方程式の場合，$u_k(x,\ t)$ $(k = 0,\ 1,\ 2,\ \cdots)$ が解であるならば，その1次結合 $\sum\limits_{k=0}^{\infty} a_k' u_k(x,\ t)$ もまた解になる。これを "解の重ね合わせの原理" という。（係数）

よって，$u(x,\ t) = \sum\limits_{k=0}^{\infty} a_k'\cos k\pi x\cdot e^{-k^2\pi^2 t}$ ……(j) と表せる。

167

そして，$t = 0$ のとき，(j)は，

$$u(x, 0) = \sum_{k=0}^{\infty} a_k{}' \cos k\pi x$$

$$= \underline{a_0{}'} + \sum_{k=1}^{\infty} a_k{}' \underline{\cos k\pi x}$$

$\underline{\dfrac{a_0}{2}}$ $\underline{\cos \dfrac{k\pi}{\boxed{1}} x}$

$\boxed{L = 1 \ \text{だ。}}$

$u(x, 0) = \sum_{k=0}^{\infty} a_k{}' \cos k\pi x \cdot e^0$ ①

フーリエ・コサイン級数の公式
$$f(x) = \frac{a_0}{2} + \sum_{k=1}^{\infty} a_k \cos \frac{k\pi}{L} x$$
$$a_k = \frac{2}{L} \int_0^L f(x) \cdot \cos \frac{k\pi}{L} x\, dx$$

となるので，これはフーリエ・コサイン級数展開の式に他ならない。

よって，初期条件：$u(x, 0) = \delta\left(= x - \dfrac{1}{2}\right)$ をみたす，$a_0{}' \left(= \dfrac{a_0}{2}\right)$ や $a_k{}' (k = 1,$ $2, \cdots)$ の値が決定できるんだね。$\boxed{a_0 \ \text{のみ別扱い}}$

$$a_0 = \frac{2}{1} \int_0^1 \delta\left(x - \frac{1}{2}\right) dx = 2 \times 1 = 2$$

$\boxed{\displaystyle\int_{-\infty}^{\infty} \delta\left(x - \frac{1}{2}\right) dx = 1}$

$\delta(x)$ の公式
$$\int_{-\infty}^{\infty} \delta(x - a) dx = 1$$
$$\int_{-\infty}^{\infty} \delta(x - a) \cdot f(x) dx = f(a)$$

$k = 1, 2, 3, \cdots$ のとき，

$$a_k{}' = \frac{2}{1} \int_0^1 \delta\left(x - \frac{1}{2}\right) \cdot \cos \frac{k\pi}{1} x\, dx = 2 \cdot \cos\left(k\pi \cdot \frac{1}{2}\right) = 2\cos \frac{k\pi}{2}$$

以上を(j)に代入すると，(a)の解，すなわち $u(x, t)$ が

$\boxed{a_0{}' \cdot \cos 0 \cdot e^0}$

$$u(x, t) = \underline{a_0{}'} + \sum_{k=1}^{\infty} a_k{}' \cos k\pi x \cdot e^{-k^2\pi^2 t}$$

$\boxed{\dfrac{a_0}{2} = \dfrac{2}{2} = 1}$ $\boxed{2\cos \dfrac{k\pi}{2}}$

$$\therefore u(x, t) = 1 + 2 \sum_{k=1}^{\infty} \cos \frac{k\pi}{2} \cdot \cos k\pi x \cdot e^{-k^2\pi^2 t} \ \cdots\cdots (\text{k})\ \text{と，求まるんだね。}$$

数学だけでなく，物理的な要素も入ってきたので，かなり長い解説になってしまった。でも，詳しく解説したから納得できたと思う。

しかし，この(k)が本当に解なのか？ まだ一抹の不安を持っている方も多いと思う。だから，(k)の無限級数を，初項から **60** 項までの部分和で近似して，

$$u(x, t) \fallingdotseq 1 + 2 \sum_{k=1}^{60} \cos \frac{k\pi}{2} \cdot \cos k\pi x \cdot e^{-k^2\pi^2 t} \ \text{とし，時刻} \ t \ \text{を}$$

$t = 0.001$, 0.002, 0.004, $\cdots$, 0.128
と変化させたときの温度分布 $u(x, t)$
の経時変化の様子を図3に示して
おこう。近似式ではあるけれど、
$x = \dfrac{1}{2}$ にデルタ関数 $\delta\left(x - \dfrac{1}{2}\right)$ に
よって、$+\infty$ 度のパルス状の温度
分布を初期条件として与えた後の
温度分布の変化が見事に表されて

図3　例題18の $u(x, t)$ のグラフ

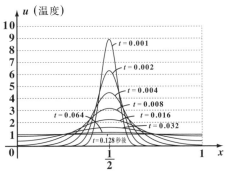

いるのが分かるだろう。そして、$t = 0.128$ 秒後には予想通り $0 \leqq x \leqq 1$ の1
次元の物体全体に渡って1 (℃) の一様な温度分布になることも確認できた。

最後に図3のグラフについてもう一
言加えておくと、これはフーリエ・コ
サイン級数なので実は u 軸を対称に周
期的に同じグラフが描かれるんだね。

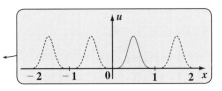

でも、ボク達にとっては、$0 \leqq x \leqq 1$ の範囲のものしか興味がないので、
図3の形で示したんだね。これで、すべて納得できただろう？

　それでは、もう1題、1次元熱伝導方程式の問題を解いてみよう。

例題19　次の偏微分方程式 (1次元熱伝導方程式) を解いてみよう。

$$\frac{\partial u}{\partial t} = \frac{\partial^2 u}{\partial x^2} \quad \cdots\cdots ① \quad (0 < x < 1,\ t > 0)$$

境界条件：$u(0, t) = u(1, t) = 0$ ◀─ 放熱条件

初期条件：$u(x, 0) = \begin{cases} 10 & \left(0 < x \leqq \dfrac{1}{2}\right) \\ 0 & \left(\dfrac{1}{2} < x \leqq 1\right) \end{cases}$

　この例題も、温度伝導率 a を $a = 1$ としている。
また、初期条件は図 (ⅰ) に示す通りだね。
また、境界条件は両端点 $x = 0, 1$ において、常に
温度が 0 (℃) に保たれることになるので、当然両
端点から外に熱が流出することになる。よって、

図 (ⅰ)　初期条件

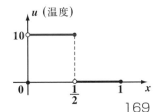

169

十分に時間が経過した後は，この 1 次元の物体の温度は 0(℃) の一様分布になることが予想できるね。

それでは，早速解いてみよう。前半部は例題 18 と同様だよ。

$$\frac{\partial u}{\partial t} = \frac{\partial^2 u}{\partial x^2} \quad \cdots\cdots① \quad (0 < x < 1, \ t > 0)$$

における温度 $u(x, \ t)$ が，$X(x) \times T(t)$ のように変数分離して表されるものとすると，

$$u(x, \ t) = X(x) \cdot T(t) \quad \cdots\cdots②$$

②を①に代入して，

$$X \cdot \dot{T} = X'' \cdot T \qquad \text{この両辺を } XT \ (\neq 0) \ \text{で割ると，}$$

$$\frac{\dot{T}}{T} = \frac{X''}{X} \qquad \text{この左辺は } t \text{ のみ，右辺は } x \text{ のみの式なので，この等式が恒}$$

等的に成り立つためには，これは定数 α でなければならない。これから，次のような 2 つの常微分方程式が得られる。

$(\text{I}) \ X'' = \alpha X \ \cdots\cdots③ \qquad (\text{II}) \ \dot{T} = \alpha T \ \cdots\cdots④$

$(\text{I}) \ X'' - \alpha X = 0 \quad \cdots\cdots③ \quad$ について，

$\underline{\alpha \geqq 0 \text{ のときは不適である。}}$

- $\alpha > 0$ のとき，③の特性方程式：$\lambda^2 - \alpha = 0$ より，$\lambda = \pm\sqrt{\alpha}$ をもつ。

  よって，③の一般解は，$X(x) = C_1 e^{\sqrt{\alpha}x} + C_2 e^{-\sqrt{\alpha}x}$

  境界条件：$u(0, \ t) = u(1, \ t) = 0$ より，

  $X(0) = X(1) = 0$

  よって，$\begin{cases} X(0) = C_1 + C_2 = 0 \\ X(1) = C_1 e^{\sqrt{\alpha}} + C_2 e^{-\sqrt{\alpha}} = 0 \end{cases}$

  > $C_2 = -C_1$
  > 次に，
  > $C_1(e^{\sqrt{\alpha}} - e^{-\sqrt{\alpha}}) = 0$
  > $e^{\sqrt{\alpha}} - e^{-\sqrt{\alpha}} \neq 0$ より，
  > $C_1 = 0 \ (= -C_2)$

  これから，$C_1 = C_2 = 0$ となって不適。

- $\alpha = 0$ のとき，③は $X'' = 0$ より，$X(x) = px + q$

  境界条件より，$X(0) = q = 0$，かつ $X(1) = p + q = 0$

  これから，$p = q = 0$ となって，不適。

よって，$\alpha < 0$ より，$\alpha = -\omega^2 \ (\omega > 0)$ とおくと，

③の特性方程式は，$\lambda^2 + \omega^2 = 0 \qquad$ これを解いて，$\lambda = \pm i\omega$

よって，③の基本解は $\cos\omega x$ と $\sin\omega x$ なので，

その一般解は，$X(x) = A_1 \cos\omega x + A_2 \sin\omega x \ \cdots\cdots⑤ \quad$ となる。

境界条件より,

$$\begin{cases} X(0) = A_1 = 0 \\ X(1) = A_1\cos\omega + A_2\sin\omega = 0 \end{cases}$$

$A_2\sin\omega = 0$ で,$A_2 \neq 0$ より,$\sin\omega = 0$
∴ $\omega = k\pi$ $(k = 1,\ 2,\ 3,\ \cdots)$

よって,$A_1 = 0$,かつ $\omega = k\pi$ $(k = 1,\ 2,\ 3,\ \cdots)$ となる。

これを⑤に代入して,$X(x) = A_2\underline{\sin k\pi x}$ $\cdots$⑥ $(k = 1,\ 2,\ 3,\ \cdots)$ が導ける。

(Ⅱ) $\dot{T} = \underset{-\omega^2 = -k^2\pi^2}{\underline{\underline{\alpha T}}}$ $\cdots$④より,$\dfrac{dT}{dt} = -k^2\pi^2 T$

∴ $T(t) = B_1 e^{-k^2\pi^2 t}$ $\cdots$⑦ $(k = 1,\ 2,\ 3,\ \cdots)$ となる。

⑥,⑦の定数係数を除いた積を $u_k(x,\ t)$ とおくと,

$u_k(x,\ t) = \sin k\pi x \cdot e^{-k^2\pi^2 t}$ $(k = 1,\ 2,\ 3,\ \cdots)$

$k = 1,\ 2,\ 3,\ \cdots$のときのそれぞれがすべて①の解だね。

ここで,解の重ね合わせの原理を用いると,①の解は,

$u(x,\ t) = \displaystyle\sum_{k=1}^{\infty} b_k\sin k\pi x \cdot e^{-k^2\pi^2 t}$ $\cdots$⑧ となる。

これから,フーリエ・サイン級数の公式を使って,係数 b_k の値を決める。

⑧より,$u(x,\ 0) = \displaystyle\sum_{k=1}^{\infty} b_k\sin k\pi x$

$u(x,\ 0) = \displaystyle\sum_{k=1}^{\infty} b_k\sin k\pi x \cdot \underset{①}{\underline{e^0}}$

ここで,初期条件:$u(x,\ 0) = \begin{cases} 10 & \left(0 < x \leqq \dfrac{1}{2}\right) \\ 0 & \left(\dfrac{1}{2} < x \leqq 1\right) \end{cases}$ より,

フーリエ・サイン級数展開の公式を用いると,$k = 1,\ 2,\ 3,\ \cdots$のとき,

フーリエ・サイン級数の公式
$f(x) = \displaystyle\sum_{k=1}^{\infty} b_k\sin\dfrac{k\pi}{L}x$
$b_k = \dfrac{2}{L}\displaystyle\int_0^L f(x)\sin\dfrac{k\pi}{L}x\,dx$

$\underline{\underline{b_k}} = \dfrac{2}{1}\displaystyle\int_0^1 u(x,\ 0) \cdot \sin k\pi x\,dx$

$= 2\left(\displaystyle\int_0^{\frac{1}{2}} 10 \cdot \sin k\pi x\,dx + \int_{\frac{1}{2}}^1 0 \cdot \sin k\pi x\,dx\right) = 20\left[-\dfrac{1}{k\pi}\cos k\pi x\right]_0^{\frac{1}{2}}$

$= -\dfrac{20}{k\pi}\left(\cos\dfrac{k\pi}{2} - 1\right) = \underline{\underline{\dfrac{20}{k\pi}\left(1 - \cos\dfrac{k\pi}{2}\right)}}$ $\cdots$⑨

⑨を⑧に代入すると,①の解,すなわち $u(x,\ t)$ が,

$u(x,\ t) = \dfrac{20}{\pi}\displaystyle\sum_{k=1}^{\infty}\dfrac{1}{k}\left(1 - \cos\dfrac{k\pi}{2}\right)\sin k\pi x \cdot e^{-k^2\pi^2 t}$ と求まるんだね。

どう?前回よりずい分楽に求められるようになっただろう?

ここで,今回も,解の無限級数を **60** 項までの和で近似して,

171

$$u(x, \ t) \doteqdot \frac{20}{\pi} \sum_{k=1}^{60} \frac{1 - \cos\dfrac{k\pi}{2}}{k \cdot e^{k^2\pi^2 t}} \sin k\pi x$$

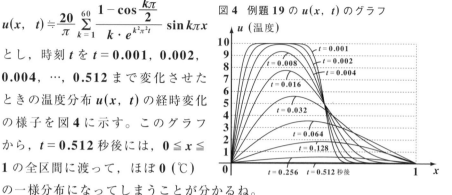

図4　例題19の $u(x, \ t)$ のグラフ

とし，時刻 t を $t = 0.001,\ 0.002,$ $0.004,\ \cdots,\ 0.512$ まで変化させたときの温度分布 $u(x, \ t)$ の経時変化の様子を図4に示す。このグラフから，$t = 0.512$ 秒後には，$0 \leqq x \leqq 1$ の全区間に渡って，ほぼ0（℃）の一様分布になってしまうことが分かるね。

● 無限長の1次元熱伝導方程式も解いてみよう！

それでは次，無限長の1次元熱伝導方程式の問題を解いてみよう。この場合，無限の長さの1次元の物体の温度分布を調べるため，初期条件は当然必要だけれど，両端点が存在しないので，境界条件はないんだね。また，この解法には"フーリエ級数"ではなく，"フーリエ変換"を利用することになるんだよ。

それでは，無限長の1次元の物体に，$t = 0$ のとき，$\delta(x)$ により，$x = 0$ に $+\infty$ の高温が初期条件として与えられたとき，その温度分布が時々刻々どのように変化していくかを，次の例題を解くことにより，調べてみよう。

> 例題20　次の偏微分方程式 (1次元熱伝導方程式) を解いてみよう。
>
> $$\frac{\partial u}{\partial t} = \frac{\partial^2 u}{\partial x^2} \ \cdots\cdots① \quad (-\infty < x < \infty, \ t > 0)$$
>
> 初期条件：$u(x, \ 0) = \delta(x)$

今回の熱伝導方程式も，簡単のため，温度伝導率 a を $a = 1$ とした。初期条件として，図(ⅰ)に示すように，$t = 0$ の時点で $x = 0$ に $+\infty$ の温度をデルタ関数 $\delta(x)$ で与えた。今回の問題がこれまでの問題と異なる点は，

図(ⅰ)　初期条件

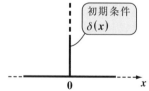

無限長の**1**次元の物体の温度分布を調べるので，境界条件がないということであり，求める温度分布の関数 $u(x, t)$ も，x についての周期関数ではなくなっている点だ。これから，"**フーリエ級数**"ではなく，"**フーリエ変換**"による解法が有効であることが分かると思う。ここで用いるフーリエ変換の公式，その他を下に予め列挙しておこう。

- フーリエ変換　$F(\alpha) = F[f(x)] = \displaystyle\int_{-\infty}^{\infty} f(x)e^{-i\alpha x}dx$　**(P125)**

- フーリエ逆変換　$F^{-1}[F(\alpha)] = \dfrac{1}{2\pi}\displaystyle\int_{-\infty}^{\infty} F(\alpha)e^{i\alpha x}d\alpha$　**(P125)**

- $\delta(x)$ のフーリエ変換　$F[\delta(x)] = 1$　**(P130)**

- $f''(x)$ のフーリエ変換　$F[f''(x)] = (i\alpha)^2 F[f(x)] = -\alpha^2 F(\alpha)$　**(P141)**

- 定積分の計算　$\displaystyle\int_{-\infty}^{\infty} e^{-px^2}dx = \sqrt{\dfrac{\pi}{p}}$　**(P131)**

みんな，これまで学習してきた内容だから大丈夫だね。

それでは，例題 **20** を解いてみよう。

2 変数関数 $u(x, t)$ をまず，<u>x の関数とみて</u>，このフーリエ変換を $U(\alpha, t)$

とおくと，　この場合，t は"定数扱い"とする。

$F[u(x, t)] = \displaystyle\int_{-\infty}^{\infty} u(x, t)e^{-i\alpha x}dx = U(\alpha, t)$　となる。よって，

（ⅰ）$\dfrac{\partial^2 u}{\partial x^2} = u''$ のフーリエ変換は，公式より，

$\quad F[u''(x, t)] = (i\alpha)^2 U(\alpha, t) = -\alpha^2 \underline{U}$　となる。

これは，$U(\alpha, t)$ を略記したものだ。

（ⅱ）また，$\dfrac{\partial u}{\partial t} = \dot{u}$ のフーリエ変換は，微分と積分の操作の順を入れ替えられるものとして，

$\quad F[\dot{u}(x, t)] = \displaystyle\int_{-\infty}^{\infty} \dfrac{\partial u}{\partial t} e^{-i\alpha x}dx = \dfrac{\partial}{\partial t}\left\{\displaystyle\int_{-\infty}^{\infty} u \cdot e^{-i\alpha x}dx\right\} = \dfrac{\partial U}{\partial t}$　となる。

以上（ⅰ）（ⅱ）より，①の熱伝導方程式の両辺をフーリエ変換したものは，

$\dfrac{\partial U}{\partial t} = -\alpha^2 U$ ……② となる。②の偏微分方程式を解くと，

今度は，$U(\alpha, t)$ を t の関数とみて解けばいい。

$U(\alpha, t) = \underline{f(\alpha)} e^{-\alpha^2 t}$ ……③　となる。

②は偏微分方程式なので，この係数は任意定数ではなく，α の任意関数になる。

ここで，初期条件：$u(x, 0) = \delta(x)$ から，③の任意関数 $f(\alpha)$ を決定しよう。

③の両辺に $t = 0$ を代入して，

$U(\alpha, 0) = f(\alpha) \cdot \underbrace{e^0}_{\boxed{1}} = f(\alpha)$ ……③′

初期条件の両辺をフーリエ変換すると，

$U(\alpha, 0) = F[\delta(x)] = 1$ ……④

よって③′と④から，任意関数 $f(\alpha) = 1$ となる。これを③に代入して，

$U(\alpha, t) = e^{-\alpha^2 t}$ ……③″　となる。　← $U(\alpha, t)$ が求まった！

フーリエ変換による解法では，
(i) まず，$u(x, t)$ のフーリエ変換 $U(\alpha, t)$ を決定し，
(ii) 次に，$U(\alpha, t)$ を逆変換して $u(x, t)$ を求める。

③″ のフーリエ逆変換を求めると，

$u(x, t) = \dfrac{1}{2\pi} \displaystyle\int_{-\infty}^{\infty} \underbrace{U(\alpha, t)}_{e^{-\alpha^2 t} \ (③″ より)} \cdot e^{i\alpha x} d\alpha = \dfrac{1}{2\pi} \int_{-\infty}^{\infty} e^{-\alpha^2 t} \cdot e^{i\alpha x} d\alpha$

$= \dfrac{1}{2\pi} \displaystyle\int_{-\infty}^{\infty} \underbrace{e^{-t\left(\alpha^2 - \frac{xi}{t}\alpha\right)}}_{e^{-t\left\{\alpha^2 - \frac{xi}{t}\alpha + \left(\frac{xi}{2t}\right)^2\right\} - \frac{x^2}{4t}} = e^{-t\left(\alpha - \frac{xi}{2t}\right)^2} \cdot e^{-\frac{x^2}{4t}}} d\alpha$　← α での積分

$= \dfrac{1}{2\pi} e^{-\frac{x^2}{4t}} \displaystyle\int_{-\infty}^{\infty} \underbrace{e^{-t\left(\alpha - \frac{xi}{2t}\right)^2}}_{\int_{-\infty}^{\infty} e^{-t\alpha^2} d\alpha \ となる。} d\alpha$

e^{-tz^2}（z：複素変数）は，全複素数平面で
正則なので，右の積分路による積分は，

$\displaystyle\int_{c_1} + \underbrace{\int_{c_2}}_{\boxed{0}} + \int_{c_3} + \underbrace{\int_{c_4}}_{\boxed{0}} = 0$　となる。　コーシーの積分定理

ここで，$R \to +\infty$ のとき，$\displaystyle\int_{c_2} \to 0$，$\displaystyle\int_{c_4} \to 0$ より，

$\displaystyle\int_{c_3} = -\int_{c_1}$ が導ける。（P132 と同様だ。）

174

よって，$u(x, t) = \dfrac{1}{2\pi} e^{-\frac{x^2}{4t}} \underline{\displaystyle\int_{-\infty}^{\infty} e^{-t\alpha^2} d\alpha}$

$\sqrt{\dfrac{\pi}{t}}$ ← 公式：$\displaystyle\int_{-\infty}^{\infty} e^{-px^2} dx = \sqrt{\dfrac{\pi}{p}}$

∴求める温度分布の関数 $u(x, t)$ は，

$u(x, t) = \dfrac{1}{2\pi} \cdot \sqrt{\dfrac{\pi}{t}} \cdot e^{-\frac{x^2}{4t}} = \dfrac{1}{2\sqrt{\pi t}} e^{-\frac{x^2}{4t}}$ ……⑤ となって，答えだ。

$t = 0.1, 0.2, \cdots, 1.0$（秒）のとき の⑤のグラフを図5に示す。熱が 拡散して，温度分布が時間の経過 と共に，横に広がっていく様子が 見事に表現されているだろう。

計算は結構大変だったかも知れ ないけれど，このように美しい結 果が得られることが分かると，や る気も湧いてくるはずだ。

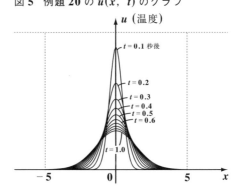

図5 例題20の $u(x, t)$ のグラフ

これまで，1次元熱伝導方程式：$\dfrac{\partial u}{\partial t} = a \dfrac{\partial^2 u}{\partial x^2}$ を解いてきたけれど，こ の $u(x, t)$ は温度の代わりに物質の濃度と考えても，まったく同様の偏微 分方程式になるんだ。たとえば，大気中におかれた汚染物質の濃度分布が 時々刻々変化していく様子は，3次元になるけれど，熱伝導方程式とまっ たく同じ方程式で記述されるんだ。だから，"**熱伝導方程式**" の代わりに "**拡散方程式**" と呼ばれることもあるので，覚えておこう。
かくさんほうていしき

　　　　● 1 次元熱伝導方程式 ●

次の偏微分方程式 (1 次元熱伝導方程式) を解け。

$$\frac{\partial u}{\partial t} = \frac{1}{2} \cdot \frac{\partial^2 u}{\partial x^2} \quad \cdots\cdots① \quad (0 < x < 2, \ t > 0)$$

境界条件：$u(0, \ t) = u(2, \ t) = 0$

初期条件：$u(x, \ 0) = 10x(2 - x)$

ヒント！ 温度伝導率 $a = \frac{1}{2}$ で，$0 \leqq x \leqq 2$ の 1 次元物体の熱伝導の問題だ。
変数分離法により，$u(x, t) = X(x) \cdot T(t)$ とおいて，解いていけばいいんだね。

解答 & 解説

変数分離法により，

$u(x, \ t) = X(x) \cdot T(t) \ \cdots\cdots②$　とおいて，

②を①に代入すると，

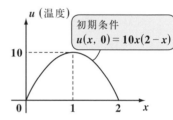

$X \cdot \dot{T} = \frac{1}{2} X'' \cdot T$　　この両辺に $\frac{2}{XT}$ をかけて，

$\frac{2\dot{T}}{T} = \frac{X''}{X} \ \cdots③$　　③の左辺は t のみの，また右辺は x のみの式であり，

③が恒等的に成り立つためには，③は定数 α に等しくなければならない。

これから 2 つの常微分方程式：(I) $X'' = \alpha X$　(II) $\dot{T} = \frac{\alpha}{2} T$ が導かれる。

(I) $X'' - \alpha X = 0 \ \cdots\cdots④$　について，

　　$\alpha \geqq 0$ のとき，境界条件から $X = 0$ となって，不適。 ◀── 詳しくは，P170 参照

　　よって，$\alpha < 0$ より，$\alpha = -\omega^2 \ (\omega > 0)$ とおくと，

　　④の特性方程式は，$\lambda^2 + \omega^2 = 0$ となり，これを解いて，$\lambda = \pm i\omega$

　　$\therefore$④の一般解は，$X(x) = A_1\cos\omega x + A_2\sin\omega x \ \cdots\cdots⑤$　となる。

　　境界条件より，

$$\begin{cases} X(0) = A_1 = 0 \\ X(2) = A_2\sin 2\omega = 0 \end{cases} \quad \therefore A_1 = 0, \ \omega = \frac{k\pi}{2} \quad (k = 1, \ 2, \ 3, \ \cdots)$$

$$\underbrace{}_{k\pi \ (k = 1, \ 2, \ 3, \ \cdots)}$$

　　これらを⑤に代入して，$X(x) = A_2\sin\dfrac{k\pi}{2}x \ \cdots⑥ \ (k = 1, \ 2, \ 3, \ \cdots)$ となる。

（Ⅱ）$\dot{T} = \dfrac{\alpha}{2}T$　　　$\dot{T} = -\dfrac{1}{8}k^2\pi^2 T$　より，$T = B_1 e^{-\frac{1}{8}k^2\pi^2 t}$　…⑦　となる。

$$\boxed{-\dfrac{\omega^2}{2} = -\dfrac{1}{2}\left(\dfrac{k\pi}{2}\right)^2}$$

⑥，⑦の定数係数を除いた積を $u_k(x,\ t)$ とおくと，

$$u_k(x,\ t) = \sin\dfrac{k\pi}{2}x \cdot e^{-\frac{1}{8}k^2\pi^2 t}\ (k = 1,\ 2,\ 3,\ \cdots)\ となる。$$

ここで，解の重ね合わせの原理を用いると，①の解 $u(x,\ t)$ は，

$$u(x,\ t) = \sum_{k=1}^{\infty} b_k\sin\dfrac{k\pi}{2}x \cdot e^{-\frac{1}{8}k^2\pi^2 t}\ \cdots⑧\ となる。$$

初期条件：$\displaystyle\sum_{k=1}^{\infty} b_k\sin\dfrac{k\pi}{2}x = u(x,\ 0) = 10x(2-x)$

から，フーリエ・サイン級数展開の公式より，

> フーリエ・サイン級数の公式
> $$f(x) = \sum_{k=1}^{\infty} b_k\sin\dfrac{k\pi}{L}x$$
> $$b_k = \dfrac{2}{L}\int_0^L f(x)\sin\dfrac{k\pi}{L}x\,dx$$

$$b_k = \dfrac{2}{2}\int_0^2 u(x,\ 0)\cdot\sin\dfrac{k\pi}{2}x\,dx = 10\int_0^2 (2x - x^2)\cdot\left(-\dfrac{2}{k\pi}\cos\dfrac{k\pi}{2}x\right)'dx$$

（部分積分）

$$= 10\left\{-\dfrac{2}{k\pi}\left[(2x-x^2)\cos\dfrac{k\pi}{2}x\right]_0^2 - \left(-\dfrac{2}{k\pi}\right)\int_0^2 (2-2x)\cdot\cos\dfrac{k\pi}{2}x\,dx\right\}$$

$$= \dfrac{40}{k\pi}\int_0^2 (1-x)\cdot\left(\dfrac{2}{k\pi}\sin\dfrac{k\pi}{2}x\right)'dx$$

$$= \dfrac{40}{k\pi}\left\{\dfrac{2}{k\pi}\left[(1-x)\sin\dfrac{k\pi}{2}x\right]_0^2 - \dfrac{2}{k\pi}\int_0^2 (-1)\cdot\sin\dfrac{k\pi}{2}x\,dx\right\}$$

$$= \dfrac{80}{k^2\pi^2}\cdot\left(-\dfrac{2}{k\pi}\right)\left[\cos\dfrac{k\pi}{2}x\right]_0^2 = -\dfrac{160}{k^3\pi^3}(\underset{(-1)^k}{\cos k\pi} - 1) = \dfrac{160\{1-(-1)^k\}}{k^3\pi^3}\ \cdots⑨$$

⑨を⑧に代入して，求める①の解 $u(x,\ t)$ は，

$$u(x,\ t) = \dfrac{160}{\pi^3}\sum_{k=1}^{\infty}\dfrac{1-(-1)^k}{k^3}\sin\dfrac{k\pi}{2}x \cdot e^{-\frac{1}{8}k^2\pi^2 t}$$

となる。

この近似解

$$u(x,\ t) \fallingdotseq \dfrac{160}{\pi^3}\sum_{k=1}^{60}\dfrac{1-(-1)^k}{k^3}\sin\dfrac{k\pi}{2}x \cdot e^{-\frac{1}{8}k^2\pi^2 t}$$

の，$t = 0.02,\ 0.04,\ \cdots,\ 5.12$（秒）のときのグラフを右に示す。

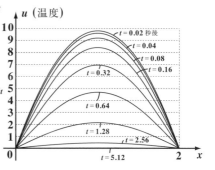

次の偏微分方程式 (1 次元熱伝導方程式) を解け。

$$\frac{\partial u}{\partial t} = \frac{1}{2} \cdot \frac{\partial^2 u}{\partial x^2} \quad \cdots\cdots① \quad (0 < x < 2, \ t > 0)$$

境界条件：$u(0, \ t) = u(2, \ t) = 0$

初期条件：$u(x, \ 0) = \begin{cases} 10x & (0 \leqq x \leqq 1) \\ 10(2 - x) & (1 \leqq x \leqq 2) \end{cases}$

ヒント！ これも，変数分離法 $u(x, \ t) = X(x) \cdot T(t)$ を用いて解けばいいんだね。

解答 & 解説

変数分離法により，

$u(x, \ t) = X(x) \cdot T(t) \ \cdots\cdots②$　とおいて，

②を①に代入すると，

$X \cdot \dot{T} = \frac{1}{2} X'' \cdot T$　　この両辺に $\frac{2}{XT}$ をかけて，

$\frac{2\dot{T}}{T} = \boxed{(ア)}$ $\cdots③$　　③の左辺は t のみの，また右辺は x のみの式であり，

③が恒等的に成り立つためには，③は定数 α に等しくなければならない。

これから 2 つの常微分方程式：(Ⅰ) $X'' = \alpha X$　(Ⅱ) $\dot{T} = \frac{\alpha}{2} T$ が導かれる。

(Ⅰ) $X'' - \alpha X = 0 \ \cdots\cdots④$　について，

　　$\alpha \geqq 0$ のとき，境界条件から $X = 0$ となって，不適。

　　よって，$\alpha < 0$ より，$\alpha = -\omega^2 \ (\omega > 0)$ とおくと，

　　④の特性方程式は，$\lambda^2 + \omega^2 = 0$ となり，これを解いて，$\lambda = \pm i\omega$

　　$\therefore$④の一般解は，$X(x) = A_1 \cos \omega x + A_2 \sin \omega x \ \cdots\cdots⑤$　となる。

　　境界条件より，

$$\begin{cases} X(0) = A_1 = 0 \\ X(2) = A_2 \sin 2\omega = 0 \end{cases} \qquad \therefore A_1 = 0, \ \omega = \frac{k\pi}{2} \quad (k = 1, \ 2, \ 3, \ \cdots)$$

　　これらを⑤に代入して，$X(x) = \boxed{(イ)}$ $\cdots⑥ \ (k = 1, 2, 3, \cdots)$ となる。

（Ⅱ）$\dot{T} = \dfrac{\alpha}{2} T$　　　$\dot{T} = \boxed{\text{(ウ)}} T$ より，$T = B_1 e^{-\frac{1}{8}k^2\pi^2 t}$ …⑦ となる。

⑥，⑦の定数係数を除いた積を $u_k(x,\ t)$ とおくと，

$u_k(x,\ t) = \sin\dfrac{k\pi}{2}x \cdot e^{-\frac{1}{8}k^2\pi^2 t}$ $(k = 1,\ 2,\ 3,\ \cdots)$ となる。

ここで，解の重ね合わせの原理を用いると，①の解 $u(x,\ t)$ は，

$u(x,\ t) = \displaystyle\sum_{k=1}^{\infty} b_k \sin\dfrac{k\pi}{2}x \cdot e^{-\frac{1}{8}k^2\pi^2 t}$ …⑧ となる。

初期条件：$\displaystyle\sum_{k=1}^{\infty} b_k \sin\dfrac{k\pi}{2}x = u(x,\ 0) = \begin{cases} 10x & (0 \leqq x \leqq 1) \\ 10(2-x) & (1 \leqq x \leqq 2) \end{cases}$ から，

$b_k = \dfrac{2}{2}\displaystyle\int_0^2 u(x,\ 0) \cdot \sin\dfrac{k\pi}{2}x\,dx$

$= 10\displaystyle\int_0^1 x \cdot \left(\boxed{\text{(エ)}}\right)' dx + 10\int_1^2 (2-x)\left(\boxed{\text{(エ)}}\right)' dx$

$= 10\left\{ -\dfrac{2}{k\pi}\left[x \cdot \cos\dfrac{k\pi}{2}x\right]_0^1 + \dfrac{2}{k\pi}\displaystyle\int_0^1 1 \cdot \cos\dfrac{k\pi}{2}x\,dx \right.$

$\left. -\dfrac{2}{k\pi}\left[(2-x)\cos\dfrac{k\pi}{2}x\right]_1^2 + \dfrac{2}{k\pi}\displaystyle\int_1^2 (-1) \cdot \cos\dfrac{k\pi}{2}x\,dx \right\}$

$= 10\left\{ -\dfrac{2}{k\pi}\cancel{\cos\dfrac{k\pi}{2}} + \dfrac{4}{k^2\pi^2}\left[\sin\dfrac{k\pi}{2}x\right]_0^1 + \dfrac{2}{k\pi}\cancel{\cos\dfrac{k\pi}{2}} - \dfrac{4}{k^2\pi^2}\left[\sin\dfrac{k\pi}{2}x\right]_1^2 \right\}$

$= 10\left(\dfrac{4}{k^2\pi^2}\sin\dfrac{k\pi}{2} + \dfrac{4}{k^2\pi^2}\sin\dfrac{k\pi}{2}\right) = \boxed{\text{(オ)}} \sin\dfrac{k\pi}{2}$ …⑨

⑨を⑧に代入して，求める①の解 $u(x,\ t)$ は，

$u(x,\ t) = \dfrac{80}{\pi^2}\displaystyle\sum_{k=1}^{\infty} \dfrac{\sin\dfrac{k\pi}{2}}{k^2}\sin\dfrac{k\pi}{2}x \cdot e^{-\frac{1}{8}k^2\pi^2 t}$

となる。

この近似解

$u(x,\ t) \doteqdot \dfrac{80}{\pi^2}\displaystyle\sum_{k=1}^{60} \dfrac{\sin\dfrac{k\pi}{2}}{k^2}\sin\dfrac{k\pi}{2}x \cdot e^{-\frac{1}{8}k^2\pi^2 t}$

の，$t = 0.02,\ 0.04,\ \cdots,\ 5.12$（秒）の
ときのグラフを右に示す。

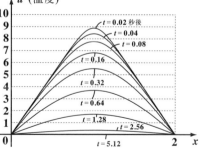

解答　(ア) $\dfrac{X''}{X}$　　(イ) $A_2\sin\dfrac{k\pi}{2}x$　　(ウ) $-\dfrac{1}{8}k^2\pi^2$　　(エ) $-\dfrac{2}{k\pi}\cos\dfrac{k\pi}{2}x$　　(オ) $\dfrac{80}{k^2\pi^2}$

§3. ラプラス方程式と波動方程式

　前回は，様々な条件の下で 1 次元熱伝導方程式の問題を解いたけれど，時間の経過と共に温度分布がある一定の状態に近づいていくことが分かったと思う。このように，熱伝導方程式 (または，拡散方程式) の特殊な場合として，時間に依存しない定常状態を表す方程式を "ラプラス方程式" という。今回の講義ではまず，この 2 次元ラプラス方程式の解法について教えよう。

　さらに，典型的な偏微分方程式の 1 つである "波動方程式" についても，"1 次元波動方程式" と "2 次元波動方程式" について，その解法を詳しく教えるつもりだ。さァ，講義を始めよう！

● ラプラス方程式は定常状態を表す！

・2 次元熱伝導方程式：$\dfrac{\partial u}{\partial t} = a\left(\dfrac{\partial^2 u}{\partial x^2} + \dfrac{\partial^2 u}{\partial y^2}\right)$ ……………①

・3 次元熱伝導方程式：$\dfrac{\partial u}{\partial t} = a\left(\dfrac{\partial^2 u}{\partial x^2} + \dfrac{\partial^2 u}{\partial y^2} + \dfrac{\partial^2 u}{\partial z^2}\right)$ ……②

で表される温度分布 u は，十分時間が経過すると，ある一定の分布状態に落ち着いて，それ以上時刻 t が経過してもまったく変化しなくなる。この状態を "定常状態" と呼び，①，②において，$\dfrac{\partial u}{\partial t} = 0$ とおける。さらに，

> 時刻 t によって，変化しなくなることを表す。

温度伝導率 a は正の定数なので，①，②の両辺を a で割ると，次のような "2 次元ラプラス方程式" と "3 次元ラプラス方程式" が導かれる。

・2 次元ラプラス方程式：$\dfrac{\partial^2 u}{\partial x^2} + \dfrac{\partial^2 u}{\partial y^2} = 0$ ……③

・3 次元ラプラス方程式：$\dfrac{\partial^2 u}{\partial x^2} + \dfrac{\partial^2 u}{\partial y^2} + \dfrac{\partial^2 u}{\partial z^2} = 0$

> 1 次元熱伝導方程式：$\dfrac{\partial u}{\partial t} = a\dfrac{\partial^2 u}{\partial x^2}$ において，$\dfrac{\partial u}{\partial t} = 0$ とおき，両辺を a で割ったものは $\dfrac{\partial^2 u}{\partial x^2} = 0$ となる。(この u は x の 1 変数関数で，その解は $u = px + q$ となる。) これはもはや偏微分方程式ではないので，ラプラス方程式から除いた。

この講義では，③の 2 次元ラプラス方程式について，その解法を示しておこう。u は，熱伝導方程式のときと同様，温度 (または物質濃度) と考えてくれたらいい。2 次元ラプラス方程式では，この u は x と y の 2 変数関数なので，$u = u(x, y)$ とおける。ここでも "変数分離法" は有効だ。つまり $u(x, y)$ を，x のみの関数 $X(x)$ と，y のみの関数 $Y(y)$ の積で表されるものとすると，

$u(x, y) = X(x) \cdot Y(y)$ …④ となる。

④を③に代入して，

$$\frac{\partial^2(XY)}{\partial x^2} + \frac{\partial^2(XY)}{\partial y^2} = 0 \qquad X'' \cdot Y + X \cdot Y'' = 0 \qquad -X''Y = XY''$$

この両辺を XY ($\neq 0$) で割ると，$-\dfrac{X''}{X} = \dfrac{Y''}{Y}$ …⑤ となる。

ここで，⑤の左辺は x のみの式，また⑤の右辺は y のみの式であり，⑤が恒等的に成り立つためには，これら両辺は共にある定数 α と等しくなければならないね。

これから，$-\dfrac{X''}{X} = \alpha$，$\dfrac{Y''}{Y} = \alpha$ となるので，2 つの常微分方程式

(I) $Y'' = \alpha Y$ と (II) $X'' = -\alpha X$ が導かれる。

　後は，与えられた境界条件に従って解いていけばいいんだね。ちなみに，ラプラス方程式は定常状態を表す方程式なので，初期条件は与えられない。

参考

2 次元ラプラス方程式は，正則な複素関数：
$f(z) = u(x, y) + iv(x, y)$ …① $(z = x + iy)$ と密接に関係している。
①は正則なので，次のコーシー・リーマンの方程式
　$u_x = v_y$ …② 　$u_y = -v_x$ …③が成り立つ。よって，
(i) ②の両辺を x で微分し，③の両辺を y で微分して和をとると
　$u_{xx} + u_{yy} = v_{yx} - v_{xy} = v_{yx} - v_{xy} = 0$，つまり，$u_{xx} + u_{yy} = 0$ となって，
　$u(x, y)$ はラプラス方程式をみたす。
(ii) ②の両辺を y で微分し，③の両辺を x で微分して差をとると
　$v_{yy} + v_{xx} = u_{xy} - u_{yx} = u_{xy} - u_{xy} = 0$，つまり，$v_{xx} + v_{yy} = 0$ となって，
　$v(x, y)$ もラプラス方程式をみたすことが分かる。

コーシー・リーマンの方程式 ($C - R$ の方程式) について御存知ない方は，
「複素関数キャンパス・ゼミ」(マセマ) で学習されることを勧める。

● 2次元ラプラス方程式を解いてみよう！

それでは，次の例題で実際にラプラス方程式を解いてみよう。

例題 21 次の偏微分方程式 (ラプラス方程式) を解いてみよう。

$$\frac{\partial^2 u}{\partial x^2} + \frac{\partial^2 u}{\partial y^2} = 0 \quad \cdots\cdots ① \quad (0 < x < 1, \ 0 < y < 1)$$

境界条件：$u(x, \ 0) = u(x, \ 1) = u(1, \ y) = 0, \ u(0, \ y) = 10$

$u(x, \ y)$ を温度と考えると，図 (i) に示すよ
うに，与えられた境界条件は $x = 0$，$0 < y < 1$
のときのみ 10（℃）で，他はすべて 0（℃）に
なる。このような境界条件の下で，$0 < x < 1$，
$0 < y < 1$ の領域内の<u>温度分布</u>がどうなるのか？

図 (i) 境界条件

u（温度）
$u(0, \ y) = 10$
10
$u(x, \ 0) = 0$
0
1 y
$u(x, \ 1) = 0$
x 1 $u(1, \ y) = 0$

定常状態なので，これは時間的に変化しない。

①のラプラス方程式を解けば分かるんだね。

変数分離法により，温度 $u(x, \ y)$ が，x のみの
関数 $X(x)$ と y のみの関数 $Y(y)$ の積で表されるものとすると，

$u(x, \ y) = X(x) \cdot Y(y)$ ……②　　②を①に代入して，

$X''Y + XY'' = 0$ 　　 $-X''Y = XY''$ 　　この両辺を XY（$\neq 0$）で割って，

$-\dfrac{X''}{X} = \dfrac{Y''}{Y}$ …③ となる。

ここで，③の左辺は x のみの式，また③の右辺は y のみの式であり，③が
恒等的に成り立つためには，これらは共にある定数 α と等しくなければな

らない。よって，$\dfrac{Y''}{Y} = \alpha$ かつ $-\dfrac{X''}{X} = \alpha$ より，2 つの常微分方程式：

（Ⅰ）$Y'' = \alpha Y$ …④ 　　　（Ⅱ）$X'' = -\alpha X$ …⑤ が導かれる。

（Ⅰ）$Y'' - \alpha Y = 0$ …④ について，$\alpha \geqq 0$ のときは不適である。

よって $\alpha < 0$ より，$\alpha = -\omega^2$
$(\omega > 0)$ とおくと，④の特性
方程式は
$\lambda^2 + \omega^2 = 0$
これを解いて，$\lambda = \pm i\omega$

・$\alpha > 0$ のとき，特性方程式 $\lambda^2 - \alpha = 0$ より，
$\lambda = \pm\sqrt{\alpha}$ ∴一般解 $Y(y) = C_1 e^{\sqrt{\alpha}y} + C_2 e^{-\sqrt{\alpha}y}$
境界条件：$u(x, \ 0) = u(x, \ 1) = 0$ より，
$Y(0) = Y(1) = 0$ から，$C_1 = C_2 = 0$ ∴不適。
・$\alpha = 0$ のとき，$Y'' = 0$ より，$Y(y) = py + q$
同じく境界条件より，$p = q = 0$ ∴不適。

よって，④の一般解は，$Y(y) = C_1\cos\omega y + C_2\sin\omega y$ ……⑥ となる。

境界条件：$u(x, 0) = u(x, 1) = 0$ より，$Y(0) = Y(1) = 0$

よって，

$$\begin{cases} Y(0) = C_1 = 0 \\ Y(1) = C_1\cos\omega + C_2\sin\omega = 0 \qquad \therefore \sin\omega = 0 \end{cases}$$

これから，$C_1 = 0$ かつ $\omega = k\pi$ …⑦ $(k = 1, 2, 3, \cdots)$ となる。

⑦を⑥に代入して，$\quad \therefore \underline{Y(y) = C_2\sin k\pi y}$ ……⑧ $(k = 1, 2, 3, \cdots)$

（Ⅱ）$X'' + \alpha X = 0$ …⑤ について，

$$\boxed{-\omega^2 = -k^2\pi^2 \ (\text{⑦より})}$$

$$X'' - k^2\pi^2 X = 0$$

この特性方程式：$\lambda^2 - k^2\pi^2 = 0$ を解いて，$\lambda = \pm k\pi$

よって，⑤の一般解は，

$X(x) = A_1 e^{k\pi x} + A_2 e^{-k\pi x}$ ……⑨ となる。

> 境界条件：$u(0, y) = 10$
> は別扱い！

境界条件：$u(1, y) = 0$ より，$X(1) = 0$

よって，$X(1) = A_1 e^{k\pi} + A_2 e^{-k\pi} = 0 \qquad \therefore A_2 = -A_1 e^{2k\pi}$ …⑩

⑩を⑨に代入して，

$$X(x) = A_1 e^{k\pi x} - A_1 e^{2k\pi} e^{-k\pi x} = A_1 e^{k\pi}\left(e^{k\pi(x-1)} - e^{-k\pi(x-1)}\right)$$

> 双曲線関数 $\sinh\theta = \dfrac{e^\theta - e^{-\theta}}{2}$ → $2\sinh k\pi(x-1)$

$$\therefore \underline{X(x) = 2A_1 e^{k\pi}\sinh k\pi(x-1)} \text{ ……⑪}$$

⑧，⑪より，定数係数を除いた積を $u_k(x, y)$ とおくと，

$$u_k(x, y) = \sinh k\pi(x-1) \cdot \sin k\pi y \text{ …⑫ } (k = 1, 2, 3, \cdots)$$

⑫について，解の重ね合わせの原理を用いると，①の解は，

$$u(x, y) = \sum_{k=1}^{\infty} b_k{}' \sinh k\pi(x-1) \cdot \sin k\pi y \text{ …⑬ となる。}$$

サァ，ここで，最後の境界条件：$u(0, y) = 10$ をみたすように係数 $b_k{}'$ を定めよう。$x = 0$ のとき，⑬は，

> 関数 $f(y)$ とみる。

$$u(0, y) = \sum_{k=1}^{\infty} b_k{}' \sinh(-k\pi) \cdot \sin k\pi y = \boxed{10} \text{ となる。}$$

> $-b_k{}'\sinh k\pi = b_k$ とみる。 ← フーリエ・サイン級数の式だ！

> $\sinh(-\theta) = \dfrac{e^{-\theta} - e^\theta}{2} = -\sinh\theta$

$u(0, \ y) = \sum_{k=1}^{\infty} b_k \cdot \sin k\pi y = 10$　とおくと，

$\underline{-b_k{'}\sinh k\pi}$

フーリエ・サイン級数展開の公式より，係数 b_k は，

$$b_k = \underline{\underline{-b_k{'}\sinh k\pi}} = \frac{2}{1}\int_0^1 10 \cdot \sin \frac{k\pi}{1} y\, dy = 20\left[-\frac{1}{k\pi}\cos k\pi y\right]_0^1$$

$$= -\frac{20}{k\pi}(\underbrace{\cos k\pi}_{(-1)^k} - 1) = \underline{\underline{\frac{20\{1-(-1)^k\}}{k\pi}}} \quad (k = 1, \ 2, \ 3, \ \cdots)$$

$$\therefore \ b_k{'} = \underset{\sim\sim\sim\sim\sim\sim}{\frac{20\{(-1)^k - 1\}}{k\pi\sinh k\pi}} \ \cdots ⑭ \ (k = 1, \ 2, \ 3, \ \cdots)$$

⑭ を，$u(x, \ y) = \sum_{k=1}^{\infty} \underset{\sim\sim\sim}{b_k{'}} \sinh k\pi(x-1) \cdot \sin k\pi y \ \cdots⑬$ に代入して，

求める ① の解は，

$$u(x, \ y) = \frac{20}{\pi}\sum_{k=1}^{\infty} \frac{(-1)^k - 1}{k\sinh k\pi} \cdot \sinh k\pi(x-1) \cdot \sin k\pi y \ \cdots⑮ \ \text{となる。}$$

この境界条件の下で，温度分布の定常状態がどのようになるのか？　興味
があるだろうね。⑮ の無限級数を初項から第 **100** 項までの和で近似した

$$u(x, \ y) \fallingdotseq \frac{20}{\pi}\sum_{k=1}^{100} \frac{(-1)^k - 1}{k\sinh k\pi} \cdot \sinh k\pi(x-1) \cdot \sin k\pi y$$

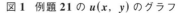

のグラフを図 **1** に示す。$x = 0$,
0.1, 0.2, $\cdots$**, 1.0** について，y を
$0 \leqq y \leqq 1$ の範囲で動かして，$u(x, \ y)$
の温度分布の様子が **3** 次元的に分か
るようにグラフ化した。

　$x = 0$ のときは，矩形になるはず
だけれど，ギブスの現象 (ツノ) が
現れて，フーリエ級数独特のグラフ
になっているね。それ以外の x の各
値については，収束性の良い滑らか
なグラフが描けている。

図 **1**　例題 **21** の $u(x, \ y)$ のグラフ

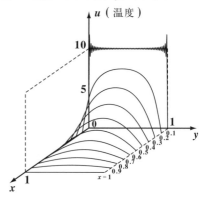

これでラプラスの方程式の解も，ヴィジュアルにとらえることが出来たと
思う。面白かっただろう？　この続きは演習問題 **9** と実践問題 **9** でやろう！

● 1次元波動方程式を導いてみよう！

それでは次，**1次元波動方程式**：$\dfrac{\partial^2 u}{\partial t^2} = a^2 \dfrac{\partial^2 u}{\partial x^2}$ …①の解説に入る。これは，

図2に示すように，水平に張られた弦が鉛
直方向に振動する場合，弦の平衡状態から

図2 弦の振動のイメージ

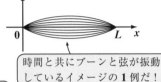

> 振動せず，静かな状態

の変位 $u(x,\ t)$ を表す偏微分方程式なんだ。

> 位置 x と時刻 t の関数

> 時間と共にブーンと弦が振動
> しているイメージの1例だ！

ここで，a^2 は物理定数で，

> 単位長さ当たりの質量

$a^2 = \dfrac{T}{\rho}$ （T：張力 (**N**)，ρ：弦の線密度 (**kg/m**)）と表される。a でなく慣

> "ニュートン"（力の単位：**kg・m/sec²**）

例上 a^2 を用いるのは，この物理定数が正であることを表すためなんだ。

それでは，①の1次元波動方程式を早速導いてみよう。

図3に示すように，水平方向に x 軸，
鉛直方向に u 軸をとる。ただし，弦
は一様な線密度 ρ (**kg/m**) と断面積を
もつものとし，また，張力 T (**N**) は
弦のいずれにおいても一定であるも
のとする。

図3 弦の $[x,\ x+\Delta x]$ の部分に働く力

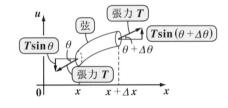

このとき，弦の微小部分 $[x,\ x+\Delta x]$ について，鉛直方向に"ニュートン
の運動方程式"：$F = m \cdot \alpha$ …(*) を立ててみよう。

> 力 (**N**)　　質量：$\Delta x \cdot \rho$ (**kg**)　　加速度：$\dfrac{\partial^2 u}{\partial t^2}$ (**m/sec²**)

$((*)$ の右辺$) = m \cdot \alpha = \Delta x \cdot \rho \cdot \dfrac{\partial^2 u}{\partial t^2}$ …② は大丈夫だね。

次，(*) の左辺は弦の $[x,\ x+\Delta x]$ の微小部分に鉛直方向に働く力のこと
で，図3より，

> θ は微小と考えていいので，
> $\sin\theta \fallingdotseq \tan\theta,\ \sin(\theta+\Delta\theta) \fallingdotseq \tan(\theta+\Delta\theta)$

$((*)$ の左辺$) = T \cdot \underbrace{\sin(\theta+\Delta\theta)}_{\boxed{\tan(\theta+\Delta\theta)}} - T \cdot \underbrace{\sin\theta}_{\boxed{\tan\theta}}$

$= T \cdot \underbrace{\tan(\theta+\Delta\theta)}_{\boxed{\left(\frac{\partial u}{\partial x}\right)_{x+\Delta x}}} - T \cdot \underbrace{\tan\theta}_{\boxed{\left(\frac{\partial u}{\partial x}\right)_{x}}}$

> **tan** は，曲線（弦）の接線の傾き
> を表すからね。

よって，

$$((\ast)\text{ の左辺}) = T \cdot \left(\frac{\partial u}{\partial x}\right)_{x+\Delta x} - T \cdot \left(\frac{\partial u}{\partial x}\right)_{x}$$

$$= T \cdot \left\{\left(\frac{\partial u}{\partial x}\right)_{x+\Delta x} - \left(\frac{\partial u}{\partial x}\right)_{x}\right\}$$

$$= T \cdot \Delta x \frac{\partial^2 u}{\partial x^2} \quad \cdots\cdots③ \text{ となる。}$$

> ここで，$g(x) = \left(\frac{\partial u}{\partial x}\right)_x$ とおくと
> $g(x + \Delta x) = \left(\frac{\partial u}{\partial x}\right)_{x+\Delta x}$ となる。
> 関数の第 1 次近似公式：
> $g'(x) \fallingdotseq \dfrac{g(x+\Delta x) - g(x)}{\Delta x}$ より，
> $g(x+\Delta x) - g(x) \fallingdotseq \Delta x \cdot g'(x)$
> $\therefore \left(\frac{\partial u}{\partial x}\right)_{x+\Delta x} - \left(\frac{\partial u}{\partial x}\right)_{x} \fallingdotseq \Delta x \cdot \frac{\partial^2 u}{\partial x^2}$

$$((\ast)\text{ の右辺}) = \Delta x \cdot \rho \cdot \frac{\partial^2 u}{\partial t^2} \quad \cdots② \text{ と③を，}$$

運動方程式 $(\ast)$ に代入して，

$$T \cdot \Delta x \cdot \frac{\partial^2 u}{\partial x^2} = \Delta x \cdot \rho \cdot \frac{\partial^2 u}{\partial t^2} \qquad \text{両辺を } \Delta x \cdot \rho \ (>0) \text{ で割って，}$$

$$\frac{\partial^2 u}{\partial t^2} = \boxed{\frac{T}{\rho}} \cdot \frac{\partial^2 u}{\partial x^2} \qquad \text{ここで，} \frac{T}{\rho} = a^2 \ (>0) \text{ とおくと，}$$

$\boxed{a^2}$

1 次元波動方程式：$\dfrac{\partial^2 u}{\partial t^2} = a^2 \dfrac{\partial^2 u}{\partial x^2}$ $\cdots\cdots①$ が導けるんだね。大丈夫？

この考え方を拡張して，

・2 次元波動方程式：$\dfrac{\partial^2 u}{\partial t^2} = a^2\left(\dfrac{\partial^2 u}{\partial x^2} + \dfrac{\partial^2 u}{\partial y^2}\right)$

・3 次元波動方程式：$\dfrac{\partial^2 u}{\partial t^2} = a^2\left(\dfrac{\partial^2 u}{\partial x^2} + \dfrac{\partial^2 u}{\partial y^2} + \dfrac{\partial^2 u}{\partial z^2}\right)$ も導ける。

● 1 次元波動方程式を解いてみよう！

1 次元波動方程式：$\dfrac{\partial^2 u}{\partial t^2} = a^2 \dfrac{\partial^2 u}{\partial x^2}$ の解法でも，"**変数分離法**" が有効だ。

$u(x, t) = X(x) \cdot T(t)$ とおいて，これを波動方程式に代入してまとめると，

$X\ddot{T} = a^2 X'' \cdot T \qquad \dfrac{\ddot{T}}{a^2 T} = \dfrac{X''}{X}$ となる。この両辺はそれぞれ t のみ，x の

みの式になるので，この等式が恒等的に成り立つためには，これはある定

数 α と等しくならなければならない。これから，2 つの常微分方程式：

$(\text{I})\ X'' = \alpha X$ と $(\text{II})\ \ddot{T} = \alpha a^2 T$ が導けるんだね。これを基に，さらに解

いていけばいいんだよ。

それでは，次の例題で 1 次元波動方程式を実際に解いてみよう。

例題 22　次の偏微分方程式 (1 次元波動方程式) を解いてみよう。

$$\frac{\partial^2 u}{\partial t^2} = \frac{\partial^2 u}{\partial x^2} \quad \cdots\cdots\text{(a)} \quad (0 < x < 1, \ 0 < t) \quad \longleftarrow \boxed{a^2 = 1 \text{ の場合だ！}}$$

初期条件：$u(x, \ 0) = \begin{cases} \dfrac{1}{4}x & \left(0 \leq x \leq \dfrac{1}{2}\right) \\ \dfrac{1}{4}(1-x) & \left(\dfrac{1}{2} < x \leq 1\right) \end{cases}, \quad u_t(x, \ 0) = 0$

境界条件：$u(0, \ t) = u(1, \ t) = 0 \quad \longleftarrow \boxed{\text{固定端}}$

与えられた初期条件を図 (ⅰ) に示す。x 軸上の 2 点 $(0, \ 0)$ と $(1, \ 0)$ を両端点として，ゴムひも を張り，初めに中央部 $\left(x = \dfrac{1}{2}\ \text{の点}\right)$ を $\dfrac{1}{8}$ だけ 手でつまみ上げた状態から手を離して，ゴムひ

図 (ⅰ) 初期条件
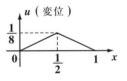

<u>初めこのようにストップした状態から始めるので，</u> 初期条件：$u_t(x, \ 0) = 0$ が与えられているんだね。 $\quad\boxed{u_t(x, \ 0) = \dfrac{\partial}{\partial t} u(x, \ 0) \ \text{のことだ。}}$

もをビョンビョン…と振動させるイメージを持ってくれたらいいんだよ。

それでは，(a) の偏微分方程式を解いてみよう。まず，変数分離法により，

$u(x, \ t) = X(x) \cdot T(t)$ …(b) とおく。(b) を (a) に代入してまとめると，

$$X \cdot \ddot{T} = X'' \cdot T \qquad \frac{\ddot{T}}{T} = \frac{X''}{X} \quad \text{となる。}$$

この両辺は，それぞれ t のみ，x のみの式なので，この等式が恒等的に成り 立つためには，これがある定数 α と等しくならなければならない。よって，

$$\frac{\ddot{T}}{T} = \frac{X''}{X} = \alpha \qquad \text{これから，2 つの常微分方程式：}$$

$(\text{Ⅰ}) \ X'' = \alpha X$ …(c)　と $(\text{Ⅱ}) \ \ddot{T} = \alpha T$ …(d) が導かれる。

$(\text{Ⅰ}) \ X'' = \alpha X$ …(c) について，

　　$\alpha \geq 0$ のとき不適である。

　　よって，$\alpha < 0$ より $\alpha = -\omega^2$

　　$(\omega > 0)$ とおくと，(c) の特性

　　方程式は，

　　$\lambda^2 + \omega^2 = 0$

　　これを解いて，$\lambda = \pm i\omega$ となる。

$\cdot \alpha > 0$ のとき，特性方程式：$\lambda^2 - \alpha = 0$ より， $\lambda = \pm\sqrt{\alpha}$　$\therefore X(x) = A_1 e^{\sqrt{\alpha}x} + A_2 e^{-\sqrt{\alpha}x}$ 境界条件：$u(0, \ t) = u(1, \ t) = 0$ より， $X(0) = X(1) = 0$ から $A_1 = A_2 = 0$　$\therefore$ 不適。 $\cdot \alpha = 0$ のとき，$X'' = 0$ より，$X(x) = px + q$ 同様に境界条件より，$p = q = 0$　$\therefore$ 不適。

187

よって，$X'' + \omega^2 X = 0$ …(c) の一般解は，

$X(x) = A_1 \cos \omega x + A_2 \sin \omega x$ …(e) となる。

$x = 0$，$x = 1$ の両端点は固定されて振動しない。

境界条件：$u(0, t) = u(1, t) = 0$ より，$X(0) = X(1) = 0$

よって，$\begin{cases} X(0) = A_1 = 0 \\ X(1) = A_2 \sin \omega = 0 \end{cases}$ $\quad \therefore A_1 = 0,\ \omega = k\pi \quad (k = 1, 2, 3, \cdots)$

これらを (e) に代入して，$\therefore \underline{X(x) = A_2 \sin k\pi x}$ …(f)　$(k = 1, 2, 3, \cdots)$

(Ⅱ) $\ddot{T} - \alpha T = 0$ ……(d)，すなわち，

$\boxed{\omega^2 = k^2\pi^2}$

$\ddot{T} + k^2\pi^2 T = 0$ について，

この特性方程式は，$\lambda^2 + k^2\pi^2 = 0$　　これを解いて，$\lambda = \pm ik\pi$ となる。

よって，(d) の一般解は，

$T(t) = B_1 \cos k\pi t + B_2 \sin k\pi t$ ……(g) となるんだね。

この両辺を t で微分して，

$\dot{T}(t) = -k\pi B_1 \sin k\pi t + k\pi B_2 \cos k\pi t$

初期条件：$u_t(x, 0) = 0$ より，$\dot{T}(0) = 0$

$t = 0$ のとき，ゴムひもの初速度は 0 で，静止した状態から振動を開始するんだね。

よって，$\dot{T}(0) = k\pi B_2 = 0$　　$\therefore B_2 = 0$　$(\because k\pi \neq 0)$

これを (g) に代入して，$\therefore \underline{T(t) = B_1 \cos k\pi t}$ …(h)　$(k = 1, 2, 3, \cdots)$

(f)，(h) より，定数係数を除いたこれらの積を $u_k(x, t)$ とおくと，

$u_k(x, t) = \sin k\pi x \cdot \cos k\pi t$　$(k = 1, 2, 3, \cdots)$ となるんだね。

これに解の重ね合わせの原理を用いると，

$u(x, t) = \displaystyle\sum_{k=1}^{\infty} b_k \sin k\pi x \cdot \cos k\pi t$ …(i) となる。

ここで初期条件から，$u(x, 0)$ は，

$u(x, 0) = \displaystyle\sum_{k=1}^{\infty} b_k \sin k\pi x = \begin{cases} \dfrac{1}{4} x & \left(0 \leqq x \leqq \dfrac{1}{2}\right) \\ \dfrac{1}{4}(1 - x) & \left(\dfrac{1}{2} < x \leqq 1\right) \end{cases}$ となる。

よって，フーリエ・サイン級数の公式より，フーリエ係数 b_k は，

$$b_k = \frac{2}{1}\int_0^1 u(x,\ 0)\cdot \sin\frac{k\pi}{1}xdx \quad\longleftarrow\quad \boxed{公式:b_k = \frac{2}{L}\int_0^L f(x)\cdot \sin\frac{k\pi}{L}xdx}$$

$$= 2\left\{\int_0^{\frac{1}{2}} \frac{1}{4}x\cdot \sin k\pi xdx + \int_{\frac{1}{2}}^1 \frac{1}{4}(1-x)\cdot \sin k\pi xdx\right\}$$

$$= \frac{1}{2}\left\{\int_0^{\frac{1}{2}} x\cdot \left(-\frac{1}{k\pi}\cos k\pi x\right)' dx + \int_{\frac{1}{2}}^1 (1-x)\left(-\frac{1}{k\pi}\cos k\pi x\right)' dx\right\}$$

$$= \frac{1}{2}\left\{-\frac{1}{k\pi}[x\cdot \cos k\pi x]_0^{\frac{1}{2}} + \frac{1}{k\pi}\int_0^{\frac{1}{2}} 1\cdot \cos k\pi xdx \right.$$

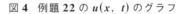
部分積分

$$\left. -\frac{1}{k\pi}[(1-x)\cos k\pi x]_{\frac{1}{2}}^1 + \frac{1}{k\pi}\int_{\frac{1}{2}}^1 (-1)\cdot \cos k\pi xdx\right\}$$

$$= \frac{1}{2k\pi}\left\{-\frac{1}{2}\cancel{\cos\frac{k\pi}{2}} + \frac{1}{k\pi}[\sin k\pi x]_0^{\frac{1}{2}} + \frac{1}{2}\cancel{\cos\frac{k\pi}{2}} - \frac{1}{k\pi}[\sin k\pi x]_{\frac{1}{2}}^1\right\}$$

$$= \frac{1}{2k\pi}\left(\frac{1}{k\pi}\sin\frac{k\pi}{2} + \frac{1}{k\pi}\sin\frac{k\pi}{2}\right) = \frac{1}{k^2\pi^2}\sin\frac{k\pi}{2} \quad となる。$$

これを(i)に代入すると，求める(a)の解は，

$$u(x,\ t) = \frac{1}{\pi^2}\sum_{k=1}^{\infty} \frac{\sin\frac{k\pi}{2}}{k^2}\sin k\pi x\cdot \cos k\pi t \ \cdots\text{(j)}となる。$$

サァ，この振動現象が時刻 t の変化により，どのように推移していくのか知りたいだろうね。(j)の無限級数を，初項から第 **100** 項までの和で近似して，

$$u(x,\ t) \fallingdotseq \frac{1}{\pi^2}\sum_{k=1}^{100} \frac{\sin\frac{k\pi}{2}}{k^2}\sin k\pi x\cdot \cos k\pi t$$

とし，$t = 0,\ 0.2,\ 0.4,\ 0.6,\ 0.8,$ **1.0**（秒）における弦（ゴムひも）の振動の様子を図 **4** に示す。ゴムひもがこのように角張った形状をとりながら振動するというのも面白いね。これは $t = 2$ 秒後に元の位置に戻る，周期 **2** の波動を表しているんだね。

図 **4** 例題 **22** の $u(x,\ t)$ のグラフ

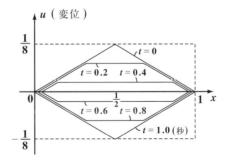

例題 23　次の偏微分方程式 (1 次元波動方程式) を解いてみよう。

$$\frac{\partial^2 u}{\partial t^2} = \frac{\partial^2 u}{\partial x^2} \quad \cdots\cdots① \quad (0 < x < 2, \ 0 < t) \quad \leftarrow \boxed{a^2 = 1 \text{ の場合だ！}}$$

初期条件：$u(x, \ 0) = \dfrac{1}{8}x(2 - x), \quad u_t(x, \ 0) = 0$

境界条件：$u(0, \ t) = u(2, \ t) = 0 \quad \leftarrow \boxed{\text{固定端}}$

この問題の初期条件は，端点を $(0, 0)$ と $(2, 0)$ とする，図 (ⅰ) に示すような上に凸の放物線なんだね。このとき，弦 (ゴムひも) の振動の様子を調べてみよう。

図 (ⅰ) 初期条件

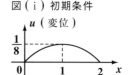

変数分離法により，$u(x, \ t) = X(x) \cdot T(t) \ \cdots②$ とおく。
②を①に代入してまとめると，

$$X \cdot \ddot{T} = X'' \cdot T \qquad\qquad \frac{\ddot{T}}{T} = \frac{X''}{X} \quad \text{となる。}$$

この両辺は，それぞれ t のみ，x のみの式なので，この等式が恒等的に成り立つためには，これがある定数 α と等しくなければならない。よって，

$$\frac{\ddot{T}}{T} = \frac{X''}{X} = \alpha \qquad \text{これから，2 つの常微分方程式：}$$

(Ⅰ) $X'' = \alpha X \ \cdots③$ 　と（Ⅱ）$\ddot{T} = \alpha T \ \cdots④$ が導かれる。

(Ⅰ) $X'' = \alpha X \ \cdots③$ について，

$\alpha \geqq 0$ のときは不適である。$\leftarrow \boxed{\text{P187 と同様}}$

よって $\alpha < 0$ より，$\alpha = -\omega^2 \ (\omega > 0)$ とおくと，③の特性方程式は，

$\lambda^2 + \omega^2 = 0 \qquad$ これを解いて，$\lambda = \pm i\omega$ となる。

よって，$X'' + \omega^2 X = 0 \ \cdots③$ の解は，

$X(x) = A_1 \cos\omega x + A_2 \sin\omega x \ \cdots⑤$ となる。

境界条件：$u(0, \ t) = u(2, \ t) = 0$ より，$X(0) = X(2) = 0$

よって，$\begin{cases} X(0) = A_1 = 0 \\ X(2) = A_2 \sin 2\omega = 0 \quad (2\omega = k\pi) \end{cases}$

$\boxed{\begin{array}{l} x = 0, \ x = 2 \text{ の両端点} \\ \text{は固定されて振動し} \\ \text{ない。} \end{array}}$

$\therefore A_1 = 0, \ \omega = \dfrac{k\pi}{2} \ (k = 1, \ 2, \ 3, \ \cdots)$

これらを⑤に代入して，$\underline{X(x) = A_2 \sin \dfrac{k\pi}{2} x}$ …⑥　$(k = 1,\ 2,\ 3,\ \cdots)$

（Ⅱ）$\ddot{T} - \alpha T = 0$ ……④，すなわち，

$$\boxed{\omega^2 = \left(\dfrac{k\pi}{2}\right)^2}$$

$\ddot{T} + \dfrac{k^2\pi^2}{4} T = 0$ について，

この特性方程式は，$\lambda^2 + \dfrac{k^2\pi^2}{4} = 0$　これを解いて，$\lambda = \pm i \dfrac{k\pi}{2}$ となる。

よって，④の一般解は，

$T(t) = B_1 \cos \dfrac{k\pi}{2} t + B_2 \sin \dfrac{k\pi}{2} t$ ……⑦となる。大丈夫？

この両辺を t で微分して，

$\dot{T}(t) = -\dfrac{k\pi}{2} B_1 \sin \dfrac{k\pi}{2} t + \dfrac{k\pi}{2} B_2 \cos \dfrac{k\pi}{2} t$

> $t = 0$ のとき，ゴムひもの初速度は 0 で，静止した状態から振動を開始するんだ。

初期条件：$u_t(x,\ 0) = 0$ より，$\dot{T}(0) = 0$

よって，$\dot{T}(0) = \dfrac{k\pi}{2} B_2 = 0$　　$\therefore B_2 = 0$　$\left(\because \dfrac{k\pi}{2} \neq 0\right)$

これを⑦に代入して，$\underline{T(t) = B_1 \cos \dfrac{k\pi}{2} t}$ …⑧　$(k = 1,\ 2,\ 3,\ \cdots)$

⑥，⑧より，定数係数を除いたこれらの積を $u_k(x,\ t)$ とおくと，

$u_k(x,\ t) = \sin \dfrac{k\pi}{2} x \cdot \cos \dfrac{k\pi}{2} t$　$(k = 1,\ 2,\ 3,\ \cdots)$ となる。

これに解の重ね合わせの原理を用いると，

$u(x,\ t) = \displaystyle\sum_{k=1}^{\infty} b_k \sin \dfrac{k\pi}{2} x \cdot \cos \dfrac{k\pi}{2} t$ …⑨が導ける。

ここで，初期条件から，$u(x,\ 0)$ は，　フーリエ・サイン級数の式

$u(x,\ 0) = \displaystyle\sum_{k=1}^{\infty} b_k \sin \dfrac{k\pi}{2} x = \dfrac{1}{8} x(2 - x)$ となる。

フーリエ・サイン級数の公式より，フーリエ係数 b_k は，

$$b_k = \frac{2}{2}\int_0^2 \underline{u(x,\ 0)} \cdot \sin\frac{k\pi}{2}x\,dx \longleftarrow \boxed{\text{公式}:b_k = \frac{2}{L}\int_0^L f(x)\cdot\sin\frac{k\pi}{L}x\,dx}$$

$$\boxed{\frac{1}{8}x(2-x)}$$

$$= \frac{1}{8}\int_0^2 (2x - x^2)\cdot\left(-\frac{2}{k\pi}\cos\frac{k\pi}{2}x\right)'dx \longrightarrow \boxed{\text{部分積分}}$$

$$= \frac{1}{8}\left\{-\frac{2}{k\pi}\left[(2x-x^2)\cos\frac{k\pi}{2}x\right]_0^2 + \frac{2}{k\pi}\int_0^2 (2-2x)\cos\frac{k\pi}{2}x\,dx\right\}$$

$$= \frac{1}{2k\pi}\int_0^2 (1-x)\left(\frac{2}{k\pi}\sin\frac{k\pi}{2}x\right)'dx \longrightarrow \boxed{\text{部分積分 2 連発}}$$

$$= \frac{1}{2k\pi}\left\{\frac{2}{k\pi}\left[(1-x)\sin\frac{k\pi}{2}x\right]_0^2 - \frac{2}{k\pi}\int_0^2 (-1)\cdot\sin\frac{k\pi}{2}x\,dx\right\}$$

$$= \frac{1}{k^2\pi^2}\left[-\frac{2}{k\pi}\cos\frac{k\pi}{2}x\right]_0^2 = -\frac{2}{k^3\pi^3}(\underline{\cos k\pi}-1)$$

$$\boxed{(-1)^k}$$

$$\therefore\ b_k = \frac{2\{1-(-1)^k\}}{k^3\pi^3}\qquad(k=1,\ 2,\ 3,\ \cdots)$$

これを $u(x,\ t) = \sum_{k=1}^{\infty} b_k\sin\frac{k\pi}{2}x\cdot\cos\frac{k\pi}{2}t$ …⑨に代入すると，

求める①の解は，

$$u(x,\ t) = \frac{2}{\pi^3}\sum_{k=1}^{\infty}\frac{1-(-1)^k}{k^3}\sin\frac{k\pi}{2}x\cdot\cos\frac{k\pi}{2}t\ \cdots⑩\ \text{となる。}$$

⑩の無限級数を初項から第 100 項までの和で近似して，

$$u(x,\ t) \fallingdotseq \frac{2}{\pi^3}\sum_{k=1}^{100}\frac{1-(-1)^k}{k^3}\sin\frac{k\pi}{2}x\cdot\cos\frac{k\pi}{2}t$$

とし，$t=0,\ 0.4,\ 0.8,\ 1.2,\ 1.6,$
2.0 (秒) における振動の様子を
図 5 に示す。これは $t=4$ 秒後に
元の位置に戻る，周期 4 の波動だ。

図 5　例題 23 の $u(x,\ t)$ のグラフ

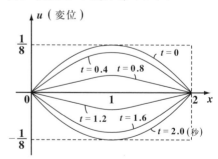

　以上，両端点の変位 u が $u=0$
に固定された固定端の弦の振動に
ついて解説した。この次は，両端
点において，弦の傾き u_x が $u_x=0$
となる自由端の弦の振動について
説明しよう。

例題 24　次の偏微分方程式 (1 次元波動方程式) を解いてみよう。

$$\frac{\partial^2 u}{\partial t^2} = \frac{\partial^2 u}{\partial x^2} \ \cdots\cdots ①\quad (0 < x < \pi,\ 0 < t) \ \longleftarrow \boxed{a^2 = 1 \text{ の場合}}$$

初期条件：$u(x,\ 0) = \dfrac{1}{10}\cos x,\ u_t(x,\ 0) = 0$

境界条件：$u_x(0,\ t) = u_x(\pi,\ t) = 0$ ←$\boxed{\text{自由端}}$

この問題の初期条件：$u(x,\ 0) = \dfrac{1}{10}\cos x$

のグラフを図 (i) に示す。今回は，$x = 0$

と π の両端点における弦の接線の傾きが，

境界条件により，0 となる，いわゆる自由

端の弦の振動問題なんだね。変数分離法に

より，$u(x,\ t) = X(x)\cdot T(t)\ \cdots\cdots②$ とおい

て，②を①に代入すると，

図 (i)

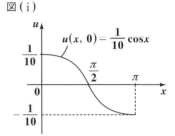

$X\cdot\ddot{T} = X''\cdot T$ より，$\dfrac{\ddot{T}}{T} = \dfrac{X''}{X}$ となる。

この両辺は，それぞれ t のみ，x のみの式なので，これが恒等的に成り立

つためには，これは定数 α と等しくなければならない。しかも，$\alpha \geqq 0$ の

ときは不適となるので，$\alpha = -\omega^2 (< 0)$ とおくと，←$\boxed{\text{P187 と同様}}$

$\dfrac{\ddot{T}}{T} = \dfrac{X''}{X} = -\omega^2$ より，2 つの常微分方程式：

(I) $X'' = -\omega^2 X \ \cdots\cdots③$ と (II) $\ddot{T} = -\omega^2 T \ \cdots\cdots④$ が導かれる。

(I) $X'' = -\omega^2 X \ \cdots\cdots③$ の解は，$X(x) = A_1\cos\omega x + A_2\sin\omega x \ \cdots⑤$ となる。

⑤を x で微分して，

$X_x(x) = -A_1\omega\sin\omega x + A_2\omega\cos\omega x$ となる。

ここで，境界条件：$X_x(0) = X_x(\pi) = 0$ より，← $\boxed{\begin{array}{l}\text{両端点は振動するが，端点}\\ \text{での弦の接線の傾きは常に}\\ \mathbf{0} \text{ になる。（自由端の条件）}\end{array}}$

$\begin{cases} X_x(0) = A_2\omega = 0 \quad\quad \text{かつ，} \\ X_x(\pi) = -A_1\omega\sin\pi\omega = 0 \end{cases}$

$\boxed{k\pi\ (k = 1, 2, 3, \cdots)}$

$\therefore A_2 = 0,\ \omega = k\ (k = 1, 2, 3, \cdots)$ となる。

これらを⑤に代入して，$X(x) = A_1\cos kx \ \cdots⑥\ (k = 1, 2, 3, \cdots)$ となる。

$(\mathrm{II})\,\omega = k$ $(k = 1,\, 2,\, 3,\, \cdots)$ より，

$\boxed{X(x) = A_1\cos kx \cdots\cdots ⑥}$

$\ddot{T} = -k^2 T \cdots\cdots ④$ の解は，$T(t) = B_1\cos kt + B_2\sin kt \cdots ⑦$ が導かれる。

⑦を t で微分して，

$T_t(t) = -B_1 k\sin kt + B_2 k\cos kt$ となる。

ここで，初期条件：$T_t(0) = 0$ より，

$T_t(0) = B_2 k = 0$ ∴ $B_2 = 0$ となる。これを⑦に代入して，

$T(t) = B_1\cos kt \cdots\cdots ⑧$ $(k = 1,\, 2,\, 3,\, \cdots)$ となる。

⑥，⑧より，定数係数を除いたこれらの積を $u_k(x,\, t)$ とおくと，②から，

$u_k(x,\, t) = \cos kx \cdot \cos kt$ $(k = 1,\, 2,\, 3,\, \cdots)$ となる。

これに重ね合わせの原理を用いると，

$u(x,\, t) = \displaystyle\sum_{k=1}^{\infty} a_k \cos kx \cdot \cos kt \cdots\cdots ⑨$ が導ける。

ここで初期条件から，$u(x,\, 0)$ は，

$u(x,\, 0) = \displaystyle\sum_{k=1}^{\infty} a_k \cos kx = \dfrac{1}{10}\cos x \cdots\cdots ⑩$ である。

⑩から，$k = 1$ のときのみ，$a_1 = \dfrac{1}{10}$ であり，

$k = 2,\, 3,\, 4,\, \cdots$ のとき，$a_k = 0$ であることが分かる。

$\boxed{\text{今回，}a_k\text{ は，積分計算を行うことなく，⑩の中辺と右辺の比較から求められる！}}$

この結果を⑨に代入して，自由端の弦の振動の解は，

$u(x,\, t) = \dfrac{1}{10}\cos x \cdot \cos t \cdots\cdots ⑪$ $(0 \leq x \leq \pi,\, 0 \leq t)$ となる。⑪より，

$t = 0,\, \dfrac{\pi}{3},\, \dfrac{\pi}{2},\, \dfrac{2\pi}{3},\, \pi\,(\text{秒})$ に

おける弦の振動の様子を図6に示す。
このように自由端の場合，両端点は
変動(振動)するが，両端点における
弦の接線の傾きは常に 0 になっている
ことが，ご理解頂けたと思う。

図6 例題24の $u(x,\, t)$ のグラフ

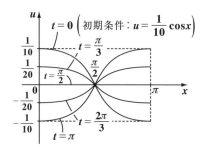

● 1次元波動方程式のストークスの公式（解の公式）を導こう！

1次元波動方程式の解の公式として，"**ストークス（*Stokes*）の公式**"
がある。これも役に立つ公式なので，これから解説しよう。

偏微分方程式の基本で，次の"**ダランベールの公式**"（**P157**）を紹介した。

「$\dfrac{\partial^2 u}{\partial y^2} = c_1{}^2 \dfrac{\partial^2 u}{\partial x^2}$ の解は，$u(x,\ y) = f(x - c_1 y) + g(x + c_1 y)$ となる。」

実は，1次元波動方程式は，このダランベールの公式が直接利用できる形
をしているんだね。この公式も利用すると，次の1次元波動方程式の"**ス
トークスの公式**"が導ける。

ストークスの公式

1次元波動方程式：$\dfrac{\partial^2 u}{\partial t^2} = a^2 \dfrac{\partial^2 u}{\partial x^2}$ ……① の解で，

初期条件：$u(x,\ 0) = F(x)$，$u_t(x,\ 0) = G(x)$ をみたすものは，

$u(x,\ t) = \dfrac{1}{2}\{F(x - at) + F(x + at)\} + \dfrac{1}{2a}\displaystyle\int_{x-at}^{x+at} G(s)ds$ である。

この公式の利用法には注意が必要なんだけれど，それは後で解説すること
にして，まずこの公式を実際に導いておこう。

①の解は，ダランベールの公式より，

$u(x,\ t) = f(x - at) + g(x + at)$ ……② と表せる。

②の両辺を t で微分すると，

$u_t(x,\ t) = -af'(x - at) + ag'(x + at)$ ……③ ← 合成関数の微分

②，③を使って，初期条件を表すと，

$\begin{cases} u(x,\ 0) = f(x) + g(x) = F(x) \cdots\cdots\cdots④ \\ u_t(x,\ 0) = -af'(x) + ag'(x) = G(x) \cdots⑤ \end{cases}$

⑤の両辺を，積分区間 $[a,\ x]$ で積分すると，

$-a\displaystyle\int_a^x f'(s)ds + a\int_a^x g'(s)ds = \int_a^x G(s)ds$ ← 混乱を避けるため，積分変数に s を用いた。

$[f(s)]_a^x = f(x) - f(a)$ $[g(s)]_a^x = g(x) - g(a)$

両辺を $-a\ (\neq 0)$ で割って，

$$f(x) - f(a) - \{g(x) - g(a)\} = -\frac{1}{a}\int_a^x G(s)ds$$

$$\therefore f(x) - g(x) = f(a) - g(a) - \frac{1}{a}\int_a^x G(s)ds \quad \cdots\cdots ⑤'$$

④と⑤′を列記すると，

$$\begin{cases} f(x) + g(x) = F(x) \quad \cdots\cdots\cdots\cdots\cdots\cdots\cdots\cdots\cdots ④ \\ f(x) - g(x) = f(a) - g(a) - \frac{1}{a}\int_a^x G(s)ds \quad \cdots\cdots ⑤' \end{cases}$ となる。

$\dfrac{④ + ⑤'}{2}$ より，$f(x) = \frac{1}{2}F(x) + \frac{1}{2}\{f(a) - g(a)\} - \frac{1}{2a}\int_a^x G(s)ds \quad \cdots\cdots ⑥$

$\dfrac{④ - ⑤'}{2}$ より，$g(x) = \frac{1}{2}F(x) - \frac{1}{2}\{f(a) - g(a)\} + \frac{1}{2a}\int_a^x G(s)ds \quad \cdots\cdots ⑦$

ここで，①の解は，$u(x, t) = f(x - at) + g(x + at) \quad \cdots\cdots ②$ より，

②と⑥，⑦から，

$$\begin{aligned} u(x, t) &= \underline{f(x - at)} + \underline{g(x + at)} \\ &= \frac{1}{2}F(x - at) + \frac{1}{2}\{f(a) - g(a)\} - \frac{1}{2a}\int_a^{x-at} G(s)ds \\ &\quad + \frac{1}{2}F(x + at) - \frac{1}{2}\{f(a) - g(a)\} + \frac{1}{2a}\int_a^{x+at} G(s)ds \\ &= \frac{1}{2}\{F(x - at) + F(x + at)\} + \frac{1}{2a}\left\{\underline{\int_{x-at}^a G(s)ds + \int_a^{x+at} G(s)ds}\right\} \end{aligned}$$

$$\underbrace{\int_{x-at}^{x+at} G(s)ds}$$

となる。よって，**1** 次元波動方程式の解として **"ストークスの公式"**

$$u(x, t) = \frac{1}{2}\{F(x - at) + F(x + at)\} + \frac{1}{2a}\int_{x-at}^{x+at} G(s)ds$$

が導けたんだね。納得いった？

● ストークスの公式をウマク使おう！

このように，**1** 次元波動方程式の解 $u(x, t)$ がストークスの公式により簡単に得られそうなので，早速，例題 **23**

「$\dfrac{\partial^2 u}{\partial t^2} = \dfrac{\partial^2 u}{\partial x^2} \quad \cdots\cdots$(a) $(0 < x < 2,\ t > 0)$ ← $\dfrac{\partial^2 u}{\partial t^2} = \boxed{1^2} \cdot \dfrac{\overset{\boxed{a^2}}{\partial^2 u}}{\partial x^2}$

初期条件：$u(x, 0) = \underset{\boxed{F(x)}}{\frac{1}{8}x(2 - x)}$，$u_t(x, 0) = \underset{\boxed{G(x)}}{0}$」

196

で試してみることにしよう。

(a)より，物理定数 $a = 1$，また初期条件より，$F(x) = \dfrac{1}{8}x(2-x)$，$G(x) = 0$

も分かる。よって，ストークスの公式より，(a)の解は，

$$u(x, \ t) = \frac{1}{2}\{F(x-t) + F(x+t)\} + \frac{1}{2}\int_{x-t}^{x+t} G(s)ds$$

$$\underbrace{\frac{1}{8}(x-t)(2-x+t)}\quad \underbrace{\frac{1}{8}(x+t)(2-x-t)}\quad \boxed{0}$$

$$= \frac{1}{16}\{(x-t)(2-x+t) + (x+t)(2-x-t)\}$$

$$\underbrace{2(x-t)-(x-t)^2 + 2(x+t)-(x+t)^2 = 4x - (x^2-2xt+t^2)-(x^2+2xt+t^2)}$$

$$= \frac{1}{16}(4x - 2x^2 - 2t^2) = \frac{1}{8}\{x(2-x) - t^2\} \ \cdots\cdots(b)$$

となって，実際に例題 **23** で解いた解，

$$u(x, \ t) = \frac{2}{\pi^3}\sum_{k=1}^{\infty}\frac{1-(-1)^k}{k^3}\sin\frac{k\pi}{2}x \cdot \cos\frac{k\pi}{2}t \quad とは，まったく異なる結$$

果が出てきてしまった！ ムムム…?? って，感じだね。
明らかに，(b)の答えはオカシイ！ これだと時刻 t の
経過と共に，放物線が下に下がっていくだけで，と
ても波動なんて表現してはいないからだ。
では，何がオカシイのか？ 気付いた？

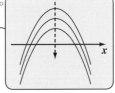

　今回，$G(s) = 0$（零関数）なので，$G(x)$ について考える必要はない。問

題は $F(x) = \dfrac{1}{8}x(2-x) \ (0 \leqq x \leqq 2)$ の方にあったんだね。これは $0 \leqq x \leqq 2$

の範囲では放物線に見えるけれど，
実は周期 **4**（$L = 2$）の周期関数で，
本来，フーリエ・サイン級数，つまり

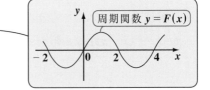

$$F(x) = \sum_{k=1}^{\infty} b_k \sin\frac{k\pi}{2}x$$

で表されるべき関数だったんだね。

このフーリエ係数 b_k を公式通り求めると，

$$b_k = \frac{2}{2}\int_0^2 F(x) \cdot \sin\frac{k\pi}{2}x\,dx = \frac{1}{8}\int_0^2 (2x - x^2)\sin\frac{k\pi}{2}x\,dx \quad となる。$$

この計算は，**P192** で既に行っているので，その結果だけを示せば，

$b_k = \dfrac{2\{1-(-1)^k\}}{k^3\pi^3}$ となる。

これから，周期関数 $F(x)$ のフーリエ・サイン級数は，

$F(x) = \displaystyle\sum_{k=1}^{\infty} b_k \sin\frac{k\pi}{2}x = \frac{2}{\pi^3}\sum_{k=1}^{\infty}\frac{1-(-1)^k}{k^3}\sin\frac{k\pi}{2}x$ となる。

これを使って，もう **1** 度ストークスの公式を利用してみると，

$$u(x,\ t) = \frac{1}{2}\underwave{\{F(x-t)+\underline{F(x+t)}\}} + \frac{1}{2}\underbrace{\cancel{\int_{x-t}^{x+t}G(s)ds}}_{\boxed{0}}$$

$$= \frac{1}{2}\left\{\frac{2}{\pi^3}\sum_{k=1}^{\infty}\frac{1-(-1)^k}{k^3}\sin\frac{k\pi}{2}(x-t) + \frac{2}{\pi^3}\sum_{k=1}^{\infty}\frac{1-(-1)^k}{k^3}\sin\frac{k\pi}{2}(x+t)\right\}$$

$$= \frac{1}{\pi^3}\sum_{k=1}^{\infty}\left\{\frac{1-(-1)^k}{k^3}\sin\frac{k\pi}{2}(x-t) + \frac{1-(-1)^k}{k^3}\sin\frac{k\pi}{2}(x+t)\right\}$$

$$= \frac{1}{\pi^3}\sum_{k=1}^{\infty}\frac{1-(-1)^k}{k^3}\underbrace{\left\{\sin\frac{k\pi}{2}(x+t) + \sin\frac{k\pi}{2}(x-t)\right\}}_{\boxed{2\sin\frac{k\pi}{2}x\cdot\cos\frac{k\pi}{2}t}}$$

$\boxed{\text{和}\to\text{積の公式}：\sin(\alpha+\beta)+\sin(\alpha-\beta)=2\sin\alpha\cos\beta}$

$$= \frac{2}{\pi^3}\sum_{k=1}^{\infty}\frac{1-(-1)^k}{k^3}\sin\frac{k\pi}{2}x\cdot\cos\frac{k\pi}{2}t \quad \text{となって，}$$

例題 **23** で解いた解とまったく同じ結果が導けたんだね。安心した？

このように "**ストークスの公式**" は，一見便利そうに見えるのだけれど，周期関数 $F(x)$ のフーリエ級数を求めないといけないので，"**変数分離法**" による解法と，かかる手間の点ではあまり変わらないかも知れない。

　しかし，$F(x-at)$ は，時刻 t と共に $F(x)$ が正の方向に動く関数を表し，$F(x+at)$ は時刻 t と共に $F(x)$ が負の方向に動く関数を表しているんだ。そして，ストークスの公式では，$G(x)$ の影響を除いて考えると，これら **2** つの波動 $F(x-at)$ と $F(x+at)$ の相加平均で $u(x,\ t)$ の波動が形成されることを示しているんだね。だから，ストークスの公式により，また **1** つ **1** 次元波動方程式への理解を深めることが出来たんだ。面白かっただろう。

● 2次元波動方程式を解くための準備をしよう！

では次，2次元波動方程式の解法についても解説しよう。ただし，その前段階として，"2重フーリエサイン級数"などの公式についても教えておく必要があるので，ここでまとめて解説しておこう。

まず，k, j を自然数とするとき，次の公式が成り立つことは大丈夫だね。

$$\int_0^L \sin\frac{k\pi}{L}x \cdot \sin\frac{j\pi}{L}x\,dx = \begin{cases} \dfrac{L}{2} & (k=j \text{ のとき}) \\ 0 & (k \neq j \text{ のとき}) \end{cases} \quad \cdots\cdots(*1)$$

この三角関数の性質が，2重フーリエサイン級数展開の基になるんだね。この $(*1)$ が成り立つことを確認しておこう。

公式：
$$\sin^2\theta = \frac{1-\cos 2\theta}{2}$$

(i) $k=j$ のとき，

$$\int_0^L \sin\frac{k\pi}{L}x \cdot \sin\frac{\overset{k}{\cancel{j}}\pi}{L}x\,dx = \int_0^L \sin^2\frac{k\pi}{L}x\,dx$$

$$= \frac{1}{2}\int_0^L\left(1-\cos\frac{2k\pi}{L}x\right)dx = \frac{1}{2}\left[x - \frac{L}{2k\pi}\sin\frac{2k\pi}{L}x\right]_0^L = \frac{L}{2}$$

となる。

(ii) $k \neq j$ のとき，

$$\int_0^L \sin\frac{k\pi}{L}x \cdot \sin\frac{j\pi}{L}x\,dx = -\frac{1}{2}\int_0^L\left\{\cos\frac{(k+j)\pi}{L}x - \cos\frac{(k-j)\pi}{L}x\right\}dx$$

$$-\frac{1}{2}\left\{\cos\left(\frac{k\pi}{L}x+\frac{j\pi}{L}x\right)-\cos\left(\frac{k\pi}{L}x-\frac{j\pi}{L}x\right)\right\}$$

公式：
$$\sin\alpha\sin\beta = -\frac{1}{2}\{\cos(\alpha+\beta)-\cos(\alpha-\beta)\}$$

$$= -\frac{1}{2}\left[\frac{L}{(k+j)\pi}\sin\frac{(k+j)\pi}{L}x - \frac{L}{(k-j)\pi}\sin\frac{(k-j)\pi}{L}x\right]_0^L = 0 \text{ となる。}$$

以上 (i)(ii) より，$(*1)$ が成り立つことが示せたんだね。

そして，この $(*1)$ の公式を利用することにより，次の"2重フーリエサイン級数"の展開公式を導くことができるんだね。

● 2重フーリエサイン級数展開もマスターしよう！

それでは次，2変数関数 $f(x, y)$ のフーリエサイン級数展開についても解説しよう。今回は，$0 \leqq x \leqq L_1$，$0 \leqq y \leqq L_2$ の範囲で定義された区分的に滑らかな2変数関数 $f(x, y)$ を三角関数 $\sin \dfrac{k\pi}{L_1} x$ と $\sin \dfrac{j\pi}{L_2} y$ $(k, j : 自然数)$ の積の無限級数で展開することにする。これを "**2重フーリエサイン級数**" (*double Fourier sine series*) と呼ぶ。

■ 2重フーリエサイン級数

$0 \leqq x \leqq L_1$，$0 \leqq y \leqq L_2$ の範囲で区分的に滑らかな2変数関数 $f(x, y)$ は次のように2重フーリエサイン級数 (2重フーリエ正弦級数) に展開できる。

$$f(x, y) = \sum_{k=1}^{\infty} \sum_{j=1}^{\infty} b_{kj} \sin \frac{k\pi}{L_1} x \cdot \sin \frac{j\pi}{L_2} y \quad \cdots\cdots\cdots\cdots\cdots\cdots (*2)$$

ただし，$b_{kj} = \dfrac{4}{L_1 L_2} \displaystyle\int_0^{L_1} \int_0^{L_2} f(x, y) \sin \dfrac{k\pi}{L_1} x \cdot \sin \dfrac{j\pi}{L_2} y \, dx dy \quad \cdots\cdots (*2)'$

$$(k = 1, 2, 3, \cdots, j = 1, 2, 3, \cdots)$$

1変数関数 $f(x)$ のフーリエサイン級数のときと形式的には同様なので，覚えやすいと思う。それでは，$f(x, y)$ が $(*2)$ の右辺のようにフーリエサイン級数に展開されるとき，その係数 b_{kj} $(k = 1, 2, 3, \cdots, j = 1, 2, 3, \cdots)$ が $(*2)'$ により求められることを示しておこう。

$$f(x, y) = \sum_{k=1}^{\infty} \underbrace{\left(\sum_{j=1}^{\infty} b_{kj} \sin \frac{j\pi}{L_2} y \right)}_{c_k(y)} \sin \frac{k\pi}{L_1} x \quad \cdots\cdots (*2) \text{ から，}$$

$$c_k(y) = \sum_{j=1}^{\infty} b_{kj} \sin \frac{j\pi}{L_2} y \quad \cdots\cdots ① \text{ とおくと，}$$

> ①の右辺は $j = 1, 2, \cdots\cdots$ としてその無限級数をとるので，結局 k と y の式になる。よって，これを $c_k(y)$ とおいた。

$(*2)$ は，$f(x, y) = \displaystyle\sum_{k=1}^{\infty} c_k(y) \sin \dfrac{k\pi}{L_1} x \quad \cdots\cdots ②$ となる。ここで，公式：

P199

$$\int_0^L \sin \frac{k\pi}{L} x \cdot \sin \frac{j\pi}{L} x \, dx = \begin{cases} \dfrac{L}{2} & (k = j) \\ 0 & (k \neq j) \end{cases} \quad \cdots\cdots (*1) \text{ を用いると，}$$

（ i ）①の両辺に $\sin\dfrac{j\pi}{L_2}y$ をかけて，積分区間 $0 \leqq y \leqq L_2$ で y により積分すると，

$$\int_0^{L_2} c_k(y)\sin\frac{j\pi}{L_2}y\,dy$$

$$=\int_0^{L_2}\sin\frac{j\pi}{L_2}y\left(b_{k1}\sin\frac{\pi}{L_2}y+b_{k2}\sin\frac{2\pi}{L_2}y+\cdots+b_{kj}\sin\frac{j\pi}{L_2}y+\cdots\right)dy$$

$$=b_{kj}\underbrace{\int_0^{L_2}\sin^2\frac{j\pi}{L_2}y\,dy}_{\frac{L_2}{2}}=\frac{L_2}{2}b_{kj}\quad\text{となる。}\quad\longleftarrow\begin{array}{|c|}\hline\text{公式}(*1)\text{を}\\\text{用いた。}\\\hline\end{array}$$

$$\therefore\ b_{kj}=\frac{2}{L_2}\int_0^{L_2}c_k(y)\sin\frac{j\pi}{L_2}y\,dy\ \cdots\cdots\text{③}$$

（ ii ）②の両辺に $\sin\dfrac{k\pi}{L_1}x$ をかけて，積分区間 $0 \leqq x \leqq L_1$ で x により積分すると，

$$\int_0^{L_1} f(x,\ y)\sin\frac{k\pi}{L_1}x\,dx$$

$$=\int_0^{L_1}\sin\frac{k\pi}{L_1}x\left\{c_1(y)\sin\frac{\pi}{L_1}x+c_2(y)\sin\frac{2\pi}{L_1}x+\cdots+c_k(y)\sin\frac{k\pi}{L_1}x+\cdots\right\}dx$$

$$=c_k(y)\underbrace{\int_0^{L_1}\sin^2\frac{k\pi}{L_1}x\,dx}_{\frac{L_1}{2}}=\frac{L_1}{2}c_k(y)\quad\text{となる。}\quad\longleftarrow\begin{array}{|c|}\hline\text{公式}(*1)\text{を}\\\text{用いた。}\\\hline\end{array}$$

$$\therefore\ c_k(y)=\frac{2}{L_1}\int_0^{L_1}f(x,\ y)\sin\frac{k\pi}{L_1}x\,dx\ \cdots\cdots\text{④}$$

以上（ i ）（ ii ）より，④を③に代入すると，次のように b_{kj} を求める $(*2)'$ の公式が導けるんだね。

$$b_{kj}=\frac{2}{L_2}\int_0^{L_2}\left(\frac{2}{L_1}\int_0^{L_1}f(x,\ y)\sin\frac{k\pi}{L_1}x\,dx\right)\sin\frac{j\pi}{L_2}y\,dy$$

$$=\frac{4}{L_1 L_2}\int_0^{L_1}\int_0^{L_2}f(x,\ y)\sin\frac{k\pi}{L_1}x\cdot\sin\frac{j\pi}{L_2}y\,dx\,dy\ \cdots\cdots(*2)'$$

この2重フーリエサイン級数の展開公式：

$$u = f(x,\ y) = \sum_{k=1}^{\infty} \sum_{j=1}^{\infty} b_{kj}\sin\frac{k\pi}{L_1}x \cdot \sin\frac{j\pi}{L_2}y \quad \cdots\cdots(*2)$$

$$\left(b_{kj} = \frac{4}{L_1 L_2}\int_0^{L_1}\int_0^{L_2}f(x,\ y)\sin\frac{k\pi}{L_1}x \cdot \sin\frac{j\pi}{L_2}ydxdy \quad \cdots\cdots(*2)'\right)$$

により，xyu 座標空間上の曲面 $u = f(x,\ y)$ $(0 \leqq x \leqq L_1,\ 0 \leqq y \leqq L_2)$ を2重フーリエサイン級数で展開できることになったんだね。

では，次の例題で早速練習してみよう。

例題25　$0 \leqq x \leqq 2,\ 0 \leqq y \leqq 2$

で定義される次の2変数関数

$u = f(x,\ y)$ を2重フーリエサ

イン級数に展開してみよう。

$$f(x,\ y) = \frac{1}{32}x(2-x)y(2-y) \quad \cdots\cdots①$$

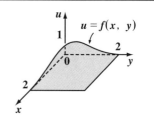

$0 \leqq x \leqq 2,\ 0 \leqq y \leqq 2$ で定義された2変数関数 $f(x,\ y)$ …①は，（区分的に）滑らかな関数なので，公式 $(*2)$，$(*2)'$ を用いて次のように2重フーリエサイン級数に展開できる。

$$f(x,\ y) = \sum_{k=1}^{\infty} \sum_{j=1}^{\infty} b_{kj}\sin\frac{k\pi}{2}x \cdot \sin\frac{j\pi}{2}y \quad \cdots\cdots\cdots\cdots②$$

$$b_{kj} = \frac{4}{2 \cdot 2}\int_0^2\int_0^2 \underbrace{f(\dot{x},\ y)}_{\frac{1}{32}(2x-x^2)(2y-y^2)\ （①より）}\sin\frac{k\pi}{2}x \cdot \sin\frac{j\pi}{2}ydxdy \quad \cdots\cdots③$$

$L_1 = L_2 = 2$ を $(*2)$，$(*2)'$ に代入したもの

ここで，③に①を代入してまとめると，

$$b_{kj} = \int_0^2\int_0^2 \frac{1}{32}(2x-x^2)(2y-y^2)\sin\frac{k\pi}{2}x \cdot \sin\frac{j\pi}{2}ydxdy$$

$$= \frac{1}{32}\underbrace{\int_0^2(2x-x^2)\sin\frac{k\pi}{2}xdx}_{これを\lambda_k とおく} \cdot \underbrace{\int_0^2(2y-y^2)\sin\frac{j\pi}{2}ydy}_{これを\lambda_j とおく} \quad \cdots\cdots④$$

ここで，④の右辺の 2 つの定積分をそれぞれ

$$\begin{cases} \lambda_k = \int_0^2 (2x - x^2) \sin \dfrac{k\pi}{2} x \, dx & \cdots\cdots ⑤ \\ \lambda_j = \int_0^2 (2y - y^2) \sin \dfrac{j\pi}{2} y \, dy & \cdots\cdots ⑤' \end{cases}$$

> ⑤と⑤'は，積分変数が x と y で異なっても，同じ積分で k と j のみが異なるので，それぞれ λ_k, λ_j とおいた。

とおくことにしよう。⑤，⑤' は本質的に同

じ積分なので，⑤のみを求めれば，その結果の k に j を代入したものが，

⑤' の積分結果になるんだね。

では，⑤の定積分を，部分積分法を用いて求めてみよう。

$$\lambda_k = \int_0^2 (2x - x^2) \left(-\frac{2}{k\pi} \cos \frac{k\pi}{2} x \right)' dx$$

> 部分積分法
> $$\int_0^2 f \cdot g' \, dx = [f \cdot g]_0^2 - \int_0^2 f' \cdot g \, dx$$

$$= -\frac{2}{k\pi} \left[(2x - x^2) \cos \frac{k\pi}{2} x \right]_0^2$$

$$\quad + \frac{2}{k\pi} \int_0^2 (2 - 2x) \cos \frac{k\pi}{2} x \, dx$$

> 部分積分法の 2 連発！
> $$\int_0^2 f \cdot g' \, dx = [f \cdot g]_0^2 - \int_0^2 f' \cdot g \, dx$$

$$= \frac{4}{k\pi} \int_0^2 (1 - x) \cdot \left(\frac{2}{k\pi} \sin \frac{k\pi}{2} x \right)' dx$$

$$= \frac{8}{k^2\pi^2} \left[(1 - x) \sin \frac{k\pi}{2} x \right]_0^2 - \frac{8}{k^2\pi^2} \int_0^2 (-1) \sin \frac{k\pi}{2} x \, dx$$

> $\because \sin \dfrac{k\pi}{2} \cdot 2 = \sin k\pi = 0$
> $\sin 0 = 0$

$$= \frac{8}{k^2\pi^2} \int_0^2 \sin \frac{k\pi}{2} x \, dx = \frac{8}{k^2\pi^2} \left(-\frac{2}{k\pi} \right) \left[\cos \frac{k\pi}{2} x \right]_0^2$$

$$= -\frac{16}{k^3\pi^3} (\underbrace{\cos k\pi}_{(-1)^k} - \underbrace{\cos 0}_{1}) = \frac{16\{1 - (-1)^k\}}{\pi^3 k^3} \quad \cdots\cdots ⑥ \quad \text{となる。}$$

> λ_k の k に j を代入したものが λ_j となる。

同様の計算をして，⑤' の積分は

$$\lambda_j = \frac{16\{1 - (-1)^j\}}{\pi^3 j^3} \quad \cdots\cdots ⑥' \quad \text{となる。}$$

⑥，⑥′を④に代入すると，

$$b_{kj} = \frac{1}{32} \times \frac{16\{1-(-1)^k\}}{\pi^3 k^3}$$

$$\times \frac{16\{1-(-1)^j\}}{\pi^3 j^3}$$

$$\therefore b_{kj} = \frac{8}{\pi^6} \cdot \frac{1-(-1)^k}{k^3} \cdot \frac{1-(-1)^j}{j^3}$$

$$\cdots\cdots⑦$$

$$f(x, \ y) = \frac{1}{32}(2x-x^2)(2y-y^2) \quad\cdots\cdots\cdots①$$

$$f(x, \ y) = \sum_{k=1}^{\infty} \sum_{j=1}^{\infty} b_{kj}\sin\frac{k\pi}{2} x \cdot \sin\frac{j\pi}{2} y \cdots②$$

$$b_{kj} = \frac{1}{32}\lambda_k \cdot \lambda_j \quad\cdots\cdots\cdots\cdots\cdots\cdots④$$

$$\lambda_k = \frac{16\{1-(-1)^k\}}{\pi^3 k^3} \quad\cdots\cdots\cdots\cdots\cdots⑥$$

$$\lambda_j = \frac{16\{1-(-1)^j\}}{\pi^3 j^3} \quad\cdots\cdots\cdots\cdots⑥′$$

となる。この⑦を②に代入することにより，$f(x, \ y)$ …①の**2**重フーリエ
サイン級数展開が次のように求まるんだね。納得いった？

$$f(x, \ y) = \frac{8}{\pi^6}\sum_{k=1}^{\infty} \sum_{j=1}^{\infty} \frac{1-(-1)^k}{k^3} \cdot \frac{1-(-1)^j}{j^3} \sin\frac{k\pi}{2} x \cdot \sin\frac{j\pi}{2} y \ \cdots\cdots⑧$$

● 2次元波動方程式にチャレンジしよう！

以上で準備も整ったので，いよいよ，**2**次元波動方程式：

$$\frac{\partial^2 u}{\partial t^2} = a^2\left(\frac{\partial^2 u}{\partial x^2} + \frac{\partial^2 u}{\partial y^2}\right)$$ を，次の例題で解いてみることにしよう。

例題 26　関数 $u(x, \ y, \ t)$ について，次の**2**次元波動方程式を解いてみよう。

$$\frac{\partial^2 u}{\partial t^2} = \frac{\partial^2 u}{\partial x^2} + \frac{\partial^2 u}{\partial y^2} \ \cdots\cdots\text{(a)} \quad (0 < x < 2, \ 0 < y < 2, \ 0 < t)$$

$\boxed{a^2 = 1 \text{ の場合だ。}}$ 　$\boxed{\text{例題 25 の①の関数だ。}}$ 　$\boxed{t = 0 \text{ で，静止状態からスタートだ。}}$

初期条件：$u(x, \ y, \ 0) = \dfrac{1}{32}(2x - x^2)(2y - y^2)$, $u_t(x, \ y, \ 0) = 0$

境界条件：$u(0, \ y, \ t) = u(2, \ y, \ t) = u(x, \ 0, \ t) = u(x, \ 2, \ t) = 0$

与えられた条件より，図(ア)に示すように**4**
頂点 $(0, 0, 0)$, $(2, 0, 0)$, $(2, 2, 0)$, $(0, 2, 0)$
からなる正方形の**4**辺で固定された正方形の膜
の振動問題になるんだね。
変数分離法により，

$$u(x, \ y, \ t) = X(x) \cdot Y(y) \cdot T(t) \ \cdots\cdots\text{(b)}$$

図(ア)

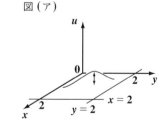

とおけるものとする。(b)を(a)に代入して，

$X \cdot Y \cdot \ddot{T} = X''YT + XY''T$ となる。この両辺を XYT で割ると，

$\dfrac{\ddot{T}}{T} = \underbrace{\dfrac{X''}{X} + \dfrac{Y''}{Y}}$ ……(c) となる。

$\underbrace{\qquad}_{t \text{ のみの式}}$ $\underbrace{\qquad}_{x \text{ と } y \text{ のみの式}}$

(c)の左辺は t のみ，右辺は x と y のみの式なので，この等式が恒等的に成り立つためには，これはある定数 α と等しくなければならない。

ここで，$\alpha \geqq 0$ は不適である。◀

よって，$\alpha < 0$ より，

$\alpha = -\omega^2 \ (\omega > 0)$ とおくと，(c)は，

$\dfrac{\ddot{T}}{T} = \underbrace{\dfrac{X''}{X}} + \underbrace{\dfrac{Y''}{Y}} = -\omega^2$ ……(c)′

$\underbrace{\qquad}_{\text{新たに} -\omega_1{}^2}$ $\underbrace{\qquad}_{-\omega_2{}^2 \text{とおく。}}$

ここで新たに，$\dfrac{X''}{X} = -\omega_1{}^2$，$\dfrac{Y''}{Y} = -\omega_2{}^2$

$(\omega_1{}^2 + \omega_2{}^2 = \omega^2)$ とおくと，

(c)′ より，次の **3** つの常微分方程式が導かれるんだね。

(i) $X'' = -\omega_1{}^2 X$ …(d)

(ii) $Y'' = -\omega_2{}^2 Y$ …(e)

(iii) $\ddot{T} = -\omega^2 T$ …(f)

> ・$\alpha > 0$ のとき
>
> $\dfrac{X''}{X} = \alpha_1$，$\dfrac{Y''}{Y} = \alpha_2$ $(\alpha_1 + \alpha_2 = \alpha)$
>
> とおくと，α_1 と α_2 のいずれか一方は必ず正となる。今，$\alpha_1 > 0$ とすると，$X'' = \alpha_1 X \ (\alpha_1 > 0)$ より，
> 特性方程式：$\lambda^2 - \alpha_1 = 0$，$\lambda = \pm\sqrt{\alpha_1}$
> $\therefore X(x) = A_1 e^{\sqrt{\alpha_1}x} + A_2 e^{-\sqrt{\alpha_1}x}$
> となる。ここで，境界条件：
> $u(0, y, t) = u(2, y, t) = 0$ より，
> $A_1 = A_2 = 0$ となって，不適。
> $\alpha_2 > 0$ のときも同様に不適。
> ・$\alpha = 0$ のとき
> $\alpha_1 = \alpha_2 = 0$ の場合も考えられる。
> このとき，$X'' = 0$ より，$X(x) = px + q$
> 同様に境界条件より，$p = q = 0$ ∴不適。

(i) $X'' = -\omega_1{}^2 X$ …(d)は，単振動の微分方程式より，その解は，

$X(x) = \underline{A_1 \cos\omega_1 x} + A_2 \sin\omega_1 x$ だね。

境界条件：$u(0, y, t) = u(2, y, t) = 0$

より，$X(0) = A_1 = 0$，$X(2) = A_2 \sin\underbrace{2\omega_1}_{k\pi} = 0$

> $u(0, y, t) = u(2, y, t) = 0$
> $\underbrace{X(0)Y(y)T(t)}$ $\underbrace{X(2)Y(y)T(t)}$
> より，$X(0) = X(2) = 0$ となる。

よって，$A_1 = 0$，$\omega_1 = \dfrac{k\pi}{2}$ $(k = 1, 2, 3, \cdots)$ となる。

$\therefore X(x) = A_2 \sin\dfrac{k\pi}{2} x$ ……(g)となるんだね。大丈夫？

(ii) $Y'' = -\omega_2{}^2 Y$ ……(e) も単振動の微分方程式より, その解は

$Y(y) = B_1\cos\omega_2 y + B_2\sin\omega_2 y$ となる。

境界条件：$u(x,\ 0,\ t) = u(x,\ 2,\ t) = 0$

より, $Y(0) = B_1 = 0$, $Y(2) = B_2\sin 2\omega_2 = 0$

> $u(x,\ 0,\ t) = u(x,\ 2,\ t) = 0$
> $\underbrace{X(x)Y(0)T(t)}\ \ \underbrace{X(x)Y(2)T(t)}$
> より, $Y(0) = Y(2) = 0$ だね。

$\underbrace{}_{j\pi}$

よって, $B_1 = 0$, $\omega_2 = \dfrac{j\pi}{2}$ $(j = 1,\ 2,\ 3,\ \cdots)$

$\therefore Y(y) = B_2\sin\dfrac{j\pi}{2} y$ ……(h) となるんだね。

(iii) $\ddot{T} = -\omega^2 T$ ……(f) も単振動の微分方程式より, その解は,

$T(t) = C_1\cos\omega t + C_2\sin\omega t$ ……(i) となる。これを t で微分して,

$\dot{T}(t) = -C_1\omega\sin\omega t + C_2\omega\cos\omega t$

$\dot{T}(0) = C_2\omega = 0$

> 初期条件：
> $u_t(x,\ y,\ 0) = 0$ より,
> $\underbrace{X(x)Y(y)\dot{T}(0)}$
> $\dot{T}(0) = 0$ だね。

よって, $C_2 = 0$ $(\because \omega > 0)$

また, (i)(ii) の結果より,

$\omega^2 = \underset{\left(\frac{k\pi}{2}\right)^2}{\underbrace{\omega_1{}^2}} + \underset{\left(\frac{j\pi}{2}\right)^2}{\underbrace{\omega_2{}^2}} = \dfrac{k^2+j^2}{4}\pi^2$

$\therefore \omega = \dfrac{\sqrt{k^2+j^2}}{2}\pi$

よって, (i)は,

$T(t) = C_1\cos\dfrac{\sqrt{k^2+j^2}}{2}\pi t$ ……(j)

以上 (i) $X(x) = A_2\sin\dfrac{k\pi}{2} x$ ……(g), (ii) $Y(y) = B_2\sin\dfrac{j\pi}{2} y$ ……(h)

(iii) $T(t) = C_1\cos\dfrac{\sqrt{k^2+j^2}}{2}\pi t$ ……(j) より,

(a)の微分方程式の独立解 $u_{kj}(x,\ y,\ t)$ は,

$u_{kj}(x,\ y,\ t) = b_{kj}\sin\dfrac{k\pi}{2} x \cdot \sin\dfrac{j\pi}{2} y \cdot \cos\dfrac{\sqrt{k^2+j^2}}{2}\pi t$ ……(k)

$(k = 1,\ 2,\ 3,\ \cdots,\ j = 1,\ 2,\ 3,\ \cdots)$ となるんだね。

そして，この(k)を2重に重ね合わせた2重フーリエサイン級数を $u(x, y, t)$ とおくと，これもまた(a)の解となる。よって，

$$u(x, y, t) = \sum_{k=1}^{\infty} \sum_{j=1}^{\infty} b_{kj} \sin \frac{k\pi}{2} x \cdot \sin \frac{j\pi}{2} y \cdot \cos \frac{\sqrt{k^2+j^2}}{2} \pi t \quad \cdots\cdots(1)$$

ここで，$t=0$ のとき，(1)は，

$$u(x, y, 0) = \sum_{k=1}^{\infty} \sum_{j=1}^{\infty} b_{kj} \sin \frac{k\pi}{2} x \cdot \sin \frac{j\pi}{2} y \cdot \underbrace{\cos \frac{\sqrt{k^2+j^2}}{2} \pi \cdot 0}_{\boxed{\cos 0 = 1}}$$

$$= \sum_{k=1}^{\infty} \sum_{j=1}^{\infty} b_{kj} \sin \frac{k\pi}{2} x \cdot \sin \frac{j\pi}{2} y \quad \cdots\cdots\cdots\cdots\cdots\cdots(1)'$$

ここで初期条件：

$$u(x, y, 0) = \frac{1}{32}(2x - x^2)(2y - y^2)$$

より，(1)′ の係数 b_{kj} は，2重フーリエサイン級数の公式 $(*2)'$ より，

> **2重フーリエサイン級数の公式 (P200)**
> $$f(x, y) = \sum_{k=1}^{\infty} \sum_{j=1}^{\infty} b_{kj} \sin \frac{k\pi}{L_1} x \cdot \sin \frac{j\pi}{L_2} y \quad \cdots\cdots\cdots(*2)$$
> $$b_{kj} = \frac{4}{L_1 L_2} \int_0^{L_1} \int_0^{L_2} f(x, y) \sin \frac{k\pi}{L_1} x \cdot \sin \frac{j\pi}{L_2} y \, dx dy \cdots(*2)'$$

> 今回は $L_1 = L_2 = 2$
> $u(x, y, 0) = f(x, y)$
> として

$$b_{kj} = \underbrace{\frac{4}{2 \cdot 2}}_{\boxed{1}} \int_0^2 \int_0^2 \underbrace{u(x, y, 0)}_{\boxed{\frac{1}{32}(2x - x^2)(2y - y^2)}} \sin \frac{k\pi}{2} x \cdot \sin \frac{j\pi}{2} y \, dx dy$$

$$= \frac{1}{32} \underbrace{\int_0^2 (2x - x^2) \sin \frac{k\pi}{2} x \, dx}_{\boxed{\lambda_k = \frac{16\{1-(-1)^k\}}{\pi^3 k^3}}} \cdot \underbrace{\int_0^2 (2y - y^2) \sin \frac{j\pi}{2} y \, dy}_{\boxed{\lambda_j = \frac{16\{1-(-1)^j\}}{\pi^3 j^3}}}$$

> これは，例題25(P202)で既に求めたね。

$$\therefore b_{kj} = \frac{8}{\pi^6} \cdot \frac{1-(-1)^k}{k^3} \cdot \frac{1-(-1)^j}{j^3} \quad \cdots\cdots(m)$$

(m)を(1)に代入すると，(a)の2次元振動の方程式の解 $u(x, y, t)$ が，

$$u(x, y, t) = \frac{8}{\pi^6} \sum_{k=1}^{\infty} \sum_{j=1}^{\infty} \frac{1-(-1)^k}{k^3} \cdot \frac{1-(-1)^j}{j^3} \cdot \sin \frac{k\pi}{2} x \cdot \sin \frac{j\pi}{2} y \cdot \cos \frac{\sqrt{k^2+j^2}}{2} \pi t$$

と求まるんだね。

ここで，この正方形の 2 次元振動膜の振動運動の様子を実際に調べてみよう。もちろん，2 重の無限級数 $\left(\sum\limits_{k=1}^{\infty}\sum\limits_{j=1}^{\infty}\right)$ なんて求めることはできないけれど，それぞれ初めの 15 項ずつとったものを，この解の近似値として，つまり，

$$u(x,\ y,\ t) \fallingdotseq \frac{8}{\pi^6}\sum_{k=1}^{15}\sum_{j=1}^{15}\frac{1-(-1)^k}{k^3}\cdot\frac{1-(-1)^j}{j^3}\cdot\sin\frac{k\pi}{2}x\cdot\sin\frac{j\pi}{2}y\cdot\cos\frac{\sqrt{k^2+j^2}}{2}\pi t$$

として，$t = 0$，0.4，0.8，1.2，1.6，2，2.4，2.8 のときの振動膜の様子を図（ⅰ）〜（ⅷ）に示す。ただし，振動の様子を見やすくするために，u 軸方向の変位は誇張して大きく示している。本当は，微小な変位の振動なんだね。

（ⅰ）$t = 0$ のとき

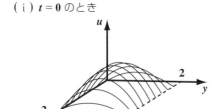

（ⅱ）$t = 0.4$ のとき

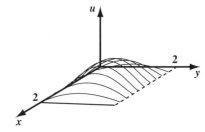

（ⅲ）$t = 0.8$ のとき

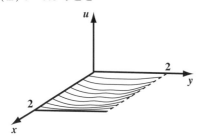

（ⅳ）$t = 1.2$ のとき

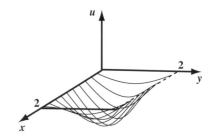

（ⅴ）$t = 1.6$ のとき

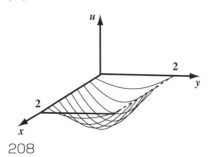

（ⅵ）$t = 2$ のとき

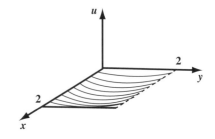

(vii) $t = 2.4$ のとき　　　　　　　　　(viii) $t = 2.8$ のとき

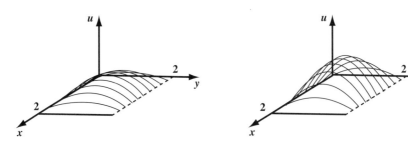

どう？　1辺の長さ2の正方形の膜が振動している様子が見事に描き出されているね。計算は結構大変だったけれど，興味をもって頂けたと思う。

　以上で，「**フーリエ解析キャンパス・ゼミ　改訂9**」の講義はすべて終了です。ここまで読み進んでくるのは大変だったと思う。でも様々な理論的な解説も入れてはきたけれど，沢山の具体的な問題を，グラフを使って詳しく解説してきたから，ご理解頂けたと思う。

　このフーリエ解析は数学と物理学の接点になっており，いずれの面から見ても面白く，実り豊かな分野になっているんだね。だから大変だったけれど，楽しみも大きかったはずだ。

　"**フーリエ解析**"は内容が豊富なため，まだまだみなさん達が学ぶべき重要な分野が沢山残っている。これまで解説した，三角関数による直交関数系以外にも直交関数系があり，これらが，円形の境界条件や，球面上の境界条件の問題を解く上で，重要な働きを演ずるんだ。

　これらの内容については「**偏微分方程式キャンパス・ゼミ**」で，また楽しく親切に解説しているので，是非これで勉強して頂きたい。でも，先を急ぐことはない。まずその前に，この「**フーリエ解析キャンパス・ゼミ　改訂9**」をよく復習して，シッカリマスターすることだ。ステップ・バイ・ステップに実力を伸ばしていくことが理想だからね。

　それでは，次の講義でまた会おう！　それまでみなさん，お元気で…。

マセマ代表　馬場 敬之

次の偏微分方程式 (ラプラス方程式) を解け。

$$\frac{\partial^2 u}{\partial x^2} + \frac{\partial^2 u}{\partial y^2} = 0 \quad \cdots\cdots\text{①} \quad (0 < x < 1, \ 0 < y < 1)$$

境界条件：$u(x, \ 0) = u(x, \ 1) = u(1, \ y) = 0$

$$u(0, \ y) = \begin{cases} 20y & \left(0 < y \leqq \dfrac{1}{2}\right) \\ 20(1-y) & \left(\dfrac{1}{2} < y < 1\right) \end{cases}$$

ヒント！ 変数分離法を使って，$u(x, y) = X(x) \cdot Y(y)$ として解けばいいんだね。

解答&解説

変数分離法により，

$u(x, \ y) = X(x) \cdot Y(y)$ …② とおいて，

②を①に代入してまとめると，

$-\dfrac{X''}{X} = \dfrac{Y''}{Y}$ ……③ となる。

③の左辺は x のみの式，また右辺は y のみ

> このような境界条件の下で，$0 \leqq x \leqq 1$，$0 \leqq y \leqq 1$ の領域の温度分布の定常状態を調べてみよう！

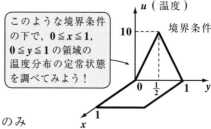

の式であり，③が恒等的に成り立つためには③の両辺は定数 α に等しくな

ければならない。これから，2 つの常微分方程式 （Ⅰ）$Y'' = \alpha Y$ …④ と

（Ⅱ）$X'' = -\alpha X$ …⑤ が導かれる。

（Ⅰ）$Y'' = \alpha Y$ …④ について，

> 詳しくは，P182 参照。

$\quad \alpha \geqq 0$ のとき，境界条件：$u(x, \ 0) = u(x, \ 1) = 0$ から，$Y = 0$ となって，

$\quad$ 不適。よって，$\alpha < 0$ より，$\alpha = -\omega^2 \ (\omega > 0)$ とおくと，

$\quad$ ④の特性方程式は，$\lambda^2 + \omega^2 = 0$ となり，これを解いて，$\lambda = \pm i\omega$

$\quad \therefore$ ④の一般解は，$Y(y) = C_1 \cos \omega y + C_2 \sin \omega y$ …⑥ となる。

$\quad$ 境界条件：$u(x, \ 0) = u(x, \ 1) = 0$ より，$Y(0) = Y(1) = 0$

$\quad$ よって，$\begin{cases} Y(0) = C_1 = 0 \\ Y(1) = C_2 \sin \omega = 0 \end{cases}$

$\quad$ これから，$C_1 = 0$ かつ，$\omega = k\pi \quad (k = 1, \ 2, \ 3, \ \cdots)$ となる。

$\quad$ これを⑥に代入して，$\quad \therefore \underline{\underline{Y(y) = C_2 \sin k\pi y}}$ …⑦ $\quad (k = 1, \ 2, \ 3, \ \cdots)$

（Ⅱ）$X'' - k^2\pi^2 X = 0$ …⑤ について，

$\boxed{\alpha = -\omega^2}$

この特性方程式：$\lambda^2 - k^2\pi^2 = 0$ となる。これを解いて，$\lambda = \pm k\pi$

∴⑤の一般解は，$X(x) = A_1 e^{k\pi x} + A_2 e^{-k\pi x}$ …⑧ となる。

境界条件：$u(1, y) = 0$ より，$X(1) = 0$

よって，$X(1) = A_1 e^{k\pi} + A_2 e^{-k\pi} = 0$　　　∴$A_2 = -A_1 e^{2k\pi}$

これを⑧に代入して，

$$\therefore \underline{\underline{X(x)}} = A_1 e^{k\pi x} - A_1 e^{2k\pi} e^{-k\pi x} = 2A_1 e^{k\pi} \cdot \frac{e^{k\pi(x-1)} - e^{-k\pi(x-1)}}{2}$$

$$= \underline{\underline{2A_1 e^{k\pi} \sinh k\pi(x-1)}} \cdots\cdots ⑨$$

⑦，⑨について，解の重ね合わせの原理を用いると，①の解は，

$$u(x, y) = \sum_{k=1}^{\infty} b_k' \sinh k\pi(x-1) \cdot \sin k\pi y \cdots\cdots ⑩ \quad となる。$$

境界条件より，

$$u(0, y) = \sum_{k=1}^{\infty} \underbrace{b_k' \sinh(-k\pi)}_{\boxed{フーリエ係数 \, b_k}} \cdot \sin k\pi y = \begin{cases} 20y & \left(0 < y \le \frac{1}{2}\right) \\ 20(1-y) & \left(\frac{1}{2} < y < 1\right) \end{cases}$$

よって，$b_k = -b_k' \sinh k\pi$ とおくと，フーリエ・サイン級数の公式より，

$$b_k = -b_k' \sinh k\pi = \frac{2}{1} \int_0^1 u(0, y) \sin \frac{k\pi}{1} y \, dy$$

$$= 2\left\{ \int_0^{\frac{1}{2}} 20y \cdot \sin k\pi y \, dy + \int_{\frac{1}{2}}^1 20(1-y) \sin k\pi y \, dy \right\}$$

$$= 40\left\{ \int_0^{\frac{1}{2}} y \cdot \left(-\frac{1}{k\pi} \cos k\pi y\right)' dy + \int_{\frac{1}{2}}^1 (1-y)\left(-\frac{1}{k\pi} \cos k\pi y\right)' dy \right\}$$

$$= 40\left\{ -\frac{1}{k\pi}\left[y\cos k\pi y\right]_0^{\frac{1}{2}} + \frac{1}{k\pi}\int_0^{\frac{1}{2}} 1 \cdot \cos k\pi y \, dy \right.$$

$$\left. -\frac{1}{k\pi}\left[(1-y)\cos k\pi y\right]_{\frac{1}{2}}^1 + \frac{1}{k\pi}\int_{\frac{1}{2}}^1 (-1) \cdot \cos k\pi y \, dy \right\}$$

$$= 40\left\{ -\frac{1}{2k\pi} \cdot \cos\frac{k\pi}{2} + \frac{1}{k^2\pi^2}\left[\sin k\pi y\right]_0^{\frac{1}{2}} + \frac{1}{2k\pi} \cdot \cos\frac{k\pi}{2} - \frac{1}{k^2\pi^2}\left[\sin k\pi y\right]_{\frac{1}{2}}^1 \right\}$$

$$= 40\left(\frac{1}{k^2\pi^2}\sin\frac{k\pi}{2} + \frac{1}{k^2\pi^2}\sin\frac{k\pi}{2}\right) = \frac{80}{k^2\pi^2}\sin\frac{k\pi}{2}$$

$$\therefore\ b_k{}' = -\frac{80}{k^2\pi^2}\cdot\frac{\sin\dfrac{k\pi}{2}}{\sinh k\pi}\qquad(k = 1,\ 2,\ 3,\ \cdots)$$

これを，$u(x,\ y)=\displaystyle\sum_{k=1}^{\infty} b_k{}'\cdot\sinh k\pi(x-1)\cdot\sin k\pi y$ …⑩ に代入して，①の解は，

$$u(x,\ y) = -\frac{80}{\pi^2}\sum_{k=1}^{\infty}\frac{\sin\dfrac{k\pi}{2}}{k^2\sinh k\pi}\sinh k\pi(x-1)\cdot\sin k\pi y\quad\text{となる。}$$

この解の無限級数を，初項から第 **100** 項までの和で近似した，

$$u(x,\ y) \fallingdotseq -\frac{80}{\pi^2}\sum_{k=1}^{100}\frac{\sin\dfrac{k\pi}{2}}{k^2\sinh k\pi}\sinh k\pi(x-1)\cdot\sin k\pi y$$

のグラフを右に示す。

$x = 0,\ 0.1,\ 0.2,\ \cdots,\ 1.0$ について，

y を $0 \leqq y \leqq 1$ の範囲で動かして，

定常状態の温度分布 $u(x,\ y)$ の様子

を **3** 次元的に表した。

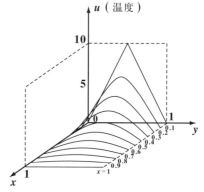

実践問題 9　　●ラプラス方程式●

次の偏微分方程式 (ラプラス方程式) を解け。

$$\frac{\partial^2 u}{\partial x^2} + \frac{\partial^2 u}{\partial y^2} = 0 \quad \cdots\cdots① \quad (0 < x < 1, \ 0 < y < 1)$$

境界条件：$u(x, \ 0) = u(x, \ 1) = u(1, \ y) = 0, \quad u(0, \ y) = 10y$

ヒント！ これも，変数分離法を使って解いていけばいいんだね。

解答＆解説

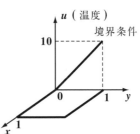

変数分離法により，$u(x, \ y) = X(x) \cdot Y(y)$ …②

とおいて，②を①に代入してまとめると，

$$-\frac{X''}{X} = \frac{Y''}{Y} \quad \cdots\cdots③ \quad となる。$$

③が恒等的に成り立つためには③の両辺は

定数 α に等しくなければならない。これから，2 つの常微分方程式

（Ⅰ）$Y'' = \alpha Y$ …④ 　（Ⅱ）$X'' = -\alpha X$ …⑤ が導かれる。

（Ⅰ）$Y'' = \alpha Y$ …④ について，

$\alpha \geq 0$ のとき，境界条件：$u(x, \ 0) = u(x, \ 1) = 0$ から，$Y = 0$ となって，

不適。よって，$\alpha < 0$ より，$\alpha = -\omega^2 \ (\omega > 0)$ とおくと，

④の特性方程式は，$\lambda^2 + \omega^2 = 0$ となり，これを解いて，$\lambda = \pm i\omega$

∴④の一般解は，$Y(y) = C_1\cos\omega y + C_2\sin\omega y$ …⑥ となる。

境界条件：$u(x, \ 0) = u(x, \ 1) = 0$ より，$Y(0) = Y(1) = 0$

よって，$\begin{cases} Y(0) = C_1 = 0 \\ Y(1) = C_2\sin\omega = 0 \end{cases}$ ∴$C_1 = 0, \ \omega = k\pi \ (k = 1, \ 2, \ \cdots)$ となる。

これを⑥に代入して，　∴$\underline{\underline{Y(y)}} = \boxed{(ア) \qquad\qquad}$ …⑦ $(k = 1, \ 2, \ 3, \ \cdots)$

（Ⅱ）$X'' - k^2\pi^2 X = 0$ …⑤ について，

この特性方程式：$\lambda^2 - k^2\pi^2 = 0$ となる。これを解いて，$\lambda = \pm k\pi$

∴⑤の一般解は，$X(x) = A_1 e^{k\pi x} + A_2 e^{-k\pi x}$ …⑧ となる。

境界条件：$u(1, \ y) = 0$ より，$X(1) = 0$

よって，$X(1) = A_1 e^{k\pi} + A_2 e^{-k\pi} = 0$ 　　　∴$A_2 = -A_1 e^{2k\pi}$

これを⑧に代入して，

$$\therefore \underline{X(x)} = A_1 e^{k\pi x} - A_1 e^{2k\pi} e^{-k\pi x} = \boxed{\text{(イ)}} \quad \cdots ⑨ \quad (k = 1,\ 2,\ \cdots)$$

⑦，⑨について，解の重ね合わせの原理を用いると，①の解は，

$$u(x,\ y) = \sum_{k=1}^{\infty} b_k{}' \sinh k\pi(x-1) \cdot \sin k\pi y \ \cdots\cdots ⑩$$

境界条件より，$u(0,\ y) = \sum_{k=1}^{\infty} b_k{}' \sinh(-k\pi) \cdot \sin k\pi y = 10y \quad (0 < y < 1)$

よって，$b_k = \boxed{\text{(ウ)}}$ とおくと，フーリエ・サイン級数の公式より，

$$b_k = \boxed{\text{(ウ)}} = \frac{2}{1} \int_0^1 u(0,\ y) \sin \frac{k\pi}{1} y\, dy = 2 \int_0^1 10y \cdot \left(-\frac{1}{k\pi} \cos k\pi y \right)' dy$$

$$= 20 \left\{ -\frac{1}{k\pi} \left[y \cos k\pi y \right]_0^1 + \frac{1}{k\pi} \int_0^1 1 \cdot \cos k\pi y\, dy \right\}$$

$$= 20 \left\{ -\frac{1}{k\pi} \cos k\pi + \frac{1}{k^2\pi^2} \left[\sin k\pi y \right]_0^1 \right\} = \boxed{\text{(エ)}}$$

$$\therefore b_k{}' = \boxed{\text{(オ)}} \qquad \text{これを⑩に代入して，①の解は，}$$

$$u(x,\ y) = \frac{20}{\pi} \sum_{k=1}^{\infty} \frac{(-1)^k}{k \sinh k\pi} \sinh k\pi(x-1) \cdot \sin k\pi y \quad \text{となる。}$$

この解の無限級数を，初項から第 **100** 項までの和で近似した，

$$u(x,\ y) \fallingdotseq \frac{20}{\pi} \sum_{k=1}^{100} \frac{(-1)^k}{k \sinh k\pi} \sinh k\pi(x-1) \cdot \sin k\pi y$$

のグラフを右に示す。

$x = 0,\ 0.1,\ 0.2,\ \cdots,\ 1.0$ について，

y を $0 \leqq y \leqq 1$ の範囲で動かして，

定常状態の温度分布 $u(x,\ y)$ の

様子を **3** 次元的に表した。

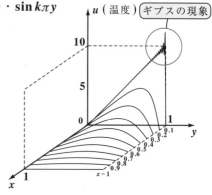

....

演習問題 10　　　● 2次元波動方程式 ●

関数 $u(x, y, t)$ について，次の 2 次元波動方程式を解け。

$\dfrac{\partial^2 u}{\partial t^2} = \dfrac{\partial^2 u}{\partial x^2} + \dfrac{\partial^2 u}{\partial y^2}$ ……① $\quad (0 < x < 4, \ 0 < y < 4, \ 0 < t)$

初期条件：$u(x, y, 0) = \dfrac{1}{32}(2 - |x - 2|)(2 - |y - 2|),\ u_t(x, y, 0) = 0$

境界条件：$u(0, y, t) = u(4, y, t) = u(x, 0, t) = u(x, 4, t) = 0$

ヒント！　変数分離法を使って，$u(x, y, t) = X(x)Y(y)T(t)$ とし，X, Y, T の 3 つの独立した微分方程式にもち込み，それらの解を求めるんだね。さらに，2 重フーリエサイン級数展開を利用して，係数を決定すればいいんだね。その際，初期条件の式の形から $0 \leqq x \leqq 2, 2 < x \leqq 4$ $(0 \leqq y \leqq 2, 2 < y \leqq 4)$ と場合分けしないといけないことに注意しよう。

解答&解説

与えられた条件より，右図に示すように，4 頂点 $(0, 0, 0)$, $(4, 0, 0)$, $(4, 4, 0)$, $(0, 4, 0)$ からなる正方形の 4 辺で固定された正方形膜の振動問題になる。

変数分離法を用いて，変位 $u(x, y, t)$ を次のようにおく。

正方形膜の振動

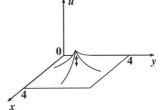

$u(x, y, t) = X(x) \cdot Y(y) \cdot T(t)$ ……②

②を①に代入して

$X \cdot Y \cdot \ddot{T} = X'' \cdot Y \cdot T + X \cdot Y'' \cdot T$　となる。

この両辺を XYT で割ると，

$\dfrac{\ddot{T}}{T} = \dfrac{X''}{X} + \dfrac{Y''}{Y}$ ……③　となる。

③の左辺は t（時刻）のみの式，右辺は x と y のみの式より，③の等式が恒等的に成り立つためには，これはある定数 α と等しくなければならない。

ここで，$\alpha \geqq 0$ とすると不適。よって，

$\alpha < 0$ より，$\alpha = -\omega^2 (\omega > 0)$ とおくと，

$$\frac{\ddot{T}}{T} = \underset{\boxed{\text{新たに} -\omega_1^2}}{\underbrace{\frac{X''}{X}}} + \underset{\boxed{-\omega_2^2 \text{ とおく}}}{\underbrace{\frac{Y''}{Y}}} = -\omega^2 \quad \cdots\cdots ③'$$

ここで，新たに

$\dfrac{X''}{X} = -\omega_1^2, \quad \dfrac{Y''}{Y} = -\omega_2^2,$

$(\omega_1^2 + \omega_2^2 = \omega^2)$ とおくと，③′ より

次の 3 つの常微分方程式が導かれる。

$\begin{cases} (\text{i}) \ X'' = -\omega_1^2 X \quad \cdots\cdots ④ \\ (\text{ii}) \ Y'' = -\omega_2^2 Y \quad \cdots\cdots ⑤ \\ (\text{iii}) \ \ddot{T} = -\omega^2 T \quad \cdots\cdots ⑥ \quad (\omega_1^2 + \omega_2^2 = \omega^2) \end{cases}$

> (i) $\alpha > 0$ のとき，$\dfrac{X''}{X} = \alpha_1, \ \dfrac{Y''}{Y} = \alpha_2$
> $(\alpha_1 + \alpha_2 = \alpha, \ \alpha > 0)$ とおくと，α_1
> か α_2 のいずれか一方が正。よって，
> $\alpha_1 > 0$ とすると，$X'' = \alpha_1 X (\alpha_1 > 0)$
> より，特性方程式：$\lambda^2 - \alpha_1 = 0$ から，
> $\lambda = \pm\sqrt{\alpha_1}$ $\therefore X = A_1 e^{\sqrt{\alpha_1}x} + A_2 e^{-\sqrt{\alpha_1}x}$
> ここで，境界条件：$X(0) = X(4) = 0$
> より，$A_1 = A_2 = 0$ となって $X(x) = 0$
> となる。よって不適。
> $\alpha_2 > 0$ のときも，同様に不適。
> (ii) $\alpha = 0$ のとき，$\alpha_1 = \alpha_2 = 0$ の場合も
> 考えられる。$X'' = 0$ より $X = px + q$。
> 同様に境界条件より，$p = q = 0$ とな
> り，$X = 0$ となる。よって，不適。

(i) $X'' = -\omega_1^2 X \quad \cdots\cdots ④$ は単振動の微分方程式より，その解は，

$\quad X(x) = \underset{\frown}{A_1 \cos \omega_1 x} + A_2 \sin \omega_1 x$ となる。

ここで境界条件：

$u(0, y, t) = u(4, y, t) = 0$ より，

$X(0) = A_1 = 0, \ X(4) = A_2 \underset{\boxed{k\pi}}{\sin 4\omega_1} = 0$

> $u(0, y, t) = u(4, y, t) = 0$ より
> $\boxed{X(0)Y(y)T(t)}$ $\boxed{X(4)Y(y)T(t)}$
> $X(0) = 0$ かつ $X(4) = 0$

よって，$A_1 = 0, \ \omega_1 = \dfrac{k\pi}{4} \quad (k = 1, 2, 3, \cdots\cdots)$ より，

$\therefore X(x) = A_2 \sin \dfrac{k\pi}{4} x \quad \cdots\cdots ⑦$ となる。

(ii) $Y'' = -\omega_2^2 Y \quad \cdots\cdots ⑤$ も，単振動の微分方程式より，その解は，

$\quad Y(y) = \underset{\frown}{B_1 \cos \omega_2 y} + B_2 \sin \omega_2 y$

となる。ここで境界条件：

$u(x, 0, t) = u(x, 4, t) = 0$ より

$Y(0) = B_1 = 0, \ Y(4) = B_2 \underset{\boxed{j\pi}}{\sin 4\omega_2} = 0$

> $u(x, 0, t) = u(x, 4, t) = 0$ より
> $\boxed{X(x)Y(0)T(t)}$ $\boxed{X(x)Y(4)T(t)}$
> $Y(0) = 0$ かつ $Y(4) = 0$

よって，$B_1 = 0, \ \omega_2 = \dfrac{j\pi}{4} \quad (j = 1, 2, 3, \cdots\cdots)$ より

$\therefore\ Y(y) = B_2 \sin\dfrac{j\pi}{4}y$ ……⑧となる。

(iii) $\ddot{T} = -\omega^2 T$ ……⑥も，単振動の微分方程式より，その解は，

$T(t) = C_1\cos\omega t + C_2\sin\omega t$ （C_1，C_2：定数係数）となる。この両辺を

t で微分して，$\dot{T}(t) = -C_1\omega\sin\omega t + C_2\omega\cos\omega t$

$\dot{T}(0) = C_2\omega = 0$ より，$C_2 = 0$ （$\because\ \omega > 0$）

> 初期条件
> $u_t(x,\ y,\ 0) = 0$ より $\dot{T}(0) = 0$
> $\overline{X(x)Y(y)\dot{T}(0)}$

また，（ i ），（ ii ）の結果より

$\omega^2 = \omega_1{}^2 + \omega_2{}^2 = \left(\dfrac{k\pi}{4}\right)^2 + \left(\dfrac{j\pi}{4}\right)^2 = \dfrac{(k^2+j^2)\pi^2}{16}$ より，$\omega = \dfrac{\sqrt{k^2+j^2}\,\pi}{4}$ となる。

$\therefore\ T(t) = C_1\cos\dfrac{\sqrt{k^2+j^2}\,\pi}{4}t$ ……⑨となる。

以上（ i ）（ ii ）（ iii ）の⑦，⑧，⑨より，①の微分方程式の独立解 $u_{kj}(x,\ y,\ t)$ は，

$u_{kj}(x,\ y,\ t) = b_{kj}\sin\dfrac{k\pi}{4}x \cdot \sin\dfrac{j\pi}{4}y \cdot \cos\dfrac{\sqrt{k^2+j^2}\,\pi}{4}t$ ……⑩となる。

（b_{kj}：係数，$k = 1,\ 2,\ 3,\ \cdots\cdots,\ j = 1,\ 2,\ 3,\ \cdots\cdots$）

そして，この⑩を 2 重に重ね合わせた 2 重フーリエ級数を $u(x,\ y,\ t)$ とおくと，これも①の解となる。よって，

$u(x,\ y,\ t) = \displaystyle\sum_{k=1}^{\infty}\sum_{j=1}^{\infty} b_{kj}\sin\dfrac{k\pi}{4}x \cdot \sin\dfrac{j\pi}{4}y \cdot \cos\dfrac{\sqrt{k^2+j^2}\,\pi}{4}t$ ……⑪

ここで，$t = 0$ のとき，⑪は，次のようになる。

$u(x,\ y,\ 0) = \displaystyle\sum_{k=1}^{\infty}\sum_{j=1}^{\infty} b_{kj}\sin\dfrac{k\pi}{4}x \cdot \sin\dfrac{j\pi}{4}y$ ……⑪′ （$\because\ \cos 0 = 1$）

ここで，初期条件：$u(x,\ y,\ 0) = \dfrac{1}{32}(2 - |x-2|)(2 - |y-2|)$ より，

⑪′の係数 b_{kj} は，2 重フーリエサイン級数の公式を用いて，

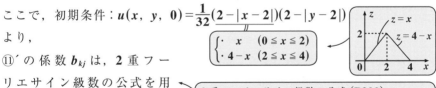

$\begin{cases} \cdot\ x & (0 \leq x \leq 2) \\ \cdot\ 4-x & (2 \leq x \leq 4) \end{cases}$

> 2 重フーリエサイン級数の公式 (P200)
> $f(x,\ y) = \displaystyle\sum_{k=1}^{\infty}\sum_{j=1}^{\infty} b_{kj}\sin\dfrac{k\pi}{L_1}x \cdot \sin\dfrac{j\pi}{L_2}y$
> $b_{kj} = \dfrac{4}{L_1 L_2}\displaystyle\int_0^{L_1}\int_0^{L_2} f(x,\ y)\sin\dfrac{k\pi}{L_1}x \cdot \sin\dfrac{j\pi}{L_2}y\,dxdy$

$$b_{kj} = \frac{4}{4 \cdot 4} \int_0^4 \int_0^4 \frac{1}{32} \underline{(2 - |x - 2|)} \underline{(2 - |y - 2|)} \sin \frac{k\pi}{4} x \cdot \sin \frac{j\pi}{4} y \, dx \, dy$$

$$\begin{cases} \cdot \quad x \quad (0 \leqq x \leqq 2) \\ \cdot \quad 4 - x \quad (2 \leqq x \leqq 4) \end{cases} \qquad \begin{cases} \cdot \quad y \quad (0 \leqq y \leqq 2) \\ \cdot \quad 4 - y \quad (2 \leqq y \leqq 4) \end{cases}$$

$$= \frac{1}{128} \underline{\int_0^4 (2 - |x - 2|) \sin \frac{k\pi}{4} x \, dx} \cdot \underline{\int_0^4 (2 - |y - 2|) \sin \frac{j\pi}{4} y \, dy}$$

$$\boxed{\lambda_k} \qquad\qquad \boxed{\lambda_j \, とおく}$$

ここで，上記の **2** つの定積分をそれぞれ λ_k，λ_j とおくと，

$$\lambda_k = \int_0^2 x \cdot \sin \frac{k\pi}{4} x + \int_2^4 (4 - x) \cdot \sin \frac{k\pi}{4} x \qquad \Longleftarrow \boxed{\text{積分区間を } 0 \leqq x \leqq 2 \text{ と} \\ 2 \leqq x \leqq 4 \text{ に場合分けする}}$$

$$\int_0^2 x \cdot \left(-\frac{4}{k\pi} \cos \frac{k\pi}{4} x \right)' dx$$
$$= -\frac{4}{k\pi} \left[x \cdot \cos \frac{k\pi}{4} x \right]_0^2$$
$$\quad + \frac{4}{k\pi} \int_0^2 1 \cdot \cos \frac{k\pi}{4} x \, dx$$
$$= -\frac{8}{k\pi} \cos \frac{k\pi}{2} + \frac{16}{k^2\pi^2} \left[\sin \frac{k\pi}{4} x \right]_0^2$$
$$= -\frac{8}{k\pi} \cos \frac{k\pi}{2} + \frac{16}{k^2\pi^2} \sin \frac{k\pi}{2}$$

$$\int_2^4 (4 - x) \cdot \left(-\frac{4}{k\pi} \cos \frac{k\pi}{4} x \right)' dx$$
$$= -\frac{4}{k\pi} \left[(4 - x) \cos \frac{k\pi}{4} x \right]_2^4$$
$$\quad + \frac{4}{k\pi} \int_2^4 (-1) \cdot \cos \frac{k\pi}{4} x$$
$$= \frac{8}{k\pi} \cos \frac{k\pi}{2} - \frac{16}{k^2\pi^2} \left[\sin \frac{k\pi}{4} x \right]_2^4$$
$$= \frac{8}{k\pi} \cos \frac{k\pi}{2} + \frac{16}{k^2\pi^2} \sin \frac{k\pi}{2}$$

$$\therefore \lambda_k = \frac{16}{k^2\pi^2} \sin \frac{k\pi}{2} + \frac{16}{k^2\pi^2} \sin \frac{k\pi}{2} = \frac{32}{k^2\pi^2} \sin \frac{k\pi}{2}$$

同様に，$\lambda_j = \dfrac{32}{j^2\pi^2} \sin \dfrac{j\pi}{2}$ より， $\Longleftarrow \boxed{\lambda_k \text{ の } k \text{ に } j \text{ を代入したもの}}$

$$b_{kj} = \frac{1}{128} \cdot \lambda_k \cdot \lambda_j = \frac{8}{\pi^4} \cdot \frac{1}{k^2 j^2} \sin \frac{k\pi}{2} \cdot \sin \frac{j\pi}{2} \quad \cdots\cdots ⑫ \text{ となる。}$$

⑫を⑪に代入して，求める①の **2** 次元波動方程式の解は，

$$u(x, y, t) = \frac{8}{\pi^4} \sum_{k=1}^{\infty} \sum_{j=1}^{\infty} \frac{1}{k^2 j^2} \sin \frac{k\pi}{2} \cdot \sin \frac{j\pi}{2} \cdot \sin \frac{k\pi}{4} x \cdot \sin \frac{j\pi}{4} y \cdot \cos \frac{\sqrt{k^2 + j^2} \pi}{4} t$$

となる。$\cdots\cdots\cdots\cdots\cdots\cdots\cdots\cdots\cdots\cdots\cdots\cdots\cdots\cdots\cdots\cdots\cdots\cdots\cdots$（答）

講義 4 ● 偏微分方程式への応用　公式エッセンス

1. **偏微分方程式の公式（Ⅰ）**

   2 変数関数 $u(x, y)$ が偏微分方程式：

   $$c_1 \frac{\partial u}{\partial y} = c_2 \frac{\partial u}{\partial x} \quad (c_1, \ c_2 : 定数, \ c_1 \neq 0) \ をみたすとき,$$

   この解は，$u = f(c_1 x + c_2 y)$ （ただし，f は微分可能な任意関数）

2. **偏微分方程式の公式（Ⅱ）**

   2 変数関数 $u(x, y)$ が偏微分方程式：

   $$\frac{\partial^2 u}{\partial y^2} = c_1{}^2 \frac{\partial^2 u}{\partial x^2} \quad (c_1 : 定数, \ c_1 \neq 0) \ をみたすとき,$$

   この解は，$u = f(x - c_1 y) + g(x + c_1 y)$ ←───[ダランベールの公式]

   （ただし，f と g は 2 階微分可能な任意関数）

3. **1 次元熱伝導方程式：$\dfrac{\partial u}{\partial t} = a \dfrac{\partial^2 u}{\partial x^2}$ の解法**

   （ⅰ）有限長の **1** 次元状の物体について，変数分離法により，境界条件と
   　　初期条件に従って，フーリエ級数（解の重ね合わせの原理）を用いる。

   （ⅱ）無限長の **1** 次元状の物体について，初期条件の下で，
   　　フーリエ変換を用いる。

4. **2 次元ラプラス方程式：$\dfrac{\partial^2 u}{\partial x^2} + \dfrac{\partial^2 u}{\partial y^2} = 0$ の解法**

   変数分離法により，境界条件に従って，解の重ね合わせの原理を用いる。

5. **1 次元波動方程式：$\dfrac{\partial^2 u}{\partial t^2} = a^2 \dfrac{\partial^2 u}{\partial x^2}$ の解法**

   変数分離法により，境界条件と初期条件に従って，解の重ね合わせの
   原理を用いる。（**2** 次元波動方程式の解法も同様）

6. **ストークスの公式**

   1 次元波動方程式：$\dfrac{\partial^2 u}{\partial t^2} = a^2 \dfrac{\partial^2 u}{\partial x^2}$ の解で，

   初期条件：$u(x, 0) = F(x), \ u_t(x, 0) = G(x)$ をみたすものは，

   $$u(x, t) = \frac{1}{2}\{F(x - at) + F(x + at)\} + \frac{1}{2a}\int_{x-at}^{x+at} G(s)\,ds \ である。$$

◆◆ Appendix（付録）◆◆

§1. 様々な正規直交関数系

これまでのフーリエ解析の講義で，正規直交関数系 $\{u_n(x)\}$，すなわち

大きさが **1**　互いに直交する

$$\{u_n(x)\} = \left\{ \frac{1}{\sqrt{2\pi}},\ \frac{\cos x}{\sqrt{\pi}},\ \frac{\sin x}{\sqrt{\pi}},\ \frac{\cos 2x}{\sqrt{\pi}},\ \frac{\sin 2x}{\sqrt{\pi}},\ \cdots \right\} \ (-\pi < x \leq \pi)$$

について，その完全性も含めて詳しく解説してきた。そして，周期 2π の区分的に滑らかな任意の周期関数 $f(x)$ を，この正規直交系 $\{u_k\}$ の 1 次結合で $f(x) = \sum_{n=0}^{\infty} \alpha_n u_n = \alpha_0 u_0 + \alpha_1 u_1 + \alpha_2 u_2 + \cdots$ のように表すことができることも示し，これにより，様々な偏微分方程式が解けることも示した。これがフーリエ級数展開による偏微分方程式の解法の重要なポイントだったんだね。

しかし，応用数学の分野では，このフーリエ級数以外にも様々な直交関数系が存在し，フーリエ級数と同様に微分方程式の解法に役立てられている。ここでは，フーリエ級数以外の一般的な直交関数系（直交多項式）について，いくつか紹介しておこう。

● 直交多項式には重み関数が存在する！

ルジャンドルの微分方程式やエルミートの微分方程式など…，様々な微分方程式の解として，直交多項式 $\{v_n(x)\}$ が導き出される。ただし，この

たとえば，$v_0(x),\ v_1(x),\ v_2(x),\ \cdots$ のこと

場合の直交性を表す式は，次のように "**重み関数**"（*weight function*）$\rho(x)$ を伴うことが一般的なんだね。

$$\int_a^b \underbrace{\rho(x)}_{\text{重み関数}} v_k(x)\, v_n(x)\, dx = C_n \delta_{kn} = \begin{cases} C_n & (k = n \text{ のとき}) \\ 0 & (k \neq n \text{ のとき}) \end{cases} \quad \cdots\cdots(*1)$$

（ただし，定義域：$a \leq x \leq b$，C_n：定数，δ_{kn}：クロネッカーのデルタ）

$a,\ b$ は，$-\infty$ や $+\infty$ の場合もある。

$$\delta_{kn} = \begin{cases} 1\ (k = n \text{ のとき}) \\ 0\ (k \neq n \text{ のとき}) \end{cases}$$

この $(*1)$ は，フーリエ級数 $\{u_n(x)\}$ の正規直交条件の式：

$$\int_{-\pi}^{\pi} u_k(x) u_n(x) dx = \delta_{kn} = \begin{cases} 1 & (k = n \text{ のとき}) \\ 0 & (k \neq n \text{ のとき}) \end{cases} \cdots\cdots(*2)$$ とは，明らかに

異なるんだけれど，$(*1)$ の式も書き変えると，

$$\int_a^b \underbrace{\sqrt{\frac{\rho(x)}{C_k}}\, v_k(x)}_{u_k(x)} \cdot \underbrace{\sqrt{\frac{\rho(x)}{C_n}}\, v_n(x)}_{u_n(x)} dx = \delta_{kn} = \begin{cases} 1 & (k = n \text{ のとき}) \\ 0 & (k \neq n \text{ のとき}) \end{cases} \cdots\cdots(*1)'$$

となる。よって，ここで，新たに $\{u_n(x)\} = \left\{ \sqrt{\dfrac{\rho(x)}{C_n}}\, v_n(x) \right\}$ とおけば，$(*2)$

のフーリエ級数と同様の正規直交系の無限関数列が作れるんだね。

　それでは，直交多項式 $\{v_n(x)\}$ の具体例について，これからいくつか紹介していこう。

$(ex1)$ ルジャンドル多項式 $P_n(x)$

　　ルジャンドルの微分方程式（*Legendre's differential equation*）：

　　$(1 - x^2)y'' - 2xy' + n(n+1)y = 0 \quad (n = 0, 1, 2, \cdots)$

　　の基本解として，ルジャンドル多項式（*Legendre polynomials*）

　　$P_n(x)\,(-1 \leqq x \leqq 1)$ が導かれる。この $P_n(x)$ は，次のロドリグの公式

　　（*Rodrigues formula*）により求められる。

　　$P_n(x) = \dfrac{1}{2^n \cdot n!} \dfrac{d^n}{dx^n} (x^2 - 1)^n \quad (n = 0, 1, 2, \cdots)$

　　$n = 0, 1, 2, 3, 4, \cdots$ のときの $P_n(x)$ を具体的に示すと，

　　$P_0(x) = 1, \ P_1(x) = x, \ P_2(x) = \dfrac{1}{2}(3x^2 - 1),$

　　$P_3(x) = \dfrac{1}{2}(5x^3 - 3x), \ P_4(x) = \dfrac{1}{8}(35x^4 - 30x^2 + 3), \ \cdots\cdots$ となる。

　　ここで，直交多項式 $\{v_n(x)\} = \{P_n(x)\}$ とおくと，

　　重み関数 $\rho(x) = 1$，定義域：$-1 \leqq x \leqq 1$，$C_n = \dfrac{2}{2n+1}$ より，$(*1)$ は，

　　$$\int_{-1}^{1} 1 \cdot P_k(x) P_n(x) dx = \dfrac{2}{2n+1} \cdot \delta_{kn} = \begin{cases} \dfrac{2}{2n+1} & (k = n \text{ のとき}) \\ 0 & (k \neq n \text{ のとき}) \end{cases}$$

　　となるんだね。

よって，新たに $\{u_n(x)\}$ を

$$\{u_n(x)\} = \left\{ \sqrt{\frac{\rho(x)}{C_n}}\, v_n(x) \right\} = \left\{ \sqrt{\frac{2n+1}{2}}\, P_n(x) \right\} \quad (n = 0,\, 1,\, 2,\, \cdots)$$

とおけば，正規直交系の無限関数列 $\{u_n(x)\}$ が作れるんだね。

> このルジャンドル多項式 $P_n(x)$ について詳しく知りたい方は，
> 「常微分方程式キャンパス・ゼミ」(マセマ)で学習して下さい。

(ex2) ラゲール多項式 $L_n(x)$

ラゲールの微分方程式 (*Laguerre's differential equation*)：

$$xy'' + (1-x)y' + ny = 0 \quad (n = 0,\, 1,\, 2,\, \cdots)$$

の基本解として，ラゲール多項式 (*Laguerre polynomials*)
$L_n(x)\,(0 \leq x < \infty)$ が導かれる。この $L_n(x)$ は，次のラゲール多項式
のロドリグの公式により求められる。

$$L_n(x) = e^x \frac{d^n}{dx^n}(x^n e^{-x}) \quad (n = 0,\, 1,\, 2,\, \cdots)$$

$n = 0,\, 1,\, 2,\, 3,\, \cdots\cdots$ のときの $L_n(x)$ を具体的に示すと，

$L_0(x) = 1,\ L_1(x) = 1 - x,\ L_2(x) = x^2 - 4x + 2,$

$L_3(x) = 6 - 18x + 9x^2 - x^3,\ L_4(x) = x^4 - 16x^3 + 72x^2 - 96x + 24,\ \cdots$ となる。

ここで，直交多項式 $\{v_n(x)\} = \{L_n(x)\}$ とおくと，

重み関数 $\rho(x) = e^{-x}$，定義域：$0 \leq x < \infty$，$C_n = 1$ より，

$$\int_a^b \rho(x) v_k(x) v_n(x)\, dx = C_n \delta_{kn} = \begin{cases} C_n & (k = n \text{ のとき}) \\ 0 & (k \neq n \text{ のとき}) \end{cases} \quad\cdots\cdots(*1) \text{ は，}$$

$$\int_0^\infty e^{-x} L_k(x) L_n(x)\, dx = \delta_{kn} = \begin{cases} 1 & (k = n \text{ のとき}) \\ 0 & (k \neq n \text{ のとき}) \end{cases}$$

となる。

よって，新たに $\{u_n(x)\}$ を

$$\{u_n(x)\} = \left\{ \sqrt{\frac{\rho(x)}{C_n}}\, v_n(x) \right\} = \left\{ \sqrt{e^{-x}}\, L_n(x) \right\} \quad (n = 0,\, 1,\, 2,\, \cdots)$$

とおけば，正規直交系の無限関数列 $\{u_n(x)\}$ を作ることができるんだね。

(*ex3*) エルミート多項式 $H_n(x)$

エルミートの微分方程式 (*Hermite's differential equation*)：

$y'' - 2xy' + 2ny = 0$　($n = 0, 1, 2, \cdots$)

の基本解として，エルミート多項式 (*Hermite polynomials*) $H_n(x)(-\infty < x < \infty)$ が導かれる。この $H_n(x)$ は，次のエルミート多項式のロドリグの公式により求められる。

$H_n(x) = (-1)^n e^{x^2} \dfrac{d^n}{dx^n} (e^{-x^2})$　($n = 0, 1, 2, \cdots$)

$n = 0, 1, 2, 3, \cdots\cdots$ のときの $H_n(x)$ を具体的に示すと，

$H_0(x) = 1$，$H_1(x) = 2x$，$H_2(x) = 4x^2 - 2$，

$H_3(x) = 8x^3 - 12x$，$H_4(x) = 16x^4 - 48x^2 + 12$，…となる。

ここで，直交多項式 $\{v_n(x)\} = \{H_n(x)\}$ とおくと，

重み関数 $\rho(x) = e^{-x^2}$，定義域：$-\infty < x < \infty$，$C_n = \sqrt{\pi}\, 2^n n!$ より，(*1) は，

$$\int_{-\infty}^{\infty} e^{-x^2} H_k(x) H_n(x)\, dx = \sqrt{\pi}\, 2^n n!\, \delta_{kn} = \begin{cases} \sqrt{\pi}\, 2^n n! & (k = n \text{ のとき}) \\ 0 & (k \neq n \text{ のとき}) \end{cases}$$

となるんだね。

よって，新たに $\{u_n(x)\}$ を

$$\{u_n(x)\} = \left\{ \sqrt{\frac{\rho(x)}{C_n}}\, v_n(x) \right\} = \left\{ \sqrt{\frac{e^{-x^2}}{\sqrt{\pi}\, 2^n n!}}\, H_n(x) \right\}　(n = 0, 1, 2, \cdots)$$

とおけば正規直交系の無限関数列 $\{u_n(x)\}$ を作ることができるんだね。大丈夫？

　ここで紹介したルジャンドルの微分方程式，ラゲールの微分方程式，エルミートの微分方程式は，様々な理工系の問題を理論解析する際に頻出の微分方程式なんだ。そして，これらの基本解として得られる各多項式は，これまでフーリエ解析で詳しく解説した正規直交関数系の形で表現できるので，様々な境界条件に対して，同様に解析していくことができるんだね。面白かったでしょう？

§2. ゼータ関数と無限級数

フーリエ級数解析から，様々な無限級数の公式を導いたけれど **(P101)**，その中で，次の **2** つに着目してみよう。

$$\frac{1}{1^2} + \frac{1}{2^2} + \frac{1}{3^2} + \frac{1}{4^2} + \cdots = \frac{\pi^2}{6} \cdots ① \qquad \frac{1}{1^4} + \frac{1}{2^4} + \frac{1}{3^4} + \frac{1}{4^4} + \cdots = \frac{\pi^4}{90} \cdots ②$$

この①，②は，実は次に示す "ゼータ関数" $\zeta(s)$ の **1** 種と考えることができる。

$$\text{ゼータ関数 } \zeta(s) = \sum_{k=1}^{\infty} \frac{1}{k^s} = \frac{1}{1^s} + \frac{1}{2^s} + \frac{1}{3^s} + \frac{1}{4^s} + \cdots \quad \cdots\cdots\cdots\cdots(*1)$$

一般に，このゼータ関数 $\zeta(s)$ の独立変数 s は，複素数をとるんだけれど，①と②はその中で，$s = 2$ または，**4** のときの特殊な場合と考えることができるんだね。そして，このゼータ関数 $\zeta(s)$ は，次式で示すように，素数 p (*prime number*) の式と密接に関係している。

> 素数 p とは，**1** と自分自身以外に約数をもたない自然数のことで，**1** は除く。
> よって具体的には，$p = 2, 3, 5, 7, 11, 13, 17, 19, 23, 29, \cdots$ のことである。
> そして，素数でない自然数は合成数 (*composite number*) という。一般に，
> すべての自然数は素数 p により一意 (**1** 通り) に素因数分解できる。

$$\zeta(s) = \sum_{k=1}^{\infty} \frac{1}{k^s} = \prod_{p:prime} \frac{1}{1 - \dfrac{1}{p^s}} \quad \cdots\cdots\cdots\cdots\cdots\cdots\cdots\cdots\cdots\cdots\cdots\cdots(*2)$$

これだけでは，まだ何のことか全然分からないだろうね。これから解説しよう。

まず，$(*2)$ の右辺の $\displaystyle\prod_{p:prime} \frac{1}{1 - \dfrac{1}{p^s}}$ は，考案者のオイラー (*Leonhard*

Euler) に因んで，"オイラー積" と呼ぶことにしよう。このオイラー積は，すべての素数 p に渡って，$\dfrac{1}{1 - \dfrac{1}{p^s}}$ の積をとったもので，次のような無限積で表されるんだね。

$$\prod_{p:prime} \frac{1}{1 - \dfrac{1}{p^s}} = \frac{1}{1 - \dfrac{1}{2^s}} \times \frac{1}{1 - \dfrac{1}{3^s}} \times \frac{1}{1 - \dfrac{1}{5^s}} \times \frac{1}{1 - \dfrac{1}{7^s}} \times \cdots\cdots \quad \cdots\cdots\cdots③$$

もちろん，オイラー積は，次のように表すこともできる。

$$\prod_{p:prime} \frac{p^s}{p^s - 1} = \frac{2^s}{2^s - 1} \times \frac{3^s}{3^s - 1} \times \frac{5^s}{5^s - 1} \times \frac{7^s}{7^s - 1} \times \cdots\cdots \quad\cdots\cdots\cdots\cdots\cdots \text{③}'$$

$\underbrace{}$ 分子・分母に p^s をかけた

ここで，話を①の無限級数に戻して，複素数 s が実数 $s = 2$ のときについて

考えてみよう。すると，$(*2)$ と③から，このときのゼータ関数 $\zeta(2)$ は，

$\zeta(2) = \sum_{k=1}^{\infty} \dfrac{1}{k^2} = \prod_{p:prime} \dfrac{1}{1 - \dfrac{1}{p^2}}$ ……$(*2)'$ となる。さらにこれを具体的に

示すと，次のようになるんだね。

$$\zeta(2) = \frac{1}{1^2} + \frac{1}{2^2} + \frac{1}{3^2} + \frac{1}{4^2} + \frac{1}{5^2} + \cdots = \frac{1}{1 - \dfrac{1}{2^2}} \times \frac{1}{1 - \dfrac{1}{3^2}} \times \frac{1}{1 - \dfrac{1}{5^2}} \times \frac{1}{1 - \dfrac{1}{7^2}} \times \cdots\cdots (*2)'$$

しかし，この等式 $(*2)'$ が本当に成り立つのか？疑問に思っているだろうね。

これから解説しよう。$(*2)'$ の右辺の各項は，$\dfrac{1}{1 - \dfrac{1}{p^2}}$ （p：素数）の形を

しているけれど，$\dfrac{1}{p^2} = r$（公比）とおくと，これは，$\dfrac{1}{1-r}$ となり，また，

$p \geqq 2$ より，$-1 < r = \dfrac{1}{p^2} < 1$ をみたす。つまりこれは，初項 1，公比 r の

無限等比級数 $1 + r + r^2 + r^3 + \cdots = \dfrac{1}{1-r}$ （収束条件：$-1 < r < 1$）の形をし

ていることが分かるでしょう。よって，$(*2)'$ の右辺の各項を具体的な無

限等比級数で表すと，

$$\frac{1}{1 - \dfrac{1}{2^2}} = 1 + \frac{1}{2^2} + \left(\frac{1}{2^2}\right)^2 + \left(\frac{1}{2^2}\right)^3 + \cdots, \quad \frac{1}{1 - \dfrac{1}{3^2}} = 1 + \frac{1}{3^2} + \left(\frac{1}{3^2}\right)^2 + \left(\frac{1}{3^2}\right)^3 + \cdots$$

$$\frac{1}{1 - \dfrac{1}{5^2}} = 1 + \frac{1}{5^2} + \left(\frac{1}{5^2}\right)^2 + \left(\frac{1}{5^2}\right)^3 + \cdots, \quad \frac{1}{1 - \dfrac{1}{7^2}} = 1 + \frac{1}{7^2} + \left(\frac{1}{7^2}\right)^2 + \left(\frac{1}{7^2}\right)^3 + \cdots$$

……となるんだね。よって，$(*2)'$ の等式を具体的に示すと，

$$1+\frac{1}{2^2}+\frac{1}{3^2}+\frac{1}{4^2}+\frac{1}{5^2}+\cdots=\left\{1+\frac{1}{2^2}+\left(\frac{1}{2^2}\right)^2+\cdots\right\}\times\left\{1+\frac{1}{3^2}+\left(\frac{1}{3^2}\right)^2+\cdots\right\}$$

$$\times\left\{1+\frac{1}{5^2}+\left(\frac{1}{5^2}\right)^2+\cdots\right\}\times\cdots\quad\cdots\cdots\cdots\cdots\cdots\cdots\cdots\cdots\cdots\cdots\cdots(*2)''$$

となる。しかし，これでもまだ，この等式が成り立つのか？確信できない方がほとんどだと思う。しかし，この (*2)'' の右辺を実際に分配の法則を使って，次のように展開してみると，これが左辺の無限級数

$1+\frac{1}{2^2}+\frac{1}{3^2}+\frac{1}{4^2}+\frac{1}{5^2}+\cdots$　を表していることが見えてくるはずだ。

① $1\times1\times1\times\cdots=1$

② $\frac{1}{2^2}\times1\times1\times\cdots=\frac{1}{2^2}$

$((*2)''\text{の右辺})=\left\{1+\frac{1}{2^2}+\left(\frac{1}{2^2}\right)^2+\cdots\right\}\times\left\{1+\frac{1}{3^2}+\left(\frac{1}{3^2}\right)^2+\cdots\right\}\times\left\{1+\frac{1}{5^2}+\left(\frac{1}{5^2}\right)^2+\cdots\right\}\times\cdots$

③ $1\times\frac{1}{3^2}\times1\times\cdots=\frac{1}{3^2}$

④ $\left(\frac{1}{2^2}\right)^2\times1\times1\times\cdots=\frac{1}{4^2}$

①では，$1\times1\times1\times1\times\cdots=1,$ 　　②では，$\frac{1}{2^2}\times1\times1\times1\times\cdots=\frac{1}{2^2}$

③では，$1\times\frac{1}{3^2}\times1\times1\times\cdots=\frac{1}{3^2},$ ④では，$\left(\frac{1}{2^2}\right)^2\times1\times1\times1\times\cdots=\frac{1}{4^2}$

さらに，⑤ $\frac{1}{5^2}$，⑥ $\frac{1}{6^2}$，⑦ $\frac{1}{7^2}$，⑧ $\frac{1}{8^2}$ まで示しておくと，

⑤では，$1\times1\times\frac{1}{5^2}\times1\times\cdots=\frac{1}{5^2},$ ⑥では，$\frac{1}{2^2}\times\frac{1}{3^2}\times1\times1\times\cdots=\frac{1}{6^2}$

⑦では，$1\times1\times1\times\frac{1}{7^2}\times\cdots=\frac{1}{7^2},$ ⑧では，$\left(\frac{1}{2^2}\right)^3\times1\times1\times1\times\cdots=\frac{1}{8^2}\cdots$

以降，重複することなく，欠落することなく，(*2)'' の右辺を展開することにより，これが (*2)'' の左辺の無限級数 $\frac{1}{1^2}+\frac{1}{2^2}+\frac{1}{3^2}+\frac{1}{4^2}+\frac{1}{5^2}+\cdots$ を表していけることが，ご理解頂けると思う。

よって，

$$\zeta(2) = \sum_{k=1}^{\infty} \frac{1}{k^2} = \prod_{p:prime} \frac{1}{1 - \dfrac{1}{p^2}} \quad \cdots\cdots (*2)'$$

$\underbrace{\dfrac{\pi^2}{6}}_{(①より)}$ $\underbrace{\prod_{p:prime} \dfrac{p^2}{p^2-1}}$

$$\boxed{\begin{array}{l} \dfrac{1}{1^2} + \dfrac{1}{2^2} + \dfrac{1}{3^2} + \dfrac{1}{4^2} + \cdots = \dfrac{\pi^2}{6} \quad \cdots① \\ \dfrac{1}{1^4} + \dfrac{1}{2^4} + \dfrac{1}{3^4} + \dfrac{1}{4^4} + \cdots = \dfrac{\pi^4}{90} \quad \cdots② \end{array}}$$

が成り立つことが分かった。ここで，①の結果より，$(*2)'$は，

$$\underbrace{\frac{2^2}{2^2-1} \times \frac{3^2}{3^2-1} \times \frac{5^2}{5^2-1} \times \frac{7^2}{7^2-1} \times \cdots}_{\text{オイラー積（素数から構成される無限積）}} = \underbrace{\frac{\pi^2}{6}}_{\text{無理数}}$$ となって興味深い結果が

導けるんだね。すなわち，素数から構成される無限積（オイラー積）が，

簡単な無理数 $\dfrac{\pi^2}{6}$ と一致するということなんだね。面白かったでしょう？

同様に，$s = 4$ のときも考察すると，

$$\zeta(4) = \sum_{k=1}^{\infty} \frac{1}{k^4} = \prod_{p:prime} \frac{1}{1 - \dfrac{1}{p^4}} \quad \cdots\cdots (*2)''' \quad となるので，$$

$\underbrace{\dfrac{\pi^4}{90}}_{(②より)}$ $\underbrace{\prod_{p:prime} \dfrac{p^4}{p^4-1}}$

$$\frac{2^4}{2^4-1} \times \frac{3^4}{3^4-1} \times \frac{5^4}{5^4-1} \times \frac{7^4}{7^4-1} \times \cdots = \frac{\pi^4}{90} \quad も導けるんだね。$$

一般に，複素数 s の関数であるゼータ関数 $\zeta(s)$ は，$\underbrace{Re(s)}_{s \text{の実部}} > 1$ でしか定義

できない。これを $Re(s) < 1$ でも定義するために，この $\zeta(s)$ を解析接続し
たものを利用すると，有名な "リーマン予想" とも関わってくるんだね。
このように，フーリエ解析から導かれた無限級数の公式から，様々な数学
上の重要テーマが導かれていくことが分かって頂けたと思う。

§3. 数値解析入門

これまで，様々な偏微分方程式をフーリエ解析により，解析的に解を求める手法について詳しく解説してきた。しかし，実はそれ以外にも "差分方程式" を作って，コンピュータ・プログラムにより，偏微分方程式を "数値解析" により近似的に解く手法もあるんだね。

ここでは，この数値解析の入門として，1 次元熱伝導方程式の差分方程式を導き，これを利用して BASIC プログラムにより，ある初期温度分布がどのように経時変化していくのか，(ⅰ) 放熱条件の場合と (ⅱ) 断熱条件の場合のそれぞれについて，数値解析の結果のグラフを示そうと思う。

● 熱伝導方程式の差分方程式を求めよう！

それではまず，1 次元熱伝導方程式：

$$\frac{\partial u}{\partial t} = a \cdot \frac{\partial^2 u}{\partial x^2} \quad \cdots\cdots ① \quad (a：温度伝導率)$$ の差分方程式を導いてみよう。

①の温度 u は，時刻 t と位置変数 x の 2 変数関数なので，$u = u(x, t)$ と表される。ここで，差分方程式とは①の近似方程式のことなので，①の左・右両辺の近似式を導いてみる。

$$(ⅰ)(①の左辺) = \frac{\partial u}{\partial t} \fallingdotseq \frac{\Delta u}{\Delta t} \quad\longleftarrow\quad \boxed{\lim_{\Delta t \to 0} \frac{\Delta u}{\Delta t} = \frac{\partial u}{\partial t}}$$

$$= \frac{u(x, t + \Delta t) - u(x, t)}{\Delta t} \quad \cdots\cdots ②$$ となる。数値解析では，この位置

x の範囲 $0 \leqq x \leqq L$ を n 等分して，$x_i = i \cdot \Delta x$ $(i = 0, 1, 2, \cdots, n,$

$n \cdot \Delta x = L)$ として，各位置 x_i における温度を，右図に示すように u_i

$(i = 0, 1, 2, \cdots, n)$ で表す。さらに，時刻 t を旧時刻，$t + \Delta t$ を新時刻とおくことにすると，②は次のようにシンプルに表すことができるんだね。

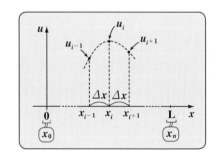

228

$$(\text{①の左辺}) \doteqdot \frac{\overset{\text{新時刻}}{\dot{u_i}} - \overset{\text{旧時刻}}{u_i}}{\varDelta t} \quad \cdots\cdots ③$$

(ⅱ)$(\text{①の右辺}) = a\frac{\partial^2 u}{\partial x^2} = a\frac{\partial}{\partial x}\left(\frac{\partial u}{\partial x}\right)$

$$\doteqdot \frac{a}{\varDelta x}\cdot\left\{\frac{u(x+\varDelta x,\,t)-u(x,\,t)}{\varDelta x} - \frac{u(x,\,t)-u(x-\varDelta x,\,t)}{\varDelta x}\right\} \cdots④ \quad \text{となる。}$$

ここで, 時刻はすべて旧時刻 t であり, $x_{i+1}=x+\varDelta x$, $x_i=x$, $x_{i-1}=x-\varDelta x$ に対応する温度 u を, 右上図に示すように, それぞれ u_{i+1}, u_i, u_{i-1} とおくと, ④も次のようにシンプルな近似式:

$$(\text{①の右辺}) \doteqdot \frac{a}{\varDelta x}\left(\frac{u_{i+1}-u_i}{\varDelta x} - \frac{u_i-u_{i-1}}{\varDelta x}\right) \quad \leftarrow \boxed{u_{i+1},\,u_i,\,u_{i-1} \text{はすべて} \atop \text{旧時刻 } t \text{における値}}$$

$$= \frac{a}{(\varDelta x)^2}(u_{i+1}-2u_i+u_{i-1}) \quad \cdots\cdots ⑤ \quad \text{で表すことができる。}$$

よって, ③, ⑤を①に代入してまとめると,

$\dfrac{\dot{u_i}-u_i}{\varDelta t} = \dfrac{a}{(\varDelta x)^2}(u_{i+1}-2u_i+u_{i-1})$ となって, ①の差分方程式は,

$$\underset{\boxed{\text{新時刻 } t+\varDelta t}}{\dot{u_i}} = \underset{\boxed{\text{すべて, 旧時刻 } t}}{u_i + \frac{a\cdot\varDelta t}{(\varDelta x)^2}(u_{i+1}-2u_i+u_{i-1})} \cdots⑥ \quad (i=1,\,2,\,3,\,\cdots,\,n-1) \quad \text{となる。}$$

⑥式の右辺は, すべて旧時刻 t の式であり, 左辺は新時刻 $t+\varDelta t$ の式である。

ここで, 時刻 $t=0$ のときの温度分布を初期条件とし, また (ⅰ) 放熱条件や (ⅱ) 断熱条件などの境界条件が与えられると, ⑥式を利用して温度分布の経時変化を調べることができる。より具体的に示すと,

(ⅰ) $t=0$ のときの初期条件の温度分布 u_{i-1}, u_i, u_{i+1} を旧時刻の温度分布として, ⑥の右辺に代入して, $t=0+\varDelta t=\varDelta t$ 秒後の新温度分布 u_i ($i=0$, $1,\,2,\,\cdots,\,n$) を算出する。

(ⅱ) $t=\varDelta t$ のときの温度分布 u_{i-1}, u_i, u_{i+1} を旧時刻の温度分布として, ⑥の右辺に代入して, $t=\varDelta t+\varDelta t=2\cdot\varDelta t$ 秒後の新温度分布 u_i ($i=0,\,1,\,2,$ $\cdots,\,n$) を算出する。

(ⅲ) $t=2\cdot\varDelta t$ のときの温度分布 u_{i-1}, u_i, u_{i+1} を旧時刻の温度分布として, ⑥の右辺に代入して, $t=2\cdot\varDelta t+\varDelta t=3\cdot\varDelta t$ のときの温度分布 u_i ($i=0$, $1,\,2,\,\cdots,\,n$) を算出する。

以下同様に，$t = 4 \cdot \Delta t,\ 5 \cdot \Delta t,\ 6 \cdot \Delta t,\ \cdots$における温度分布 u_i の経時変化の様子を⑥式により算出していくことができるんだね。これで，プログラムによる計算のアルゴリズム (手順) をご理解頂けたと思う。

それでは，具体例として (i) 放熱条件と (ii) 断熱条件の2つの境界条件について，1次元熱伝導方程式を解いた結果を示そう。

● 1次元熱伝導方程式 (放熱条件) の数値解を示そう！

それでは，具体例として次の例題の1次元熱伝導方程式の数値解析の結果を示そう。

例題1　次の1次元熱伝導方程式を，与えられた初期条件と境界条件 (放熱条件) の下で，数値解析により解け。

$$\frac{\partial y}{\partial t} = \frac{\partial^2 y}{\partial x^2} \ \cdots\cdots ① \ (0 < x < 1,\ t > 0) \ \leftarrow \boxed{\text{定数 } \alpha = 1 \text{とした}}$$

境界条件：$y(0,\ t) = y(1,\ t) = 0$ $\leftarrow \boxed{\text{放熱条件}} \leftarrow \boxed{\begin{array}{l}\text{これまでの従属変数 } u \\ \text{を，プログラムでは } y \\ \text{に変えている。}\end{array}}$

初期条件：$y(x,\ 0) = \begin{cases} 10 & \left(0 < x \leq \dfrac{1}{2}\right) \\ 0 & \left(\dfrac{1}{2} < x \leq 1\right) \end{cases}$

この問題を $\Delta x = 10^{-2}$，$\Delta t = 10^{-5}$ として，数値解析した結果，図1の初期条件 (初期温度分布) が，時刻 t の経過と共に放熱条件により，図2に示すように零分布に近づいていく様子が分かるんだね。この結果は同じ問題を解析的に解いた **P172** の結果とほぼ一致するんだね。

図1 初期条件

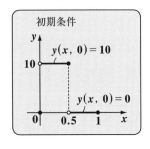

図2 温度分布の経時変化 (放熱条件)

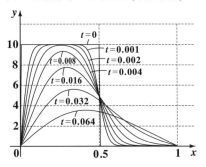

　数学や物理学というのは，考え方が正しく，かつ解析する手法（プロセス）も正確なものであれば，ほぼ同一の結果を導くことができるんだね。面白いでしょう？

　ン？でも，例題1の1次元熱伝導方程式（放熱条件）を実際に数値解析するプログラムを知りたいって!?

　向学心旺盛だね！ボクは「**数値解析キャンパス・ゼミ**」の中で，プログラムをすべて**BASIC**で書いたんだけど，その理由は誰でも比較的楽にそのプログラムの意味を理解することができるからなんだね。

　では，例題1の問題を解いて，グラフまで描くプログラムを下に示そう。

```
10 REM ─────────────────────────
20 REM 　1次元熱伝導方程式1(放熱条件)
30 REM ─────────────────────────
35 DIM Y(100) ← 配列の定義
40 XMAX=1.2#
50 XMIN=-.2#
60 DELX=.5#       XMax=1.2, Xmin=-0.2, ΔX̄=0.5,
70 YMAX=12        YMax=12, Ymin=-2, ΔȲ=2 を代入。
80 YMIN=-2
90 DELY=2                              xy座標系の
100 CLS 3                              作成
110 DEF FNU(X)=INT(640*(X-XMIN)/(XMAX-XMIN))
120 DEF FNV(Y)=INT(400*(YMAX-Y)/(YMAX-YMIN))
130 DELU=640*DELX/(XMAX-XMIN)
140 DELV=400*DELY/(YMAX-YMIN)
150 N=INT(XMAX/DELX):M=INT(-XMIN/DELX)
160 FOR I=-M TO N
170 LINE (FNU(0)+INT(I*DELU),0)-(FNU(0)+INT(I*DELU),
400),,,2
180 NEXT I
190 LINE (FNU(0),0)-(FNU(0),400)
200 N=INT(YMAX/DELY):M=INT(-YMIN/DELY)
```

```
210 FOR I=-M TO N
220 LINE (0,FNV(0)-INT(I*DELV))-(640,FNV(0)-INT(I*DE
    LV)),,,2
230 NEXT I
240 LINE (0,FNV(0))-(640,FNV(0))
250 T=0:DT=1D-005:DX=.01
260 FOR I=1 TO 100
270 IF I=<50 THEN Y(I)=10 ELSE Y(I)=0
280 NEXT I
290 Y(0)=0
300 PSET (FNU(0),FNV(Y(0)))
310 FOR I=1 TO 100
320 LINE -(FNU(I*DX),FNV(Y(I)))
330 NEXT I
340 N=6400
350 FOR K=1 TO N
360 FOR I=1 TO 99
370 Y(I)=Y(I)+(Y(I+1)-2*Y(I)+Y(I-1))*DT/(DX)^2
380 NEXT I
390 T=T+DT
400 FOR J=0 TO 6
410 IF K=(2^J)*100 THEN GOTO 460
420 NEXT J
430 NEXT K
440 STOP
450 END
460 PSET (FNU(0),FNV(Y(0)))
470 FOR I=1 TO 100
480 LINE -(FNU(I*DX),FNV(Y(I)))
490 NEXT I:GOTO 430
```

250行の注釈: $t=0$, $\Delta t = 10^{-5}$, $\Delta x = 10^{-2}$ の代入

260〜280行: FOR〜NEXT(I) — 初期条件と境界条件の設定

300〜330行: FOR〜NEXT(I) — 初期条件のグラフ化

360〜380行: FOR〜NEXT(I)
350〜430行: FOR〜NEXT(K)
400〜420行: FOR〜NEXT(J)

470〜490行: FOR〜NEXT(I) — 一定時刻後の温度分布のグラフの作成

多少でも，**BASIC** プログラミングを経験している方なら，これだけでも十分に理解できると思うけれど，そうでない方でも数値解析に興味をもった方は「**数値解析キャンパス・ゼミ**」ですべて分かるように解説しているので，是非チャレンジされることを勧める。自分でプログラムを組んでみたくなるはずだね。

232

● 1次元熱伝導方程式（断熱条件）の数値解を示そう！

次に，断熱条件の境界条件の下，1次元熱伝導方程式の数値解を示そう。

例題2　次の1次元熱伝導方程式を与えられた初期条件と境界条件（断熱条件）の下で，数値解析により解け。

$$\frac{\partial y}{\partial t} = \frac{\partial^2 y}{\partial x^2} \cdots\cdots ① \quad (0 < x < 1, \ t > 0) \quad \leftarrow \boxed{\text{定数 } \alpha = 1 \text{ とした}}$$

境界条件：$\dfrac{\partial y(0,\ t)}{\partial x} = \dfrac{\partial y(1,\ t)}{\partial x} = 0$　$\leftarrow \boxed{\text{断熱条件}}$

初期条件：$y(x,\ 0) = \begin{cases} 10 & \left(0 \leqq x \leqq \dfrac{1}{2}\right) \\[2mm] 0 & \left(\dfrac{1}{2} < x \leqq 1\right) \end{cases}$

この問題は，境界条件以外は例題1と同じ問題なんだね。同様に $\Delta x = 10^{-2}$，$\Delta t = 10^{-5}$ として，数値解析を行った結果を初期条件と共に，図3，図4に示す。

図3　初期条件

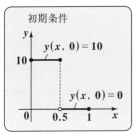

図4　温度分布の経時変化（断熱条件）

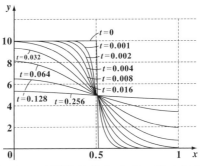

今回は，境界（$x = 0$ と $x = 1$）において断熱条件なので，図4に示すように温度分布は時刻の経過と共に，零分布に近づくのではなく，一様分布に近づいていくんだね。

例題1の放熱条件をプログラムで表すと，$\underline{y_0 = 0}$，$\underline{y_n = 0}$ であり，

$\boxed{x = 0 \text{ と } x = 1 \text{ での温度が } 0}$

例題2の断熱条件をプログラムで表すと，$\underline{y_0 = y_1}$，$\underline{y_{n-1} = y_n}$ であるんだね。

$\boxed{x = 0 \text{ と } x = 1 \text{ での温度勾配が } 0}$

ただこれだけで，まったく異なる温度分布の経時変化が現れるんだね。

◆ *Term · Index* ◆

スバラシク実力がつくと評判の
フーリエ解析 キャンパス・ゼミ
改訂 9

MATHEMA

マセマ

著　者　馬場 敬之
発行者　馬場 敬之
発行所　マセマ出版社
〒 332-0023 埼玉県川口市飯塚 3-7-21-502
TEL 048-253-1734　　FAX 048-253-1729
Email：info@mathema.jp
https://www.mathema.jp

編　集	山崎 晃平		平成 19 年 2 月 22日	初版発行
制作協力	高杉 豊　久池井 茂　久池井 努		平成 24 年 6 月 11日	改訂 1 4 刷
	滝本 隆　印藤 治　秋野 麻里子		平成 26 年 2 月 16日	改訂 2 4 刷
	野村 烈　野村 直美　滝本 修二		平成 27 年 11 月 13日	改訂 3 4 刷
	真下 久志　間宮 栄二　町田 朱美		平成 29 年 7 月 28日	改訂 4 4 刷
			平成 30 年 10 月 11日	改訂 5 4 刷
			令和 元 年 10 月 13日	改訂 6 4 刷
カバーデザイン	馬場 冬之		令和 2 年 12 月 21日	改訂 7 4 刷
ロゴデザイン	馬場 利貞		令和 3 年 12 月 16日	改訂 8 4 刷
印刷所	株式会社 シナノ		令和 4 年 9 月 11日	改訂 9 初版発行

ISBN978-4-86615-260-8 C3041